跨尺度运动图像的目标检测与跟踪

杜军平　朱素果　韩鹏程　著

北京邮电大学出版社
www.buptpress.com

内 容 简 介

本书主要研究跨尺度运动图像的目标检测与跟踪相关技术,以提高动态环境中检测与跟踪算法的精度、实时性、鲁棒性等性能为目的,并将研究成果应用在行人、车辆、空间运动目标等实际跟踪问题中。本书提出了跨尺度运动图像的目标描述、特征提取、目标检测、目标跟踪等方法,包括基于稀疏编码和小波光流等的运动目标检测方法;基于方向向量与权值选择、基于重采样粒子滤波、基于深度神经网络与平均哈希、基于尺度不变性与深度学习等的目标跟踪方法,设计并实现了跨尺度运动图像的目标检测与跟踪系统。

本书体系结构完整,注重理论联系实际,可作为电子信息工程、计算机科学与技术、软件工程、通信信息处理等相关专业的工程技术人员、科研人员、研究生和高年级本科生的参考用书。

图书在版编目(CIP)数据

跨尺度运动图像的目标检测与跟踪 / 杜军平,朱素果,韩鹏程著. -- 北京 : 北京邮电大学出版社,2018.6

ISBN 978-7-5635-4926-9

Ⅰ. ①跨… Ⅱ. ①杜… ②朱… ③韩… Ⅲ. ①图象处理-研究 Ⅳ. ①TN911.73

中国版本图书馆 CIP 数据核字(2016)第 210938 号

书　　名:跨尺度运动图像的目标检测与跟踪
著作责任者:杜军平　朱素果　韩鹏程　著
责 任 编 辑:刘　佳
出 版 发 行:北京邮电大学出版社
社　　址:北京市海淀区西土城路 10 号 (邮编:100876)
发 行 部:电话:010-62282185　传真:010-62283578
E-mail:publish@bupt.edu.cn
经　　销:各地新华书店
印　　刷:北京鑫丰华彩印有限公司
开　　本:787 mm×1 092 mm　1/16
印　　张:14.75
字　　数:383 千字
版　　次:2018 年 6 月第 1 版　2018 年 6 月第 1 次印刷

ISBN 978-7-5635-4926-9　　　　　　　　　　　　　　　　定　价:45.00 元

· 如有印装质量问题,请与北京邮电大学出版社发行部联系 ·

前　言

　　运动图像的目标检测与跟踪是实现视觉监控、导航等一系列重要技术与应用的核心。在目标运动过程中各子系统之间相对位置信息主要通过 CCD 等敏感器获取，要及时掌握运动目标的位置、速度以及姿态等信息，必须实现在运动过程中的目标检测和跟踪，这是系统运行达到精确控制、快速反应、稳定运行和安全可靠的关键。

　　运动图像的目标检测和跟踪是前提和延伸的关系。在跨尺度的基础上，检测视频序列中的运动目标，提取运动目标在不同尺度下的关键局部特征或全局特征，能够更清晰地认识运动目标的动态特征。通过一定的估计和预测，计算运动目标在每帧图像序列中的位置、大小、形状以及运动速度等相关信息，是在检测的基础上对运动目标的运动状态研究的进一步深化，也为后续的信息融合提供有力的前提。对每一帧不断迭代进行，不但完成了对整个视频序列中运动目标的检测和跟踪，而且对运动目标在动态环境中的运动轨迹和细节有了更清晰的认识。通过检测和跟踪技术，能够更清晰地监控视频中运动目标的跟踪效果以及各子系统在合作中的状态，同时可以对空间运动目标进行导航等操作。

　　本书共分 13 章，第 1 章是绪论，第 2 章是运动图像的跨尺度描述方法研究，第 3 章是运动图像的跨尺度特征提取方法研究，第 4 章是基于稀疏编码的跨尺度运动目标检测方法研究，第 5 章是基于小波光流的跨尺度运动目标检测方法研究，第 6 章是基于方向向量与权值选择的跨尺度运动目标跟踪方法研究，第 7 章是基于重采样粒子滤波的运动目标跟踪方法研究，第 8 章是基于目标形状活动轮廓的运动目标跟踪方法研究，第 9 章是基于深度神经网络与平均哈希的跨尺度运动目标跟踪方法研究，第 10 章是基于混合特征的运动目标跟踪方法研究，第 11 章是基于尺度不变性与深度学习的运动目标跟踪算法，第 12 章是跨尺度运动图像的目标跟踪方法研究，第 13 章是跨尺度运动图像的目标检测与跟踪系统。

本书由杜军平、朱素果、韩鹏程共同完成写作，杜军平为本书的第一著作者。参与写作的还有任楠、方明、贺鹏程、周俊等。本书得到国家重点基础研究发展计划（973计划）项目（2012CB821200）"空间合作目标运动再现中跨尺度控制的前沿数学问题"中的课题"空间多源数据分析与跨尺度融合"（2012CB821206）资助。因作者水平有限，书中错误在所难免，请读者多批评指正。

北京邮电大学　杜军平

目　　录

第1章　绪论 ……………………………………………………………… 1

1.1　研究背景与意义 ……………………………………………… 1

1.2　研究现状 ……………………………………………………… 2

　　1.2.1　运动图像的跨尺度描述 ………………………………… 3

　　1.2.2　跨尺度运动图像的目标检测 …………………………… 5

　　1.2.3　跨尺度运动图像的目标跟踪 …………………………… 7

　参考文献 …………………………………………………………… 13

第2章　运动图像的跨尺度描述方法研究 …………………………… 22

2.1　引言 …………………………………………………………… 22

2.2　基于高斯金字塔和小波变换的跨尺度描述算法的提出 …… 23

　　2.2.1　GWSP算法研究动机 …………………………………… 23

　　2.2.2　GWSP算法描述 ………………………………………… 23

2.3　GWSP算法实验结果与分析 ………………………………… 28

　　2.3.1　数据集、对比算法与评价指标 ………………………… 28

　　2.3.2　GWSP算法实验结果与分析 …………………………… 30

2.4　本章小结 ……………………………………………………… 37

　参考文献 …………………………………………………………… 38

第3章　运动图像的跨尺度特征提取方法研究 ……………………… 40

3.1　引言 …………………………………………………………… 40

3.2　运动图像的跨尺度分析表示 ………………………………… 41

　　3.2.1　轮廓波变换 ……………………………………………… 41

　　3.2.2　非向下采样轮廓波变换（NSCT） ……………………… 41

3.3　贝叶斯非局部均值滤波算法（BNL-Means）的提出 ……… 42

　　3.3.1　BNL-Means算法研究动机 …………………………… 42

　　3.3.2　BNL-Means算法描述 ………………………………… 42

　　3.3.3　BNL-Means算法实验结果及分析 …………………… 43

3.4　空间图像跨尺度特征提取算法（SITFE）的提出 ………… 46

　　3.4.1　SITFE算法研究动机 …………………………………… 46

3.4.2　SITFE 算法描述 ……………………………………………… 47

3.4.3　SITFE 实验结果及分析 ………………………………………… 48

3.5　本章小结 ……………………………………………………………… 55

参考文献 …………………………………………………………………… 55

第 4 章　基于稀疏编码的跨尺度运动目标检测方法研究 ………………… 57

4.1　引言 …………………………………………………………………… 57

4.2　基于分阶段字典学习与分层稀疏编码的跨尺度检测算法（MDSH）的提出 ……… 58

4.2.1　MDSH 算法研究动机 …………………………………………… 58

4.2.2　MDSH 算法描述 ………………………………………………… 58

4.3　MDSH 算法实验结果与分析 ………………………………………… 62

4.3.1　数据集、对比算法与评价指标 ………………………………… 63

4.3.2　MDSH 算法实验结果与分析 …………………………………… 63

4.4　本章小结 ……………………………………………………………… 68

参考文献 …………………………………………………………………… 69

第 5 章　基于小波光流的跨尺度运动目标检测方法研究 ………………… 71

5.1　引言 …………………………………………………………………… 71

5.2　小波光流估计算法（WOF）的提出 ………………………………… 72

5.2.1　WOF 算法研究动机 ……………………………………………… 72

5.2.2　WOF 算法描述 …………………………………………………… 73

5.3　线性与非线性混合分类算法（HLNLC） …………………………… 75

5.4　矩形窗口扫描算法（RWS）的提出 ………………………………… 77

5.4.1　RWS 算法研究动机 ……………………………………………… 77

5.4.2　RWS 算法描述 …………………………………………………… 77

5.5　跨尺度运动目标检测实验结果及分析 ……………………………… 79

5.5.1　小波光流估计算法（WOF）实验 ……………………………… 79

5.5.2　线性与非线性混合分类算法（HLNLC）实验 ………………… 82

5.5.3　矩形窗口扫描算法（RWS）实验 ……………………………… 85

5.6　本章小结 ……………………………………………………………… 90

参考文献 …………………………………………………………………… 91

第 6 章　基于方向向量与权值选择的跨尺度运动目标跟踪方法研究 …… 93

6.1　引言 …………………………………………………………………… 93

6.2　基于方向向量与权值选择的跨尺度运动目标跟踪算法（DPF-WT）的提出 …… 94

6.2.1　DPF-WT 算法研究动机 ………………………………………… 94

6.2.2　DPF-WT 算法描述 ……………………………………………… 94

6.3　DPF-WT 算法实验结果与分析 ……………………………………… 99

6.3.1　数据集、对比算法与评价指标 ………………………………… 99

6.3.2　DPF-WT 算法实验结果与分析 ……………………………… 101

6.4　本章小结 …………………………………………………………… 114

参考文献 …………………………………………………………………… 114

第7章　基于重采样粒子滤波的运动目标跟踪方法研究…………………… 118

7.1　引言 ………………………………………………………………… 118

7.2　基于重采样粒子滤波的运动目标跟踪算法（PFOT）的提出 ……… 119

7.2.1　PFOT 算法研究动机 ……………………………………… 119

7.2.2　PFOT 算法描述 …………………………………………… 119

7.3　运动目标目标跟踪实验结果及分析 ……………………………… 122

7.3.1　粒子滤波对比实验 ………………………………………… 122

7.3.2　PFOT 算法实验 …………………………………………… 125

7.4　本章小结 …………………………………………………………… 128

参考文献 …………………………………………………………………… 128

第8章　基于目标形状活动轮廓的运动目标跟踪方法研究………………… 130

8.1　引言 ………………………………………………………………… 130

8.2　基于目标形状活动轮廓的运动目标跟踪算法（ACOT）的提出 …… 131

8.2.1　ACOT 算法研究动机 ……………………………………… 131

8.2.2　ACOT 算法描述 …………………………………………… 131

8.3　运动目标跟踪实验结果及分析 …………………………………… 135

8.3.1　目标形状轮廓检测实验 …………………………………… 135

8.3.2　ACOT 算法实验 …………………………………………… 138

8.4　本章小结 …………………………………………………………… 141

参考文献 …………………………………………………………………… 142

第9章　基于深度神经网络与平均哈希的跨尺度运动目标跟踪方法研究…… 143

9.1　引言 ………………………………………………………………… 143

9.2　基于深度神经网络与平均哈希的运动目标跟踪算法的提出（DNHT） … 144

9.2.1　DNHT 算法研究动机 ……………………………………… 144

9.2.2　DNHT 算法描述 …………………………………………… 144

9.3　DNHT 算法实验结果与分析 ……………………………………… 148

9.3.1　数据集、对比算法与评价指标 …………………………… 148

9.3.2　DNHT 算法实验结果与分析 ……………………………… 149

9.4　本章小结 …………………………………………………………… 162

参考文献 …………………………………………………………………… 163

第10章　基于混合特征的运动目标跟踪方法研究 ………………………… 166

10.1　引言 ……………………………………………………………… 166

10.2 SoH-DLT 运动目标跟踪算法描述 ·· 166

10.3 SoH DLT 运动目标跟踪算法实现 ·· 167

　　10.3.1 基于方向直方图的特征提取 ··· 167

　　10.3.2 基于深度学习的特征提取 ··· 168

　　10.3.3 粒子滤波跟踪算法 ··· 168

　　10.3.4 SoH-DLT 算法步骤 ·· 169

10.4 实验结果与分析 ·· 170

　　10.4.1 目标轮廓特征有效性分析 ··· 170

　　10.4.2 客观指标分析 ·· 171

　　10.4.3 主观效果分析 ·· 172

10.5 本章小结 ··· 173

参考文献 ··· 173

第 11 章　基于尺度不变性与深度学习的运动目标跟踪算法 ················ 175

11.1 引言 ··· 175

11.2 SMS-DLT 跟踪算法 ··· 175

　　11.2.1 特征学习 ··· 176

　　11.2.2 SMS-DLT 跟踪过程 ·· 177

11.3 实验和分析 ·· 178

　　11.3.1 客观评价 ··· 179

　　11.3.2 主观评价 ··· 183

　　11.3.3 SMS-DLT 实验评价 ·· 185

11.4 本章小结 ··· 187

参考文献 ··· 188

第 12 章　跨尺度运动图像的目标跟踪方法研究 ······························· 190

12.1 引言 ··· 190

12.2 Monte Carlo 边缘演化算法(MCCE)的提出 ································· 191

　　12.2.1 MCCE 算法研究动机 ··· 191

　　12.2.2 MCCE 算法描述 ··· 191

　　12.2.3 MCCE 算法实验结果及分析 ··· 194

12.3 加强奇异点均值偏移算法(ESMS)的提出 ··································· 197

　　12.3.1 ESMS 算法研究动机 ··· 197

　　12.3.2 ESMS 算法描述 ··· 197

　　12.3.3 ESMS 算法实验 ··· 199

12.4 本章小结 ··· 206

参考文献 ··· 207

第 13 章 跨尺度运动图像的目标检测与跟踪系统 ·· 208

13.1 引言 ·· 208

13.2 跨尺度运动图像的目标检测与跟踪系统 ·· 208

13.2.1 跨尺度运动图像的目标检测与跟踪系统框架 ·································· 208

13.2.2 视频序列的预处理模块 ·· 209

13.2.3 运动图像跨尺度描述模块 ·· 210

13.2.4 跨尺度运动目标检测模块 ·· 211

13.2.5 跨尺度运动目标跟踪模块 ·· 212

13.3 运动目标自适应检测与持续跟踪系统 ·· 214

13.3.1 运动目标自适应检测与持续跟踪系统框架 ····································· 214

13.3.2 系统的实现结果 ·· 215

13.4 运动目标局部优先自适应跟踪系统 ·· 217

13.4.1 开发环境 ·· 217

13.4.2 系统设计 ·· 217

13.4.3 系统实现 ·· 218

13.5 运动目标识别与跟踪系统 ··· 220

13.5.1 开发环境 ·· 220

13.5.2 系统设计 ·· 220

13.5.3 系统实现 ·· 221

13.6 本章小结 ··· 224

第1章 绪　　论

1.1　研究背景与意义

运动图像中对目标的检测与跟踪是使用可见光等被动式成像传感器，实现视觉监控、导航等一系列重要技术与应用的核心。空间合作过程中各子系统之间相对位置信息主要通过CCD等敏感器获取，如果要及时掌握运动目标的位置、速度以及姿态等信息，必须实现在空间合作过程中的目标检测和跟踪，而这也正是使系统运行最终达到精确控制、快速反应、稳定运行和安全可靠的关键。

在检测与跟踪过程中，各个子系统之间主要利用CCD敏感器获取可视化的视觉信息，其图像数据具有不同的尺度，主要表现在不同CCD敏感器采集到的图像信息之间，环境变化引起不同光照、距离等因素变化造成的图像信息之间，以及图像内部的像素、结构之间所具有的尺度特征。研究图像信息的尺度特征，能够将可视化的图像信息转换为图像数据本身更底层的非可视化的信息，分析其本质特征，并从中提取出有用的尺度数据，对动态变换环境中目标本身的尺度不变性、平移不变性、旋转不变性进行分析，将对动态变换信息的研究转换为对具有尺度不变特征信息的研究，从而得到更加准确、稳定的结果。

跨尺度分析方法的研究初衷是为不同的图像函数空间提供一种直接、简便的分析方式，即寻求图像函数在某一特定空间下，在某种运动尺度下对光滑的分段函数能够达到最优逼近。跨尺度分析方法目前已经被应用到空间运动图像的处理中，在现阶段的应用主要集中在空间运动图像去噪、压缩、特征提取和局部数据处理等领域，由于跨尺度分析理论发展时间较短，在空间运动目标检测和跟踪领域跨尺度分析方法现阶段的应用还是空白，研究人员已经开始尝试利用跨尺度分析方法解决完善空间运动目标检测和跟踪中存在的问题，研究前景十分广阔。

运动目标的采集、传输以及如何检测运动目标，并跟踪其运行将会直接关系到系统的最终运行效果。摄像机是CCD敏感器的应用之一，能够提供大量包含有目标相对位置和相对姿态等信息的高分辨率图像，已被广泛应用于地面及空中的各种机动平台中，例如汽车、飞机、卫星等，这就为空间中使用CCD敏感器提供了依据，并能够用来实现对空间运动目标进行准确的检测，如提取运动目标的纹理特征、检测运动目标的尺寸大小、探测运动目标的形状等重要的目标特征，从而达到在空间合作过程中的控制和操作。在空间合作过程中，目标航天器和跟踪航天器之间需要完成交会对接的工作，而在运动过程中，目标航天器的状态不断变化，例如距离上的远近变化造成目标航天器形态的大小变化、光照强弱的变化造成目标航天器外观明暗及纹理的变化等，而这些外部环境造成的变化，往往会对跟踪航天器与目标航天器的交会对接工作造成巨大的影响，尤其是在空间失重的情况下，更会导致无法完成空间合作任务的严重后果。而对运动目标检测与跟踪的研究,能够有效避免以上问题对空间交会对接的影响,更有利地协助完成空间合作任务。

运动目标检测与运动目标跟踪能够使跟踪航天器实时锁定目标航天器,而不受外界环境变化的影响,准确地完成空间合作任务。同时,相对于地面环境,CCD 敏感器对运动目标的图像信息获取及分析有着同样的效果。运动目标检测和运动目标跟踪是前提和延伸的关系,在跨尺度的基础上检测视频序列中的运动目标,提取运动目标不同尺度下的关键局部特征或全局特征,能够更清晰地认识空间运动目标的动态特征。通过一定的估计和预测,计算运动目标在每帧图像序列中的位置、大小、形状以及运动速度等相关信息,是在检测的基础上对运动目标运动状态研究的进一步深化,为后续的信息融合提供有力的前提条件。对每一帧不断迭代进行,不但完成了对整个视频序列中运动目标的检测和跟踪,而且对运动目标在动态环境中的运动轨迹和细节有了更清晰的认识。通过检测和跟踪技术,能够更清晰监控视频中运动目标跟踪效果,以及各子系统在空间合作中的状态,同时可以对空间运动目标进行地面导航等操作。

对运动目标的跨尺度检测和跟踪研究的难点主要在于:图像序列是通过三维映射得到的二维平面投影,大量的三维目标信息在投影过程中丢失,原有的完整尺度特征也随着投影过程大量减少,不利于对运动目标的有效检测;空间运动目标在实际运动过程中与摄像机的相对位置变化,又会造成图像序列中目标物体不同程度的形状缩放变化,影响对目标的检测与跟踪;受环境的影响,运动目标在运动的过程中,伴随着光照变化、遮挡物、形状变化以及其他不同尺度变化等的外界环境干扰,造成运动目标外观特征发生多种不确定性变化。

以上这些问题在利用视觉信息进行观测、导航以及控制的过程中,尤其是在空间高效精准的操作过程中,产生了巨大的影响。合理有效地解决这些问题不仅能够为地面视觉信息处理带来优势,而且能够显著提高对空间运动目标的检测准确性、跟踪的稳定性和实时性,更有助于空间合作的顺利进行。研究不同尺度因素对空间运动目标检测与跟踪具有十分重要的现实意义。

1.2　研 究 现 状

计算机视觉的研究最早主要对简单图像局部特征、单尺度进行分析和识别,例如对字符、工业级别的工具器件表面、航空航天影像等。以 MITAILAB 的博士为主体的一个研究小组,在 D. Marr 教授的带领下,提出了视觉计算理论(Vision Computational Theory)[1],成为计算机视觉领域中的重要的理论框架。随着微处理器、半导体技术的不断进步,国外视觉技术在发展前期广泛应用于实际生活以及工业控制领域。

视觉检测技术的发展经历了一个由局部到全局的不断演化的过程。具有代表性的哥伦比亚大学 D. Lowe 提出的尺度不变特征变换算法(Scale Invariant Feature Transform,SIFT)[2],不仅利用高斯差分金字塔(Difference of Gaussian,DOG)将尺度的概念融入算法中,而且对计算机视觉的发展产生了重要影响。研究者们发展了数据科学、视觉单词,使分类研究成为热点,通过对大量视觉数据的训练,完成测试数据的分类,例如加州理工学院的 Caltech-101 数据集[3,4]等。近年来 ImageNet 数据集[5]以其更加丰富的内容和更大的数据量,得到广大研究者的推崇。视觉词[6]在 SIFT 的基础上,借鉴文本匹配的思想,弥补了 SIFT 不能从相同的视觉对象类别提供两种不同的对象实例之间匹配的不足,它以词袋模型的形式用于视觉检测。

研究者们充分利用了已有的研究成果,例如将视觉词、梯度方向直方图结合起来,并利用支持向量机对行人进行识别和分类,如 N. Dalal 提出的方向梯度直方图(Histogram of Oriented Gradient,HOG)特征描述符[7],其变形方法如可变形部件模型(Deformable Part Model,DPM)[8]等。从 2010 年至今,稀疏表示方法得到研究者的重视,并广泛应用于计算机视觉领域中,例如线性空间金字塔匹配跟踪(Linear Spatial Pyramid Matching Using Sparse Coding for Image Classification,ScSPM)[9]。另外,大数据与神经网络相继发展起来,并成为视觉检测领域的研究热点,例如基于卷积神经网络的 R-CNN(Range Convolutional Neural Networks)方法[10]、Fast R-CNN[11],以及在此基础上提出的满足实时性要求的 Faster R-CNN[12]等,这些方法在准确性和可靠性上均有了巨大的提高。

在视觉检测的基础上,国外在视觉跟踪方面的研究进展比较显著,代表性的有麻省理工学院、卡内基梅隆大学、斯坦福大学等的研究成果。多伦多大学的 D. Ross 提出的 IVT 方法[13]是 Generative 跟踪类别中的经典方法;微软剑桥研究中心的肢体行为分析[14]、Tracking-by-detection 的开创者——特拉维夫大学的 S. Avidan,代表算法如 Ensemble tracking[15]、SVM Tracking[16]等;宾夕法尼亚大学的 J. Shi 提出了著名的 Good Feature to Track 的方法[17];新加坡国际大学的学习与视觉研究实验室在稀疏表示方面[18]做出了很多研究。美国也对复杂环境下目标检测、跟踪算法的研究非常重视,美国自然科学基金还特别资助有关公司进行算法研究。

以卡内基梅隆大学为首、麻省理工学院等高校创立的视觉项目在视觉领域影响深远。以不同的跟踪目的和跟踪环境为依托,研究者们研究了应用于不同领域的跟踪理论,例如公路交通情况跟踪[19,20]、行人跟踪[21]、空间合作任务中目标跟踪[22,23,24]等,并实现了相关的算法,将其应用于实际的项目、工业以及日常生活中,例如一直被推崇的 MIL(Multiply Instances Learning)[25]算法、针对长时间跟踪设计的 TLD(Tracking Learning Detection)[26]算法等,也有基于光流方法(Optical Flow)[27]以及基于贝叶斯框架的跟踪方法[28]等。近年来,随着深度学习技术的发展,也出现了利用深度学习技术对运动目标进行跟踪的方法,例如利用单层卷积神经网络实现的在线视觉跟踪[29],利用深度卷积神经网络的跟踪 CNNTracker[30,31]等。与人工构建规则模型并完成检测跟踪任务相比,深度学习通过对大量数据的特征进行学习,能够表达出数据更加丰富的内在信息。

我国也开展了一系列的目标检测与跟踪的研究,中国科学院自动化研究所模式识别国家重点实验室取得了丰硕的成果。清华大学电子工程系研发了一套目标自动跟踪和分类的智能化跟踪系统算法,主要针对户外复杂背景下的人体识别困难的问题进行解决。西安交通大学的人工智能与机器人研究所对车辆跟踪也取得了一定的成果。北京航空航天大学针对空间目标的运动也作了一系列的视觉检测与跟踪的研究。香港理工大学在稀疏表示方法方面有着突出的研究,在人脸识别方面也有很多贡献,例如压缩感知跟踪方法(Compressive Tracking)[32]。南京理工大学也在人脸识别、运动目标跟踪方面做了大量的研究工作。这些基础研究为视觉跟踪由地面向空间发展提供了有力的理论和应用基础,同时也为视觉研究从单尺度向多尺度发展提供了坚实的研究基础。

1.2.1　运动图像的跨尺度描述

图像尺度的方法以 Burt 和 Adelson 首先提出的高斯金字塔和拉普拉斯金字塔为代

表[33]，还有被广泛使用的 Gabor 转换方法[34]以及在经典金字塔模型上发展起来的尺度方法，例如 Steerable 金字塔分解，它具有平移不变性和旋转不变性，通过拉普拉斯塔式分解和无下抽样的可调方向滤波器来实现。逐渐发展起来的小波方法成为图像处理领域中主要的尺度分析工具，但由于小波方法更适合对单维信号的处理，而对二维及多维信号的处理受到限制。为了克服这一困难，越来越多的类小波方法被提出来。

法国地质物理学家 J. Morlet 和理论物理学家 A. Grossmann 首先提出了小波这一概念[35]，并建立了完整的连续小波变换的几何体系。与 Fourier 变换相比，小波变换是时间或空间频率的局部化分析，通过伸缩平移运算对信号逐步进行多尺度细化，最终达到高频处时间细分、低频处频率细分，解决了 Fourier 变换的困难，是继 Fourier 变换以来在科学方法上的重大突破。小波分析最终从理论走向实际应用，其中，应用最为广泛的主要有以下几种：Haar 小波、脊波、曲波、轮廓波等。

Haar 小波[36]由 Papageorgiou 提出，是最简单的正交归一化小波。由于其简单的特点，又不失准确性，在图像特征提取及描述领域受到广泛关注和使用。P. Vioa 等人[37]为了提高 Haar 小波的计算效率，提出了积分 Haar 小波，在经典 Haar 小波的基础上嵌入积分图像方法，称为 Haar-like 小波，积分图像的方法能够在不同尺度空间中，使用相同的时间对不同的特征进行计算，从而提高了图像中 Haar 特征的计算效率。随后，R. Lienhart 等人[38]对 Haar-like 小波进行了扩展，将旋转 45°角的对应特征加入原来的特征集合中，丰富了特征描述的方法。虽然 Haar 小波及其扩展方法计算简单，包含的特征丰富，但也并非是最优的小波方法，根据不同的适用环境，受到双正交性、紧致性与衰减性等的影响，Haar 小波在多数情况下表现并不最优。

脊波（Ridgelet）通过一系列脊函数的叠加来表示普通的函数类，由 E. J. Candes 于 1998 年提出[39]，具有离散变换近似正交的函数框架。随后，为了满足正交的特性，D. L. Donoho 构造了一种正交脊波，并给出了具体的方法[40]。虽然脊波能很好地对高维空间中的直线状和超平面状的奇异性逼近，但是对于含曲线奇异的多变量函数不具有最优的非线性逼近误差衰减。为此，E. J. Candes 又提出了用单尺度脊波来表示曲线奇异性，虽然单尺度脊波对于具有曲线奇异的多变量函数的逼近性能比小波有了明显的提高，但它不能提供信号的多尺度分解，不能利用不同尺度的特性进行本质的分析，从而在多尺度领域的应用受到了极大的限制。

为了解决脊波的以上问题，J. L. Starck，E. J. Candès 和 D. L. Donoho 共同提出了曲波（Curvelet）变换方法[41]。曲波变换不但综合了脊波擅长表示直线特征和小波适合表现点状特征的优点，而且对于具有光滑奇异性曲线的目标函数，曲波更加稳定、高效，并且接近最优。但是，曲波变换存在加窗效应，由于在所有可能的尺度上都进行了脊波变换，增大了算法的计算复杂度，导致效率极低。随后，第二代曲波变换方法[42]被 E. J. Candes 和 D. L. Donoh 提出，并在时频域局部性、方向性及非线性逼近能力方面都表现出良好的性能，但是实现效率仍然较低，冗余度高，并且同样存在加窗效应。

在随后提出的轮廓波（Contourlet）[43]中，Contourlet 变换方法继承了 Curvelet 变换的各向异性尺度关系，使用了具有完全重构性的 LP 滤波器和方向滤波器组 DFB，能够实现多分辨率、多方向性的变换。但 Contourlet 变换仍然存在一些不足，例如当 Contourlet 变换采用不理想的滤波器时，得到的变换不具有良好的频域局部性。为了获取更好的局部频谱特性，第二代 Contourlet 变换被提出来[44]，其不同之处在于二代 Contourlet 变换采用频域操作的金字塔结构，取得了优于第一代 Contourlet 变换的应用结果。

二维小波变换能够很好地提取图像边缘上的不连续性,但是对于边缘的平滑性却不能较好表示,且方向信息获取有限。而随后提出的 Bandelet 变换[45]能够自适应地跟踪图像的几何正则方向,受到研究者们的关注。后续又发展了具有简单、正交以及没有边界效应等特点的 Bandelet 变换[46],结合了二维离散小波和 Bandelet 变换。J. Krommweh 提出了一种新的系数图像表示的自适应方法,即 Tetrolet 变换[47],这种变换方法能更好地保持图像边缘和方向纹理等信息。Tetrolet 变换类似于 Wedgelet 变换[48],其中还将 Haar 功能函数使用在边缘部分的检测分析中。

1.2.2　跨尺度运动图像的目标检测

目前,跨尺度几何分析涵盖脊波(Ridgelet)[49]、曲线波(Curvelet)[41]、Contourlet[43]、Bandelet[45]等方面的内容,这些基础的跨尺度方法被使用到更为具体的视觉领域,并发挥了它们巨大的作用,SURF 算子就是具体的应用之一。SURF(Speeded up Robust Features)算子是特征点匹配算法之一,另外还有 Harris 算法[50]、SIFT(Scale-invariant Feature Transform)算法[2]、光流方法,以及近年来受到研究者们广泛关注的基于稀疏表示的方法和基于深度学习的方法等。

(1) Harris 算法与 SIFT 算法

Harris 角点[50]根据像素点与中心点的位置,利用高斯函数赋予权重,距离越近权重越大,以减少噪声影响。Harris 算子用 Taylor 展开去近似任意方向,其表示矩阵的特征值都很小,且图像变化比较缓慢。Harris 角点计算简单,提取的特征均匀且相对比较稳定,但当尺度发生变化时,其特征也跟着变化,在尺度描述下,往往存在一定的不稳定性。

SIFT(Scale Invariant Feature Transform)算子,即尺度旋转不变性变换,是计算机视觉领域的重要特征,由 D. G. Lowe 提出[2]。与传统的识别方法不同,SIFT 构建尺度空间为局部点的特征描述,主要利用了尺度信息和方向信息,使得描述子描述的特征对于旋转具有很好的适应性。SIFT 开始主要应用于对象识别,在图像中定位搜索识别同一对象[51],后来引申到对一类对象的识别检测,如人脸[52,53]。然而这些检测算法主要都是基于兴趣点之间的特征匹配,需要耗费比较长的时间,应用受到一定的限制。研究者们提出了一些加速的方法,例如 J. Luo 等[54]将 SIFT 特征的分类能力进一步引入到了类内差异的区分上,使用 kd 树来搜索最近邻点,在一定程度上提高了检测效率。然而由于 SIFT 在构建尺度空间时要对每个点做不同的浮点高斯卷积运算,时间复杂度仍然很大,研究者们期望能够找到新的尺度旋转不变特征,在有相近的性能表现的情况下,有更优于 SIFT 的运算速度。

由 H. Bay 提出的 SURF 特征(Speed-up Robust Features)[55]改进了 SIFT 方法,大大提高了检测的效率,使算法在对两幅图像进行匹配时能够达到实时的要求。与 SIFT 比较,SURF 不仅在检测阶段采用近似 Hessian 矩阵的行列式作为检测判决的依据,而且还应用了一系列的近似方法,例如使用 Haar 小波特征,利用积分图像进行运算等,显著降低了运算时间。SURF 有着明显快于 SIFT 的运算速度和不弱于 SIFT 的分辨性能。然而,SURF 算子也存在一定的缺陷,例如在描述子方面,只利用了特征点周围 37.5% 的信息量,即特征点周围 8 个邻居中的 3 个:右方、下方和右下方子块,直接影响了特征的描述能力,降低了对特征检测的准确性。针对这类问题,廉蔺等人[56]提出了加窗灰度差直方图描述子的方法,利用特征点周围的灰度信息和局部特征,降低计算维度,提高检测的准确性,然而该算法在提高准确性的同时增加了算法的时间复杂度。另外,SURF 算法仍然采用金字塔分解法构建尺度空间,在尺度方法上延续了 SIFT 算法的方法,不能更有效地降低算法的复杂度。

（2）光流方法

光流法可以对运动目标进行良好的近似运动估计,虽然计算复杂度较高,但也是一种很经典的运动目标检测算法[57]。光流这一概念最早是由 W. Trobin 提出的[58]。所谓光流指的是在拍摄场景内,运动目标在成像图像上每个运动像素点瞬时速度的集合,光流法最早由 Horn 和 Schunck 提出,运动目标的移动或者取像器材的移动都可以产生光流信息[59]。光流法的一大优势就是不仅可以检测运动目标,还可以用来检测移动取像条件下的运动背景信息,即动态背景下的光流信息[60]。Horn 和 Schunck 提出的光流方法在实际应用中还存在很多的限制,初始模型中的很多限制需要被改进和创新,例如运动光流的不连贯性和闭塞性,研究人员提出可以通过在平滑性估计和数据流估计中加入非二次滤波器组改进和解决这些问题[61,62]。

Eklund 和 Svensson 提出的基于微分的光流法[63],在相邻图像帧之间计算灰度微分,实现相对比较简单,计算复杂度也被降低,缺点是在运动目标偏移较大的时候会出现检测误差。Me'min 和 Pe'rez 提出的基于匹配的光流法[64],可以通过运动目标的特征匹配来确定光流向量,这种处理方式可以在一定程度上解决相邻帧之间运动目标检测差异性较大的问题,但无法解决匹配算法对检测噪声敏感的问题。Mileva 和 Bruhn 提出的金字塔光流法可以解决微分光流法仅适用于较小运动目标检测的问题[65],该方法主要的改进思想是在现有的运动目标序列中构造一个光流金字塔,高层作为下层平滑后的下采样形式。但是,当图像分解到一定的层次后,相邻帧间运动目标的光流变化量会变得很小,无法满足光流计算的基本要求条件[66]。

区域光流法[67]兼容了帧差法与光流法的长处,首先利用帧差法获得运动目标检测差值,后续再计算不为零的光流。区域光流法利用差值图像中不为零的运动区间计算光流向量,其光流场的分布比计算整个运动目标光流场要准确很多,这种方法主要计算的是梯度值较大的运动目标区域,而分布在这些区域的光流场基本方程可能会出现不成立的情况[68],这会导致最终的检测结果出现较大的偏差。

Chui 和 Rangarajan 提出的特征光流法可以提取运动目标的特征点[69],运动目标的检测结果可以反映运动目标状态的静态和动态信息。特征点是对运动目标的一种综合概括性描述,相对于全局光流场算法,特征光流法是用于运动估计的一种准确并且复杂度较低的方法[70],特征光流法在特征点处的匹配计算可以有效地减少光流法的计算量,有利于运动目标检测之后对运动目标的跟踪,因此特征光流法非常适用于检测和跟踪运动速度较快或者运动目标较大的运动物体。特征光流法的不足之处在于运动目标的特征提取很难确定目标的唯一特征标识集[71],Pabitra 和 Murthy 提出可以在特征提取时使用 Phil 算子获得运动目标的边缘特征,使用 Canny 算子获得运动目标的纹理特征[72]。

（3）基于稀疏表示的方法和基于深度学习的方法

根据图像具有稀疏性的特点,稀疏编码的方法被广泛应用在图像检测领域,研究者们利用图像的稀疏性和跨尺度特征提出了许多良好的方法。实际上,P. Sallee 等人[73]提出了将图像的尺度特征与狄克拉 σ 函数和高斯函数相结合,得到类似 Steerable 基的稀疏特征表示,对图像进行去噪或者分类检测。在此基础上,J. Mairal 等人[74]提出了多尺度的稀疏图像表示方法,并将其应用于图像去噪中,得到了较为显著的效果。该方法主要使用了四叉树来构建图像的尺度空间,对各个尺度上的图像 patch 首先固定字典 D,使用稀疏编码的方法求解稀疏向量,然后通过迭代的方法,更新该尺度上字典的每一个原子。但这些方法在算法效率上并不能受到研究者们的推崇,而且不同尺度之间的信息只是简单地合并,并没有得到很好地抽取和融合。

另外,受到广泛关注的还有与尺度金字塔结合的 HOG(Histogram of Oriented Gradient)[75]、基于稀疏表示方法的线性空间金字塔匹配跟踪 ScSPM(Linear Spatial Pyramid Matching Using Sparse Coding),以及在 ScSPM 基础上加入局部距离约束的 LLC 方法(Locality-constrained Linear Coding)[76],这些方法在特定的条件下都能够对目标进行检测以及较准确地分类,但是并不能适用于所有的目标检测,而且准确率也不高。

传统的特征检测方法是通过研究者们设计好的模式和规则,对图像信息进行提取。例如 SIFT 提出尺度不变、旋转不变的像素点,HOG 通过计算梯度直方图得到特征,SPM 则提出一种在不同尺度上对图像进行分块以提取特征的方法,这些都是被研究者们提出的特征,而 ScSPM[9]、LLC[76]方法则是对这些已有的特征进行了新的描述和改进。为了更加充分利用有限的图像信息,研究者们还分析了图像不同层次之间的特征和关系,利用分层后得到的结构、尺度信息对图像进行深层次的研究。

除了以上描述的 SIFT、SURF 以及稀疏编码等方法外,分层的思想还体现在利用神经网络,构建深度学习框架,实现对图像不同尺度信息进行分析研究。深度学习方法主要利用大量的数据集对网络框架进行构建,在足够多的数据训练之后,得到的是一个可以自主学习的学习机器。例如 R. Girshick 等人[10]提出的基于卷积神经网络的 R-CNN(Region Convolutional Neural Network)方法,首先利用选择搜索的方法得到可能的目标区域,然后将这些区域分别输入到卷积神经网络(Convolutional Neural Network,CNN)中进行学习,以得到对应的特征,最后对这些特征进行分类,从而达到目标检测的目的。但在区域选择过程中,由于区域之间的重叠性造成 CNN 学习的特征出现重复的现象,产生不同程度的冗余,同时也导致算法较高的复杂度。

为了解决这一问题,R. Girshick 又提出了 Fast R-CNN 方法[11],将选择可能的目标区域和学习特征的顺序进行调整,首先对整幅图像进行特征学习,再将可能的目标区域与特征进行映射,由此避免了对重叠区域特征的重复性学习,大大提高了算法的效率。在此基础上,R. Girshick 等人[12]为了进一步提升算法的效率,又提出了速度更快的 Faster R-CNN 方法,不但通过划分图像区域对可能的目标区域进行固定,而且对输出对应的区域进行背景或前景的判断,由此再一次降低了算法的复杂度,该方法还对输出进行二次细化以及目标框位置的修正。以上的 R-CNN 及其改进算法中,都采用了对原图像整体进行分块,并对新的分块进行分类的方法,将检测问题转换成了图像中的局部区域的分类问题,忽略了区域之间的联系以及被检测目标对于图像的全局信息。

1.2.3 跨尺度运动图像的目标跟踪

目前对于跨尺度跟踪的理解,主要表现为两种:一种是使用跨尺度的跟踪方法对运动目标进行跟踪,包括传统的小波、曲线波(Curvelet)[41]、轮廓波(Contourlet)[43]等方法,还有其他一些更有意义的方法与多尺度的方法相结合,共同应用到目标跟踪中,并且得到了相对理想的效果;另一种是通过分析动态环境中不断变化的跨尺度因素对运动目标跟踪的影响实现跨尺度跟踪。例如光照的强弱变化,造成的运动目标表面纹理、颜色尺度上的粗细、明暗变化;距离远近变化,造成运动目标形状尺度上的大小变化等。可以将这类考虑尺度特征的跟踪方法主要分为生成方法和分类方法两种。其中生成方法在于通过已知的表示模型构建一个新的模型,并在大量可能的候选样本中找出最有可能的那个样本作为跟踪结果。一种最有效的方法就是基于稀疏表示的方法,比较流行的有压缩感知跟踪(Compressive Tracking)方法[32]、多任务跟踪(Multi-task Tracking)方法[77]、自适应结构跟踪(Adaptive Structural Tracking)方法[22]等。分类方法主要将跟踪问题看作一个二分类问题进行解决,其目的在于将目标从背景中区分出来,而目标也被称为前景,现有很多传统的分类方法应用于跟踪过程中,例如 Adaboost 方法。

(1) 基于稀疏表示的运动目标跟踪

随着稀疏表示、压缩感知理论的发展,很多基于稀疏表示的运动目标跟踪算法被提出来,并得到广泛的应用。基于稀疏表示的运动目标跟踪方法主要是通过一些目标模板及其线性组合来重构每一帧的采样,以其与原始采样的最小误差来确定目标位置。李涛等人[78]根据多尺度分析思想,把运动模型的动态系统分析与小波变换方法相结合,给出了不同尺度上的节点方差矩阵的一种快速求解方法,并进一步提出一种多尺度自适应融合跟踪方法,有效利用检测数据,更准确地刻画出航迹变化,弥补了单一尺度的不足,实现了对动态目标的快速跟踪。而这种算法仅局限于较稳定的环境中,当出现波动性较大的运动目标时,该算法很难准确达到跟踪效果。针对波动性较大的运动目标跟踪问题,孔军等人[79]提出一种基于多尺度特征提取的Kalman 跟踪算法,前帧目标区域特征点匹配出后续帧目标区域特征点,并以后者特征点为中心,建立搜索区域,避免了遍历整幅后续帧图像,算法快速有效,具有良好的收敛性。

稀疏表示的方法在基于尺度的目标跟踪中表现出了良好的稳定性,并且能够相对准确地对目标进行跟踪,然而,也存在不足之处,例如利用稀疏表示方法进行跟踪的算法,其速度并不能完全满足实时性的要求。为了提高算法的效率和实时性,研究者们在特征提取过程中做了很多改进。X. Mei 等人[80]提出了自适应的目标稀疏表示模型,其通过解决 $L1$ 最小化非负限制性问题进行跟踪。然而求解 L1 最小化问题的时间复杂度较大,使跟踪过程难以满足实时性的要求。为了提高算法的速度,在此基础上,X. Mei 等人[81]又通过降低粒子采样数,在模板更新中增加对遮挡问题的检测,提出基于局部稀疏模型的跟踪算法,并将稀疏编码直方图作为特征嵌入 Mean Shift 算法完成跟踪,虽然这些改进在速度上有了一定程度的提高,但准确性有所下降。

Q. Wang 等人[82]在提出将动态组稀疏引入到跟踪过程中,将稀疏表示和粒子滤波结合,经两次粒子滤波后可更精确地定位跟踪目标。W. Zhang 等人[83]将基于稀疏表示的生成模型和辨别分类器结合起来,有效处理目标变化和减缓视频漂移。X. Jia 等人[22]利用前 10 帧的目标构建字典,提出一种 Aligning-pooling 的方法,将稀疏表示的粒子放入到 align 池中,并通过跟踪过程中对模板的更新,不断纠正跟踪过程中产生的累积误差,稳定有效地对各种复杂环境中的目标进行跟踪。

Wang D 等人[84]将基于方向梯度直方图特征和稀疏表示相结合,其中方向梯度直方图能够较快速地获取候选目标样本的统计特征,具有较好的识别率,在一定程度上能够满足实时性的要求。Z. Ji 等人[85]提出一种稀疏编码算法,用来对 SIFT 特征进行字典学习,由此得到的字典再为空间金字塔匹配核函数构建描述池,并作为 SVM 的输入对目标进行分类。这种通过稀疏表示与 SIFT 相结合的多尺度方法,有效地提高算法的准确性和稳定性,同时将其在空间视频中应用,对空间运动目标进行跟踪,显示了较高的准确性,而速度却不能达到实时的要求。

作为基于模板的方法,基于稀疏表示的运动目标跟踪方法在目标跟踪过程中往往需要对模板进行更新,在一定程度上增加了时间复杂度。模板更新主要是为了考虑算法整体的稳定性与实时性,针对不同的环境和算法的目的,做出不同的更新策略。模板的动态更新能够提高算法的准确性,是基于稀疏表示的运动目标跟踪方法中不可或缺的重要步骤,而实时性又是目标跟踪的效率要求,两者互为矛盾。

（2）基于粒子滤波的运动目标跟踪

视频跟踪还可以通过随机过程来描述,但由于绝大多数跟踪过程通常是非线性或非高斯的,利用卡尔曼滤波方法并不能准确估计运动目标的运动状态。S. Maskell 等人[86]提出了利用蒙特克罗方法的粒子滤波器的方法对视频序列中的运动目标进行参数估计,其核心思想是用加权重的随机采样表示后验概率函数。粒子滤波器的复杂度和精度只与粒子数量相关,而与空间维度无关。即使维度增加也不会导致算法的性能和复杂度增加,后来的研究者们一直将粒子滤波的方法作为主要的运动估计方法应用在运动目标跟踪研究中。

为了描述跟踪过程中的非线性问题,M. Isard 等人[87]将粒子滤波与可变形模板相结合应用到运动目标跟踪中,利用目标的轮廓表示目标特征,并采用随机微分方程对目标的运动状况进行建模。由于轮廓计算的低复杂度和粒子滤波方法的高准确度,使得对运动目标的跟踪更加精准。虽然该方法速度快,准确率相对较高,但是并非对所有的情况都适用,例如出现部分遮挡或者全部遮挡情况时的跟踪问题。Y. Lao 等人[88]引入了存贯粒子生成方法,并通过碎片测量模型对重采样粒子进行更新,对于存在部分遮挡的情况能够较准确跟踪到运动目标,但仍然处于探索阶段。

以上这些算法都将粒子滤波算法与其他特征提取方法相结合,在有效的空间内对粒子采集的方法进行改进,对运动目标跟踪过程中的一些传统的问题如目标检测、交叉、遮挡等得到了更好的效果。然而,粒子滤波算法的核心包括计算相似度与转移矩阵、更新粒子等,虽然在这些方面很多算法都做了不同程度的改进,但效果仍然不够明显。

本章参考文献[89]使用了顺序蒙特卡洛采样方法和深度可信网络,并且证明了该方法的可行性和实时性,然而该算法在粒子更新过程中,仍然存在粒子退化严重的现象。如何在保证算法实时性的同时,确保粒子最小程度退化以达到准确跟踪的效果,仍然是目前急需解决的问题。J. C. SanMiguel 等人[90]针对粒子滤波器中滤波不确定性与状态空间中滤波分散假设的一致性相关联的问题,提出了利用滑动窗口进行模型重验证的方法,解决粒子滤波器的时间一致性问题,从而将其在视频序列的运动目标跟踪上进行验证,得到了不错的效果,但是由于粒子退化的问题,该方法仅适用于摄像头固定的相对稳定环境中。

（3）基于深度学习的运动目标跟踪

CNN 创始人 Geoffrey Hinton 教授,带领他的学生 A. Krizhevsky 于 2012 年设计了八层的卷积神经网络（CNN）[91],由此,卷积神经网络开始受到计算机视觉通信领域的强烈关注,并在运动目标跟踪领域表现出了良好的性能。这种八层的 CNN 由此被命名为 AlaxNet,它通过大量的数据集进行深度网络的训练,从而使其具有一定的学习能力。

N. Doulamis 等人[92]针对目前视觉检测与跟踪过程中出现的只关注局部信息却丢失全局信息而造成的、无法长时间跟踪目标的问题,提出了利用深度学习来自适应地更新信息,并且提供一种已获得信息的最小退化策略。M. Denil 等人[93]构建了一个包含认证通道模型和控制通道模型的目标跟踪方法,这两个模型分别利用深度受限的玻尔兹曼机为目标外观建模以完成分类,并通过粒子滤波定位目标的位置、角度、范围以及速度等相关信息,通过这两步来完成对目标的跟踪,这种方法效果良好,并且方便从小的离散集合扩展到连续域中。N. Wang 等人[94]也将深度学习应用到视觉跟踪当中,通过离线学习去噪的目标特征,对目标进行在线的跟踪与更新,从而降低了算法的计算复杂度,提高了算法的效率,达到了实时性的要求。W. Zou

等人[95]利用重要性特征检测和跟踪来模拟人类视觉,输入视频序列时,将一个临时的缓慢约束策略应用到分层的神经网络中,通过这种方法分类和跟踪效率都得到了提升。

VGG-Net 也是一种常用的深度网络结构,它由 K. Simonyan 等人[96]于 2014 年提出,并在 ILSVRC 定位与分类的比赛中分别取得了第一名和第二名。不同于 AlaxNet,VGG-Net 使用的网络层数更多,一般达到 16～19 层,而且在卷积层中,卷积滤波器的大小相同,都为 3×3。C. Ma 等人[97]使用 VGG-Net 提取卷积神经网络的特征,同时为了避免采样过程对图像信息的损失,增加了上采样的过程得到卷积神经网络的中间结果,并利用这一中间结果信息,与网络最终输出的信息一同作为特征对目标进行描述。虽然与其他深度网络相比,VGG-Net 对特征的提取更加准确,但是构建 VGG-Net 需要更多的网络层,需要训练的参数更多,训练过程更加漫长。

为了使网络更加简洁,L. Wang 等人[98]利用单层卷积神经网络实现在线视觉跟踪,在网络中引入具有截断结构的损失函数,以得到足够多的训练样本,同时,在卷积神经网络中增加了随机梯度下降方法,使训练过程具有时序选择机制,而在更新阶段,采用贪婪方式以提高训练的速度。这种方法简单明了,既简化了网络的结构,又增加了提高网络性能的机制,使跟踪更加准确。另外,还有很多方法将深度学习融入其中,对运动目标进行跟踪,例如 Wang L 等人[98]提出的基于全卷积网络的跟踪方法等。在实时性方面,这些算法仍然面临同样的问题,如何构建合理的层次,如何将深度学习的层次特性[99]与运动目标本身的尺度特性结合起来仍是需要解决的问题。

以上算法将运动目标的检测与跟踪和深度学习理论结合起来,是深度学习融入视觉处理领域的一个很好的开端,在检测和跟踪的过程中,得到了较好的效果。然而,由于深度学习是基于层次构建的学习算法,需要将视觉信息构建到不断递进的层次中,造成了较大的计算复杂度和时间复杂度,虽然已有速度较快的算法,但在深度学习用于视觉领域的起步阶段,实时性问题仍然是主要考虑的问题之一。

另外,根据运动目标跟踪原理的不同,现有的运动目标跟踪方法可以分为基于特征、模型、区域、预测和运动目标轮廓的方法。

(1) 基于特征的运动目标跟踪方法

基于特征的运动目标跟踪方法主要是根据运动目标的特征,在图像序列中匹配相关特征点完成目标搜索的算法[100]。由于特征点连续分布在运动目标上,因此基于特征的运动目标跟踪算法在运动目标出现重叠和遮挡时较为有效。基于特征的目标跟踪算法首先提取运动目标特征点,例如边缘因子、运动角点、颜色直方图分布等;然后在连续的运动图像帧之间进行特征的匹配,确定连续有效的特征信息[101],目前主流的匹配算法包括结构匹配、SIFT 角点匹配、树搜索匹配和假设特征校验匹配等;最后根据搜索匹配完成运动目标轨迹预测,实现运动目标的连续跟踪[102]。

基于特征的跟踪算法在运动目标出现缩放、轨迹变换或者目标跟踪平面旋转的情况下,跟踪效果会出现一定的折扣。研究者提出了基于 SIFT 特征的运动目标跟踪算法[103],该算法可以在不同尺度间提取运动目标特征点,保持运动目标跟踪的旋转不变性,对不同环境下的运动目标跟踪有非常好的鲁棒性。Meuter 和 Iurgel 提出的基于 Kalman 滤波的特征提取方法[104]可以分析运动目标形状及颜色变化对目标跟踪的影响,根据 Kalman 滤波器核窗口尺寸的变化,实现运动目标模型的自适应跟踪。

针对运动过程中可能发生的目标间严重遮挡,Pavan 和 Pelillo 提出了目标轮廓与目标运动轨迹融合的跟踪方法[105],该方法可以根据运动目标的特征定义遮挡因子,并据此给出不同运动目标间处理轨迹遮挡的方法,实验结果验证了该方法在行人检测和视频监控中的目标跟踪有效性。Leonardis 和 Schiele 采用的多维度特征提取方法[106]可以在跨尺度域内提取多目标的特征信息,根据不同维度的相似性计算方法,整合有效特征,估算目标运动轨迹,完成目标跟踪。基于特征的运动目标跟踪算法对运动目标特征的提取要求很高,尤其是多运动目标跟踪环境下的特征提取,这种处理方式增加了跟踪算法的复杂度,降低了运动目标跟踪的效率,在很多实时性很强的环境下该类方法的适用性很弱。

基于模型的运动目标跟踪与基于特征的方法类似,首先要对跟踪的运动目标建立模型,然后在下一帧的跟踪过程中,加入对模型的的匹配操作,并且在连续帧的运动目标跟踪中,进行模型的实时更新[107]。刘国翌、赵国英等人提出的线图模型[108],使用直线模型近似表示运动目标的各部分,根据直线运动轨迹跟踪运动目标。实验结果表明在跟踪视野不出现大的跳动的情况下,跟踪效果有较好的保证。安国成、高建坡提出了基于人体骨骼的分层模型[109],然后根据这个模型跟踪行人,在相关监控视频中的应用效果较好。Shivappa 和 Trivedi 提出了信息融合跟踪模型[110],利用运动目标在连续图像帧之间的投影信息建立轮廓融合模型并跟踪运动目标。

孔军、汤心溢、蒋敏等人提出的多尺度特征模型用一系列连接的区域来表示运动目标的行为[111],利用不同帧间的运动估计来约束区域运动的参数。Blauth 和 Vicente 等人提出的三维立体模型[112],可以将运动目标的具体特征细节用椭圆柱、立体球等三维模型来描述,因为三维模型与通常的特征模型相比,需要的参数量较大,所以在进行模型匹配和目标跟踪时,相关的计算量会比较大,容易影响最后跟踪过程的效率。李剑峰、黄增喜、刘怡光等人使用了不规则模型来构建运动目标的三维立体模型[113],然后在连续的图像序列中进行相关特征的匹配,获得运动目标的连续运动信息,完成运动目标的连续跟踪。

基于模型的运动目标跟踪需要对运动目标的特征和轨迹进行建模,很多应用场景下,模型的数学特征被省略,只保留了针对应用场景的部分计算,这样处理可以提高模型的计算效率。但是在不同的应用场景下,运动目标跟踪的实验结果差距较大,即使在同一应用场景下的不同运动目标跟踪,最终跟踪结果的有效性也有很大差异,这也是基于模型的运动目标跟踪算法需要改进和完善的地方。

(2) 基于区域的运动目标跟踪方法

基于区域的跟踪方法的基本思想是用一组表示运动目标所在区域的模板来表示运动目标特征,然后计算过往运动目标所在区域和候选目标区域的相似度,从而判断当前帧运动目标所在最可能的位置,并且预测下一帧中运动目标的运动轨迹[114]。Allen 等人提出的 CamShift 算法[115]使用色彩、纹理及边缘等运动目标的全局信息表示运动区域,这种方法在行人检测和智能监控系统中获得了很好的应用,但当有较大的遮挡发生或者运动目标发生形变时,跟踪的效果不甚理想。

Lienhart 和 Maydt 使用 Haar 灰度信息来观测似然相似度区域[116],根据区域信息跟踪高速运动的行人目标。Mohan 和 Papageorgiou 提出使用图像的颜色元素信息来表示显著运动区域[117]。Mikolajczyk 和 Schmid 提出将概率模型引入到运动区域检测中[118],将运动目标的纹理信息和颜色分布通过概率的方式进行统计。随着运动目标跟踪的进行,概率模型的数据不断完善,实验结果显示这种方法有相当的准确性,但是计算量较大,不适合实时的运动目标跟踪。Comaniciu 和 Ramesh 提出使用图像的超像素特征来表述运动目标区域[119],使用稀疏编码模型来描述运动目标特征,采用信息融合的方法检测和跟踪运动目标,但这样处理也会在某些特征维度上降低运动目标跟踪的鲁棒性,很难做到在不同运动场景间的连续运动目标跟踪。

（3）基于预测的运动目标跟踪方法

基于预测的运动目标跟踪方法的主要思想是寻找出一组带权重的功能描述因子,然后根据相关的后验概率密度函数,估计运动目标的运动状态,完成在连续图像帧中的运动目标跟踪[120]。常用的基于预测的跟踪方法包括卡尔曼滤波法、扩展卡尔曼滤波法、粒子滤波等。Reid 提出了一种基于卡尔曼滤波器和信号传感器的运动目标跟踪算法[121],这种方法能够融合传感器的信号,通过线性高斯滤波提高信号的优化频率,并且有效地改进最优运动估计。

Hightower 等人提出了一种基于 Hardware Tags 的运动目标跟踪方法,通过采集 RSSI 信息来估计运动目标的位移[122],相关的硬件参考标签采用预定义预测方式,该方法将多个参考标签的值进行比较,通过相关的权重概率信息完成运动目标的跟踪。Niculescu 和 Nath 提出的运动目标定位跟踪算法[123]利用运动目标的固有属性和静态参量,在连续运动帧之间预测概率相近的属性值,形成对等概率分析模型,这种方法适合在多传感器网络中进行运动目标的跟踪。Rudolph 和 Badri 提出的场景应用粒子滤波算法[124],将之前手动选择的运动目标作为参考,利用参考帧和当前检测帧的特征(颜色、纹理、边缘)分布来检测运动粒子,实现在线运动目标跟踪。

Djuric 和 Kotecha 等人提出的改进 Mean Shift 算法[125],通过建立自组织的学习网络,对运动视频中的各种运动目标进行有效识别,通过建立监督或者半监督的学习机制来挖掘运动粒子之间的关联性,并进行分类和处理,这种方法可以有效地对跟踪异常事件进行检测,但是过于依赖滤波技术的运动目标跟踪方法很难提供有效的学习经验,该算法的自主学习性还有待提高。

（4）基于目标轮廓的运动目标跟踪方法

基于目标轮廓的方法由 Witkin 等人提出[126],称为 Snake 模型,这种方法主要使用运动目标的边缘轮廓来表示运动目标,按照时间维度对运动目标的轮廓模型进行更新。基于目标轮廓的方法适合跟踪外观变化较大的运动目标[127],它可以同时完成运动目标检测和运动目标跟踪的任务。黄刘生、吴俊敏等人提出一种基于 Monte Carlo 运动目标精确定位和跟踪算法[128],该算法在现有目标轮廓检测的基础上,利用移动感知网络,增加了对自由移动场景的检测,使用 Monte Carlo 模拟完成最终对运动目标的精确定位,实验表明该算法的跟踪准确度明显高于其他同类的算法。Casasent 和 Smokelin 提出了一种基于小波变换的目标轮廓检测方法[129],离散小波变换在不同的频率域检测运动目标形状特征,描述运动目标轨迹,该方法适用在光照和色彩存在大幅变化的运动场景,但是借助多频率的分解和重构很难保证运动目标的形状特征能够被准确地提取和利用,连续运动目标跟踪的完整性还有待提高。

（5）多目标跟踪方法

多目标跟踪技术是目前运动目标跟踪研究领域的研究热点和难点,多目标跟踪要求在同一场景中,根据不同的空间和时间维度,对多个运动目标保持高精度的检测和跟踪[130],跟踪过程中容易出现多目标遮挡、多目标数目随机变动、背景干扰等问题。Shafique 和 Haering 等人提出的多帧连续运动目标跟踪方法[131]通过多帧连续检测获得运动目标的位置和形状特征,由于这种检测方法的观测结果中含有噪声,Shafique 采用概率的方法对相关特征进行筛选,最后得到的多目标跟踪结果有较高的准确度。王郑耀、程正兴等人提出的视觉特征尺度空间模型[132]在已有 SIFT 特征提取的基础上，加入多维运动目标检测，利用颜色模型和 HOG 特征，跟踪存在于同一场景中的多个运动目标。Comaniciu 和 Ramesh 将经典的 Mean Shift 算法应用到多目标跟踪场景中[133]，在连续的视频图像序列中对多运动目标状态进行连续标记，并标定目标在不同帧之间的对应位置，升级后的 Mean Shift 算法在多目标跟踪场景中可以获得较为准确的运动目标跟踪结果，但是当运动目标的数量超过算法的上限时，运动目标跟踪结果的有效性就很难保证。

运动目标跟踪是一个前沿的研究领域，研究人员已经提出了很多有效的算法，如何充分利用运动图像跨尺度分析技术得到更加准确的运动目标跟踪结果，以及在空间运动目标跟踪领域，如何保持现有跟踪算法的高效性和鲁棒性，这些问题还亟待研究解决。

参 考 文 献

[1]　D. Marr, T. Poggio, E. C. Hildreth, et al. A Computational Theory of Human Stereo Vision[M]. From the Retina to the Neocortex. Birkhäuser Boston,1991:263-295.

[2]　D. G. Lowe Distinctive Image Features from Scale-invariant Keypoints[J]. International Journal of Computer Vision,2004,60(2):91-110.

[3]　Caltech-101[DB/OL]:http://www.vision.caltech.edu/image_datasets/caltech101/.

[4]　Li F, R. Fergus, P. Perona Learning Generative Visual Models from Few Training Examples:An Incremental Bayesian Approach Tested on 101 Object Categories[J]. Computer Vision and Image Understanding,2007,106(1):59-70.

[5]　Imagenet[EB/OL]:http://www.image-net.org/.

[6]　Yang J,Jiang Y G, A. G. Hauptmann, et al. Evaluating Bag-of-visual-words Representations in Scene Classification[C]. Proceedings of the International Workshop on Workshop on Multimedia Information Retrieval,ACM,2007:197-206.

[7]　N. Dalal,B. Triggs. Histograms of Oriented Gradients for Human Detection[C]. Proceedings o fIEEE Computer Society Conference on Computer Vision and Pattern Recognition (CVPR 2005),2005:1:886-893.

[8]　P. Felzenszwalb, D. Mcallester, D. Ramanan. A Discriminatively Trained, Multiscale, Deformable Part Model[C]. IEEE Conference on Computer Vision and Pattern Recognition,2008:1-8.

[9]　Yang J,Yu K,Gong Y,et al. Linear Spatial Pyramid Matching Using Sparse Coding for Image Classification[C]. IEEE Conference on Computer Vision and Pattern Recognition,2009:1794-1801.

[10]　R. Girshick,J. Donahue,T. Darrell,et al. Rich Feature Hierarchies for Accurate Object Detection and Semantic Segmentation[C]. Proceedings of the IEEE Conference on Computer Vision and Pattern Recognition,2014:580-587.

[11]　R. Girshick. Fast R-Cnn[C]. Proceedings of the IEEE International Conference on Computer Vision,2015:1440-1448.

[12]　Ren S,He K,R. Girshick,et al. Faster R-CNN:Towards Real-time Object Detection

with Region Proposal Networks[C]. Advances in Neural Information Processing Systems, 2015:91-99.

[13] D. A. Ross, J. Lim, Lin R S, et al. Incremental Learning for Robust Visual Tracking [J]. International Journal of Computer Vision, 2008, 77(1-3):125-141.

[14] 微软剑桥研究中心[EB/OL]:http://research. microsoft. com/en-us/labs/cambridge/.

[15] S. Avidan Ensemble Tracking [J]. IEEE Transactions on Pattern Analysis and Machine Intelligence, 2007, 29(2):261-271.

[16] S. Avidan. Subset Selection for Efficient SVM Tracking[C]. Proceedings of 2003 IEEE Computer Society Conference on Computer Vision and Pattern Recognition, 2003, 1:I-85-I-92.

[17] Shi J, C. Tomasi Good Featuresto Track[C]. Proceedings of IEEE Computer Society Conference on Computer Vision and Pattern Recognition, 1994, 1994:593-600.

[18] Learning and Vision Research Group in National University of Singapore[EB/OL]: http://www. lv-nus. org/.

[19] B. Babenko, Yang M H, S. Belongie. Robust Object Tracking with Online Multiple Instance Learning [J]. IEEE Transactions on Pattern Analysis and Machine Intelligence. 2011, 33(8):1619-1632.

[20] S. Hare, S. Golodetz, A. Saffari, et al. Struck: Structured Output Tracking with Kernels[J]. IEEE Transactions on Pattern Analysis and Machine Intelligence. 2015, (99):1-14.

[21] Liu B, Huang J, Yang L, et al. Robust Tracking Using Local Sparse Appearance Model and K-Selection[C]. Proceedings of IEEE Conference on Computer Vision and Pattern Recognition (CVPR 2011). 2011:1313-1320.

[22] Jia X, Lu H, Yang M H. Visual Tracking via Adaptive Structural Local Sparse Appearance Model [C]. Proceedings of IEEE Conference on Computer Vision and Pattern Recognition (CVPR 2012). 2012:1822-1829.

[23] Wang D, Lu H, Yang M H. Least Soft-threshold Squares Tracking[C]. Proceedings of IEEE Conference on Computer Vision and Pattern Recognition (CVPR 2013). 2013: 2371-2378.

[24] G. Tsagkatakis, A. Savakis. Online Distance Metric Learning for Object Tracking[J]. IEEE Transactions on Circuits and Systems for Video Technology, 2011, 21(12): 1810-1821.

[25] B. Babenko, Yang M H, S. Belongie. Visual Tracking with Online Multiple Instance Learning [C]. Proceedings of IEEE Conference on Computer Vision and Pattern Recognition, 2009:983-990.

[26] Z. Kalal, K. Mikolajczyk, J. Matas. Tracking-learning-detection[J]. IEEE Transactions on Pattern Analysis and Machine Intelligence, 2012, 34(7):1409-1422.

[27] T. Senst, V. Eiselein, T. Sikora. Robust Local Optical Flow for Feature Tracking[J]. IEEE Transactions on Circuits and Systems for Video Technology, 2012, 22(9): 1377-1387.

［28］　T. Klinger, F. Rottensteiner, C. Heipke. A Dynamic Bayes Network for Visual Pedestrian Tracking[J]. The International Archives of Photogrammetry, Remote Sensing and Spatial Information Sciences, 2014, 40(3): 145-150.

［29］　Li H, Li Y, F. Porikli. Robust online Visual Tracking with a Single Convolutional Neural Network[C]. Asian Conference on Computer Vision. Springer International Publishing, 2014: 194-209.

［30］　Chen Y, Yang X, Zhong B, et al. Cnntracker: Online Discriminative Object Tracking via Deep Convolutional Neural Network [J]. Applied Soft Computing, 2016, 38: 1088-1098.

［31］　M. Hahn, Chen S, A. Dehghan. Deep Tracking: Visual Tracking Using Deep Convolutional Networks[J]. Arxiv Preprint Arxiv: 1512.03993, 2015.

［32］　Zhang K, Zhang L, Yang M H. Real-Time Compressive Tracking[C]. Processing of 12th European Conference on Computer Vision, Firenze, Italy, 2012: 864-877.

［33］　P. J. Burt, E. H. Adelson. The Laplacian Pyramid as a Compact Image Code[J]. IEEE Transactions on Communications, 1983, 31(4): 532-540.

［34］　M. Lyons, S. Akamatsu, M. Kamachi, et al. Coding Facial Expressions with Gabor Wavelets [C]. Proceeding of the Third IEEE International Conference on Automatic Face and Gesture Recognition, 1998, 200-205.

［35］　A. Grossmann, J. Morlet. Decomposition of Hardy Functions into Square Integrable Wavelets of Constant Shape[J]. SIAM Journal on Mathematical Analysis, 1984, 15 (4): 723-736.

［36］　C. P. Papageorgiou, M. Oren, T. Poggio. A General Framework for Object Detection [C]. Proceedings of Sixth International Conference on Computer Vision, 1998: 555-562.

［37］　P. Viola, M. Jones. Rapid Object Detection Usinga Boosted Cascade of Simple Features [C]. Proceedings of IEEE Computer Society Conference on Computer Vision and Pattern Recognition, 2001, 1: I-511-I-518.

［38］　R. Lienhart, J. Maydt An Extended Set of Haar-Like Features for Rapid Object Detection[C]. Proceedings of International Conference on Image Processing, 2002, 1: I-900-I-903.

［39］　E. J. Candes. Ridgelet: Theory and Applications[D]. Stanford: Department of Statistics, Stanford University, 1998.

［40］　D. L. Donoho. Orthonormal Ridgelets and Linear Singularities[J]. SIAM Journal on Mathematical Analysis, 2000, 31(5): 1062-1099.

［41］　J. L. Starck, E. J. CandÈS, D. L. Donoho. The Curvelet Transform for Image Denoising [J]. IEEE Transactions on Image Processing, 2002, 11(6): 670-684.

［42］　E. J. Candes, D. L. Donoho. Continuous Curvelet Transform: II. Discretization and Frames[J]. Applied and Computational Harmonic Analysis, 2005, 19(2): 198-222.

［43］　M. N. Do, M. Vetterli. The Contourlet Transform: An Efficient Directional Multiresolution Image Representation[J]. IEEE Transactions on Image Processing, 2005, 14 (12):

2091-2106.

[44] Lu Y,Do M N. A New Contourlet Transform with Sharp Frequency Localization[C]. IEEE International Conference on Image Processing,2006:1629-1632.

[45] G. PeyrÉ,S. Mallat. Surface Compression with Geometric Bandelets[J]. ACM Transactions on Graphics (TOG),2005,24(3):601-608.

[46] S. Mallat,G. PeyrÉ. Orthogonal Bandlet Bases for Geometric Images Approximation [J]. Communications on Pure and Applied Mathematics,2008,61(9):1173-1212.

[47] J. Krommweh. Tetrolet Transform:A New Adaptive Haar Wavelet Algorithm for Sparse Image Representation[J]. Journal of Visual Communication and Image Representation,2010, 21(4):364-374.

[48] J. K. Romberg,M. Wakin,R. Baraniuk. Multiscale Wedgelet Image Analysis:Fast Decompositions and Modeling[C]. International Conference on Image Processing,2002,3:585-588.

[49] Do M N,M. Vetterli. The Finite Ridgelet Transform for Image Representation[J]. IEEE Transactions on Image Processing,2003,12(1):16-28.

[50] C. Harris, M. Stephens. A Combined Corner and Edge Detector [C]. Alvey Vision Conference,1988,15-50.

[51] D. G. Lowe. Distance Image Featuresfrom Scale-invariant Keypoints[J]. Journal of Computer Vision,2004,60(2):91-110.

[52] J. Sivic,M. Everingham,A. Zisserman. Person Spotting:Video Shot Retrieval for Face Sets[C]. In International Conference on Image and Video Retrieval (CIVR 2009). 2009:226-236.

[53] M. Bicego,A. Lagorio,E. Grosso,et al. On the Use of SIFT Features for Face Authentication [C]. Computer Vision and Pattern Recognition Workshop,2006:35-35.

[54] Luo J,Ma Y,E. Takikawa,et al. Person-specific SIFT Features for Face Recognition [C]. International Conference on Acoustic. Speech and Signal Processing (ICASSP 2011),2011:593-596.

[55] H. Bay, A. Ess, T. Tuytelaars, et al. Speeded-up Robust Features (SURF)[J]. Computer Vision and Image Understanding,2008,110(3):346-359.

[56] 廉蔺,李国辉,田昊,等.加窗灰度差直方图描述子及其对 SURF 算法的改进[J].电子与信息学报.2011,33(5):1042-1048.

[57] Anita Sellent,Martin Eisemann,Marcus Magnor. Motion Field and Occlusion Time Estimation via Alternate Exposure Flow[C]. In:Proceedings of IEEE International Conference on Computational Photography,2009:1-8.

[58] W. Trobin , T. Pock,D. Cremers,et al. An Unbiased Secondorder Prior for High-Accuracy Motion Estimation[J]. Pattern Recognition,2008:396-405.

[59] K. Berthold, P. Horn, G. Brian. Schunck. Determining Optical Flow [J]. Artificial Intelligence,1981,17:185-203.

[60] D. Bruce, Lucas, Takeo Kanade. An Iterative Image Registration Technique withan Application to Stereo Vision[C]. In:Proceedings of 7th Int. Joint Conf. Artificial Intelligence. 1981:674-679.

[61] Michael,J. Black,P. Anandan. The Robust Estimation of Multiple Motions:Parametric and Piecewise Smooth Flow Fields[J]. Computer Vision and Image Understanding,2006, 63(1):75-104.

[62] Isaac Cohen. Nonlinear Variational Method for Optical Flow Computation[C]. In: Proceedings of Eighth Scandinavian Conference on Image Analysis,2013,1:523-530.

[63] J. E. Eklund,C. Svensson,AstromA. VLSI Implementation of a Focal Plane Image Processor:A Realization of The Near-Sensor Image Processing Concept[J]. IEEE Transactions on Very Large-Scale Integration System,2010,4(3):322-335.

[64] E. Me'min,P. Pe'rez. Dense Estimation and Object-Based Segmentation of the Optical Flow with Robust Techniques[J]. IEEE Transactions on Image Processing,2008,7 (5):703-719.

[65] Y. Mileva, A. Bruhn, J. Weickert. Illumination-robust variational optical flow with photometric invariants[C]//Joint Pattern Recognition Symposium. Springer Berlin Heidelberg,2007:152-162.

[66] 吴健康,肖锦玉. 计算机视觉基本理论和方法[M]. 合肥:中国科技大学出版社,1993.

[67] Naresh, P. Cuntoor, B. Yegnanarayana, Rama Chellappa. Activity Modeling Using Event Probability Sequences[J]. IEEE Transactions on Image Processing, 2008, 17 (4):594-607.

[68] 田捷,沙飞,张新生. 实用图像分析与处理技术[M]. 北京:电子工业出版社,1995.

[69] Chui H,A. Rangarajan. A New Point Matching Algorithm for Non-Rigid Registration [J]. Computer Vision and Image Understanding,2013,89(2-3):114-141.

[70] 薛东辉,朱庭耀. 基于尺度分维的图像边缘检测方法研究[J]. 华中理工大学学报,1996, 24(8):1-3.

[71] Fu S, R. Gutierrez-Osuna, A. Esposito. Kakumanu, Oscar N. Garcia. Audio/Visual Mapping with Cross-Modal Hidden Markov Models [J]. IEEE Transactions on Multimedia,2008,7(2):243-252.

[72] M. Pabitra, C. A. Murthy, K. Pal. Sankar. Unsupervised Feature Selection Using Feature Similarity [J]. IEEE Transactions on Pattern Analysis and Machine Intelligence,2012,24(3):301-312. 1

[73] P. Sallee, B. A. Olshausen. Learning Sparse Multiscale Image Representations[C]. Proceeding of Advances in Neural Information Processing Systems,2002:1327-1334.

[74] J. Mairal, G. Sapiro, M. Elad. Multiscale Sparse Image Representation with Learned Dictionaries[C]. Proceedings of IEEE International Conference on Image Processing, 2007,3:III-105-III-108.

[75] A. Bosch,A. Zisserman,X. Munoz. Representing Shape with a Spatial Pyramid Kernel [C]. Proceedings of the 6th ACM International Conference on Image and Video Retrieval,ACM,2007:401-408.

[76] Wang J, Yang J, Yu K, et al. Locality-constrained Linear Coding for Image Classification[C]. Proceedings of 2010 IEEE Conference on Computer Vision and Pattern Recognition (CVPR),2010:3360-3367.

[77] Zhang T，B. Ghanem，Liu S，et al. Robust Visual Tracking via Multi-Task Sparse Learning［C］. Processing of IEEE Conference on Computer Vision and Pattern Recognition，Providence，Rhode Island，2012：2042-2049.

[78] 李涛，王宝树. 动态模型的多尺度自适应跟踪算法［J］. 控制理论与应用. 2011，21（6）：875-879.

[79] 孔军，杨心溢，蒋敏，等. 基于多尺度特征提取的 Kalman 滤波跟踪［J］. 红外与毫米波学报. 2011，30（5）：446-450.

[80] Mei X. ，Ling H. Robust Visual Tracking Using L1 Minimization［C］. Proceedings of IEEE 12th International Conference on Computer Vision. 2009：1436-1443.

[81] Mei X，Ling H，Wu Y，et al. Minimum Error Bounded Efficient L1 Tracker with OcclusionDetection［C］. Proceedings of IEEE Conference on Computer Vision and Pattern Recognition (CVPR 2011). 2011：1257-1264.

[82] Wang Q，Chen F，Xu W，et al. online Discriminative Object Tracking with Local Sparse Representation［C］. Proceeding of Applications of Computer Vision，2012：425-432.

[83] Zhang W，Lu H，Yang M H. Robust Object Tracking via Sparsity-Based Collaborative Model［C］. Proceedings of IEEE Conference on Computer Vision and Pattern Recognition (CVPR 2012). 2012：1838-1845.

[84] Wang D，Lu H，Yang M H. Online Object Tracking with Sparse Prototypes ［J］. IEEE Transaction on Image Processing. 2013，22（1）：314-325.

[85] Ji Z，J. Theiler，R. Chartrand，et al. Decoupling Sparse Coding of SIFT Descriptors for Large-Scale Visual Recognition［C］. Proceedings of the SPIE. 2013，8570：1-10.

[86] S. Maskell，N. Gordon. A Tutorial on Particle Filters for on-Line Nonlinear Non-Gaussian Bayesian Tracking［C］. Target Tracking：Algorithms and Applications，2001，1：2/1-2/15.

[87] M. Isard，A. Blake. Contour Tracking by Stochastic Propagation of Conditional Density ［C］. Proceedings of IEEE Conference on European Conference on Computer Vision (ECCV 1996). 1996：343-356.

[88] Lao Y，Zhu J，Zheng Y. Sequential Particle Generation for Visual Tracking［J］. IEEE Transaction on Circuits and Systems for Video Technology，2009，19（9）：1365-1378.

[89] G. Carneiro，J. C. Nascimento. The Fusion of Deep Learning Architectures and Particle Filtering Applied to Lip Tracking［C］. Proceedings of IEEE Conference on Pattern Recognition (ICPR2012). 2012：2065-2068.

[90] J. C. Sanmiguel，A. Cavallaro. Temporal Validation of Particle Filters for Video Tracking［J］. Computer Vision and Image Understanding，2015，131：42-55.

[91] A. Krizhevsky，I. Sutskever，G. E. Hinton. Imagenet Classification with Deep Convolutional Neural Networks ［C］. Proceeding of Advances in Neural Information Processing Systems. 2012：1097-1105.

[92] N. Doulamis，A. Doulamis. Fast and Adaptive Deep Fusion Learning for Detecting Visual Objects［C］. Proceedings of IEEE Conference on European Conference on Computer Vision (ECCV 2012). 2012，7585：345-354.

[93] M. Denil, L. Bazzani, H. Larochelle, et al. Learning Where to Attend with Deep Architectures for Image Tracking[J]. Neural Computation,2012,24(8):2151-2184.

[94] Wang N, D. Y. Yeung. Learning a Deep Compact Image Representation for Visual Tracking[C]. Proceeding of Advances in Neural Information Processing Systems, 2013:809-817.

[95] Zou W, Zhu S, Yu K, et al. Deep Learning of Invariant Features via Simulated Fixations in Video[C]. Proceeding of Advances in Neural Information Processing Systems,2012:3212-3220.

[96] K. Simonyan, A. Zisserman. Very Deep Convolutional Networks for Large-Scale Image Recognition[J]. Arxiv Preprint Arxiv:1409. 1556,2014.

[97] Ma C, Huang J B, Yang X, et al. Hierarchical Convolutional Features for Visual Tracking[C]. Proceedings of the IEEE International Conference on Computer Vision, 2015:3074-3082.

[98] Wang L, W. Ouyang, Wang X, et al. Visual Tracking with Fully Convolutional Networks[C]. Proceedings of the IEEE International Conference on Computer Vision, 2015:3119-3127.

[99] Deng L, Yu D. Deep Learning:Methods and Applications[J]. Foundations and Trends in SignalProcessing,2014,7(3-4):197-387.

[100] 龙慧,胡利,周宴宇.迭代卡尔曼滤波在机器人定位中的应用[J].现代电子技术,2010, 22(333):123-125.

[101] 宋绪栋,蔚婧,李晓花,等.基于纯方位角测量的水下目标被动跟踪技术[J].鱼雷技术, 2012,20(5):353-358.

[102] 侯明正,冯子亮,刘艳丽.光照变动条件下基于图切割算法的运动目标跟踪[J].光电子 激光,2012,23(5):986-992.

[103] 常发亮,马丽,乔谊正.遮挡情况下的 SIFT 视觉目标特征提取方法研究[J].控制与决 策,2013,21(5):503-507.

[104] M. Mirko, I. Uri, S. Parkand. The Unscented Kalman Filter for Pedestrian Tracking from A Moving Host [C]. IEEE Intelligent Vehicles Symposium, Eindhoven University of Technology,Holland,2008:37-42.

[105] M. Pavan, M. Pelillo Dominant Sets and Pairwise Clustering[J]. IEEE Transactions on Pattern Analysis and Machine Intelligence,2007,29(1):167-172.

[106] LeibeB, A. Leonardis, B. Schiele. Robust Object Detection with Interleaved Categorization and Segmentation[J]. International Journal of Computer Vision,2008, 77(1-3):259-289.

[107] 霍艳艳,黄影平.基于立体视觉和光流的障碍物探测方法[J].信息技术,2013(1): 125-127.

[108] 陈睿,刘国翌,赵国英.基于序列蒙特卡罗方法的 3D 人体运动跟踪[J].计算机辅助设 计与图形学学报,2011,17(1):85-92.

[109] 安国成,高建坡,吴镇扬.基于多观测模型的粒子滤波头部跟踪算法[J].中国图象图形 学报,2009,14(1):106-111.

[110] S. T. Shivappa, M. M. Trivedi, D. Rao. Audio-visual Information Fusion in Human Computer Interfaces and Intelligent Environments: A survey[J]. IEEE Proceedings, 2011, 98(10):1680-1691.

[111] 孔军,汤心溢,蒋敏.基于多尺度特征提取的运动目标定位研究[J].红外与毫米波学报,2011,30(1):21-26.

[112] D. A. Blauth, V. P. Minotto, C. R. Jung, et al. Voice Activity Detection and Speaker Localization Using Audiovisual Cues[J]. Pattern Recognition Letters, 2012, 33(4): 373-380.

[113] 李剑峰,黄增喜,刘怡光.基于光流场估计的自适应 Mean-Shift 目标跟踪算法[J].光电子激光,2012,(10):1996-2002.

[114] E. J. Balster, Y. F. Zheng, R. L. Ewing. Combined Spatial and Temporal Domain Wavelet Shrinkage Algorithm for Video Denoising[J]. IEEE Transactions on Circuits System for Video Technology, 2006, 16(2):220-230.

[115] J. G. Allen, Xu R Y D, Jin J S. Object Tracking Using Camshift Algorithm and Multiple Quantized Feature Spaces[C]. In: VIP '05 Proceedings of the Pan-Sydney area workshop on Visual information, Australian Computer Society, 2012:3-7.

[116] R. Lienhart, J. Maydt. An Extended Set of Haar-like Features for Rapid Object Detection [C]. In: Proceedings of IEEE International Conference on Image Processing, New York, 2011:900-903.

[117] A. Mohan, C. Papageorgiou, T. Poggio Example-Based Object Detection in Images by Components[J]. IEEE Transactions on Pattern Analysis and Machine Intelligence, 2009, 23(4):349-361.

[118] M. Krystian, S. Cordelia, Z. Andrew. Human Detection Based on a Probabilistic Assembly of Robust Part Detector[C]. In: Proceedings of European Conference on Computer Vision, Prague, Czech. Republic: Springer, 2009:69-82.

[119] D. Comaniciu, V. Ramesh, P. Meer. The Variable Bandwidth Mean Shift and Data-Driven Scale Selection[C]. In: Proceedings of Eighth. IEEE International Conference on Computer Vision, Vancouver, Canada, 2011, 1:438-445.

[120] 王亮,谭铁牛.运动的视觉分析综述[J].计算机学报,2012,25(2):225-237.

[121] D. B. Reid. An Algorithmfor Tracking Multiple Targets[J]. IEEE Transactions on Automatic Control, 2013, 24(6):843-854.

[122] J. Hightower, G. Borriello, R. Want. SpotON: An Indoor 3D Location Sensing Technology Based on RF Signal Strength[R]. Technical Report, UW CSE, University of Washington, Department of Computer Science and Engineering, Seattle. WA. USA. 2010.

[123] D. Niculescu, B. Nath. DV-Based Positioning in Ad-hoc Networks[J]. Journal of Telecommunication Systems, 2013, 22(1-4):267-280.

[124] V. D. M. Rudolph, A. Doucet, D. F. Nando, Eric Wan. The Unscented Particle Filter [C]. Advances in Neural Information Processing Systems (NIPS), Vancouver, 2011: 584-590.

[125] M. DjuricP, J. H. Kotecha, Zhang J. Q. Particle Filtering[J]. IEEE Transactions on

Signal Processing,2013,20(5):19-38.

[126] K. Michael, A. Witkin, Terzopoulos Demetri. Snakes:Active Contour Models[J]. International Journal of Computer Vision,2010,1(4):321-331.

[127] N. Paragios, R. Deriche. Active Contours and Level Sets for the Detection and Tracking of Moving Objects[J]. IEEE Transactions on Pattern Analysis and Machine Intelligence,2010,22(3):266-280.

[128] 汪炀,黄刘生,吴俊敏.一种基于 Monte Carlo 的移动传感器网络精确定位算法[J].小型微型计算机系统,2007,34(8):74-77.

[129] D. P. Casasent, J. S. Smokelin, A. Ye. Wavelet and Gabor Transforms for Detection [J]. Optical Engineering,2012,31(9):1893-1898.

[130] 郑红.基于自适应背景更新和色彩特征的运动人体检测与跟踪[D].上海:上海交通大学,2009.

[131] K. Shafique, M. W. Lee, N. Haering. A Rank Constrained Continuous Formulation of Multi-Frame Multi-Target Tracking Problem [C]. In:Proceedings of the IEEE International Conference on Computer Vision and Pattern Recognition. Anchorage, Alaska,USA. 2008:1-8.

[132] 王郑耀,程正兴,汤少杰.基于视觉特征的尺度空间信息量度量[J].中国图象图形学,2010,7:922-928.

[133] D. Comaniciu, V. Ramesh, P. Meer. Kernel-Based Object Tracking [J]. IEEE Transactions on Pattern Analysis and Machine Intelligence,2013,25(2):564-577.

第 2 章　运动图像的跨尺度描述方法研究

2.1 引　言

　　跨尺度描述方法在图像序列分析中已经成为一种标准化工具,被研究者们广泛使用。这类描述方法不仅具有传统单一尺度的描述方法所没有的很多优势,而且对存在不同尺度特征的信息具有较好的表现能力。为了在描述特征的过程中实现更可靠的自适应性,利用不同尺度信息构建字典,并用字典对原始信号进行分类或者重构,从而完成不同的应用目的。

　　经过小波方法处理过的图像信号所具有的特殊性,如稀疏性、多尺度性以及与人类视觉识别方式的相似性等,使得基于小波方法构建的字典更加具有优势,并成为应用最多的跨尺度描述方法。

　　P. Sallee 等人[1]利用小波方法获得多分辨率信息,并将图像的尺度特征与狄克拉 σ 函数和高斯函数相结合,对图像进行去噪或者分类检测。然而该方法在采样过程中,采样片较大,使得算法的冗余度达到 $O(k/n)$,严重影响了算法的速度。针对此问题,J. Mairal 等人[2]提出了利用四叉树构建图像的尺度空间的方法,针对每一尺度上的样本训练字典,并将训练得到的字典连接起来得到一个多尺度的过完备字典,但该算法效率较低,不同尺度之间的信息只是简单地合并,并没有得到很好的效果。R. Yan 等人[3]利用小波方法对原始图像进行尺度分解,在不同的系数上进行稀疏编码,得到各子带所对应的稀疏矩阵。在对字典进行训练之前,利用 k-means 聚类方法对每一尺度中的采样片聚类,消除由局部性造成的图像自相似性,虽然该方法的效果明显,但聚类方法增大了类间字典的不相关性,也增大了类内字典原子之间的相关性和字典的误差。

　　研究者们更多地将小波及其衍生方法与其他特征描述方法相结合,对不同尺度下的信息进行提取分析。例如利用分形分析方法的优势,H. Ji 等人[4]在小波域中利用多重分形分析方法对二维及三维的纹理进行分类,将多尺度的方法应用在纹理检测和分类中。而针对目前将空间尺度信息与 BoW(Bag-of-Words)特征相结合的方法存在不能对旋转不变性进行提取的问题,S. Chen 等人[5]将金字塔与 BoW 相结合,提取子区域中的空间相关原型和局部特征直方图特征,从而对遥感场景信息进行分类识别,与当前比较流行的方法进行了对比,当字典越大时,分类的准确性越高,但尺度信息简单,不能充分表现信号中丰富的尺度特征,而且对于具有复杂背景的目标,准确率较低。

　　不同于以往的多尺度字典学习方法在不同尺度上分别训练字典,然后再将具有不同尺度特征的字典连接起来得到最终的字典,J. Hughes 等人[6]提出直接通过不同尺度的特征,得到一个同样具有多种尺度特性的字典的多尺度模型。该方法通过贝叶斯统计模型学习具有多尺度特性的字典,极大地提高了算法的速度。但是由于贝叶斯框架本身的限制,需要一些重要参数的先验知识,因此并不能被广泛应用在不同的检测领域中。与传统的在尺度空间上的求解方法相比,P. Dollar 等人[7]构造了一种快速检测目标的特征金字塔方法,相对传统的金字塔方法,这种方法主要利用外推法降低了传统方法的计算效率,并证明了利用较粗糙的金字塔方法[8]也能够得到与传统方法相匹敌的性能。虽然该方法的速度有一定的提升,但是准确率却有所下降。

针对以上描述方法中存在的尺度单一、构造的尺度特性字典不准确等问题,本章提出了基于高斯金字塔和小波变换的跨尺度描述算法(GWSP),不仅考虑了不同分辨率下各层次之间的尺度不变性,而且还考虑了同一层间不同子带之间的相似性。

2.2　基于高斯金字塔和小波变换的跨尺度描述算法的提出

本章提出了基于高斯金字塔和小波变换的跨尺度描述算法(GWSP),构建了基于高斯金字塔和小波变换的跨尺度空间(GWTS),利用金字塔具有的尺度不变性和小波变换后同一尺度下子带之间的相似性,对运动目标进行跨尺度描述,并提出了基于 GWTS 的跨尺度字典学习算法,利用提出的 GWTS 算法对字典进行训练,得到具有不同尺度特性的字典,通过分类检测对所构建的尺度空间及训练得到的字典进行评价。

2.2.1　GWSP 算法研究动机

运动目标在运动的过程中,由于视觉环境的动态变化,投影到人眼视网膜中的影像也在不断发生变化,而随着距离由远及近或者由近及远的变化,造成运动目标在人眼视网膜上的影像也发生由大到小或者由小到大的变化。在图像序列上,表现为随着时间的推移,运动目标出现由清晰到模糊、由大到小、由细节信息到轮廓信息的不断变化。如果要对运动目标进行研究,除了需要提取图像序列中单尺度的特征信息外,还需要根据运动目标的这一变化的特殊性,利用不同的尺度特征对其进行描述。

传统的运动目标描述方法仅仅在单尺度空间上构造目标特征,并对其进行提取,不能充分利用目标的多尺度特征。主要存在两方面的问题:一方面是在利用高斯金字塔获取运动目标变化过程中产生的不同尺度信息时,由于高斯金字塔构建的尺度空间只保留了图像的轮廓信息,弱化了细节信息,出现尺度越大细节越少的现象;另一方面是在小波分解的过程中,虽然最大限度地保留了图像的细节信息,但不能利用尺度变化过程中的轮廓信息。现有的尺度描述方法在研究过程中只对以上两者之一进行考虑,不能融合两者的优点对图像进行描述。如何能够在构建尺度空间的同时,既考虑因尺度变化产生的尺度信息,又能兼顾图像本身的细节及轮廓,是对运动目标进行跨尺度描述的关键问题。

为了解决以上问题,本章提出了基于高斯金字塔和小波变换的跨尺度描述算法,解决了现有目标描述方法中存在的尺度单一、构造的尺度特性字典不准确的问题。

2.2.2　GWSP 算法描述

为了充分利用图像序列中的尺度信息,本章提出了基于高斯金字塔和小波变换的跨尺度描述算法(GWSP),将高斯金字塔和小波变换相结合构建跨尺度空间,并训练得到具有不同尺度特性的字典。基于高斯金字塔和小波变换的跨尺度描述算法如图 2.1 所示。

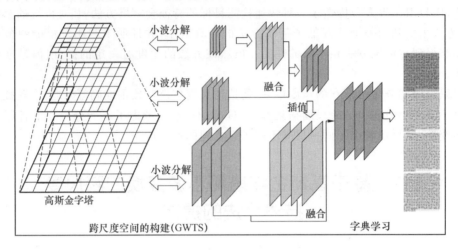

图 2.1　基于高斯金字塔和小波变换的跨尺度描述算法

　　首先对图像进行高斯平滑,采用下采样方法得到下一个尺度层上的信息,从而构建尺度金字塔以获取不同分辨率之间的尺度不变性,然后对每一尺度上的图像进行一层小波分解,分离出低频近似分量、高频水平方向近似分量、高频垂直方向近似分量以及对角线方向近似分量。为了兼顾不同层之间尺度不变性特征和同层不同分量之间的相似性关系,依次对各个分量的不同层间信息进行融合,得到融合后的四个分量。因此,原始的输入图像经过尺度空间的重新提取和分配,转变为最终的四个分量,并为后续的字典训练和分类检测做准备。

1. 基于高斯金字塔和小波变换的跨尺度空间的构建(GWTS)

　　基于高斯金字塔和小波变换的跨尺度空间构建的过程主要包括两部分:构建尺度金字塔和小波尺度分解。

　　单个子带的某一幅图像经尺度空间的生成过程如图 2.2 所示。

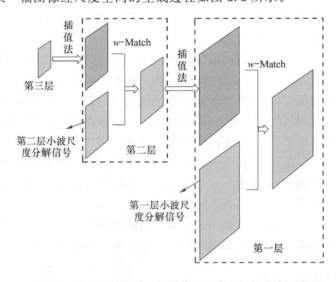

图 2.2　单个子带的某一幅图像经尺度空间的生成过程

　　假设 $I(x,y)$ 表示当前图像,通过将图像与高斯函数进行卷积得到对应的高斯金字塔:

$$L(x,y,\sigma)=G(x,y,\sigma)\times I(x,y) \tag{2.1}$$

其中,使用正态分布函数作为高斯函数:

$$G(x,y,\sigma)=\frac{1}{\sqrt{2\pi}\sigma}\exp\left(-\frac{x^2+y^2}{2\sigma^2}\right) \tag{2.2}$$

高斯卷积核可通过式(2.3)得到:

$$H_{i,j}=\frac{1}{2\pi\sigma}e^{-\frac{(i-k-1)^2+(j-k-1)^2}{2\sigma^2}} \tag{2.3}$$

令 $\sigma=1,k=1$,则模板的尺寸为 11×11,利用式(2.3)可得到如下卷积核:

$$H=\begin{pmatrix}
0.000\,0 & 0.000\,0 & 0.000\,0 & 0.000\,0 & 0.000\,0 & 0.000\,0 & 0.000\,0 & 0.000\,0 & 0.000\,0 & 0.000\,0 & 0.000\,0 \\
0.000\,0 & 0.000\,0 & 0.000\,0 & 0.000\,0 & 0.000\,0 & 0.000\,0 & 0.000\,0 & 0.000\,0 & 0.000\,0 & 0.000\,0 & 0.000\,0 \\
0.000\,0 & 0.000\,0 & 0.000\,0 & 0.000\,2 & 0.001\,1 & 0.001\,8 & 0.001\,1 & 0.000\,2 & 0.000\,0 & 0.000\,0 & 0.000\,0 \\
0.000\,0 & 0.000\,0 & 0.000\,2 & 0.002\,9 & 0.013\,1 & 0.021\,5 & 0.013\,1 & 0.002\,9 & 0.000\,2 & 0.000\,0 & 0.000\,0 \\
0.000\,0 & 0.000\,0 & 0.001\,1 & 0.013\,1 & 0.058\,5 & 0.096\,5 & 0.058\,5 & 0.013\,1 & 0.001\,1 & 0.000\,0 & 0.000\,0 \\
0.000\,0 & 0.000\,0 & 0.001\,8 & 0.025\,1 & 0.096\,5 & 0.159\,2 & 0.096\,5 & 0.021\,5 & 0.001\,8 & 0.000\,1 & 0.000\,0 \\
0.000\,0 & 0.000\,0 & 0.001\,1 & 0.013\,1 & 0.058\,5 & 0.096\,5 & 0.058\,5 & 0.013\,1 & 0.001\,1 & 0.000\,0 & 0.000\,0 \\
0.000\,0 & 0.000\,0 & 0.000\,2 & 0.002\,9 & 0.013\,1 & 0.021\,5 & 0.013\,1 & 0.002\,9 & 0.000\,2 & 0.000\,0 & 0.000\,0 \\
0.000\,0 & 0.000\,0 & 0.000\,2 & 0.001\,1 & 0.001\,8 & 0.001\,1 & 0.000\,2 & 0.000\,0 & 0.000\,0 & 0.000\,0 \\
0.000\,0 & 0.000\,0 & 0.000\,0 & 0.000\,0 & 0.000\,0 & 0.000\,0 & 0.000\,0 & 0.000\,0 & 0.000\,0 & 0.000\,0 & 0.000\,0 \\
0.000\,0 & 0.000\,0 & 0.000\,0 & 0.000\,0 & 0.000\,0 & 0.000\,0 & 0.000\,0 & 0.000\,0 & 0.000\,0 & 0.000\,0 & 0.000\,0
\end{pmatrix} \tag{2.4}$$

通过对当前高斯卷积后图像进行逐层下采样,即可得到不同尺度层对应的信息,由此便构建起高斯金字塔。

针对每一个尺度上的图像信息进行小波尺度分解:

$$\{W_i^1,W_i^2,W_i^3\}_{HL},\{W_i^1,W_i^2,W_i^3\}_{LH},\{W_i^1,W_i^2,W_i^3\}_{HH},\{W_i^1,W_i^2,W_i^3\}_{LL}$$

其中,i 表示第 i 个图像,$\{W_i^j\}_{MN}$ 表示第 i 个图像在尺度金字塔第 j 层、子带 MN 上的系数,$MN=\{HL,LH,HH,LL\}$。

将第 j 层的图像经过插值后,与第 $j-1$ 层上对应子带的图像利用匹配度融合策略进行融合,得到新的图像,直到第一层位置。其中匹配度融合主要经过以下步骤完成:

对于低频子带(LL)部分,由各源图像的低频部分加权平均得到:

$$cF(m,n)=\frac{1}{2}\big[cA(m,n+cB(m,n)\big] \tag{2.5}$$

对于高频(HL 或 LH 或 HH)部分:

$$EX_j^\varepsilon(m,n)=\sum_{s=-1}^{1}\sum_{t=-1}^{1}R(s+2,t+2)\big[dX_j^\varepsilon(m+s,n+t)\big]^2 \tag{2.6}$$

其中,dX_j^ε 表示图像 X 在第 j 层 ε 方向上的高频小波系数,$EX_j^\varepsilon(m,n)$ 反映了高频子带图像中局部区域包含信息显著性的显著性度量。权值矩阵 $\boldsymbol{R}$ 为:

$$\boldsymbol{R}=\begin{pmatrix}
1/16 & 1/16 & 1/16 \\
1/16 & 1/2 & 1/16 \\
1/16 & 1/16 & 1/16
\end{pmatrix} \tag{2.7}$$

图像 A 和图像 B 在第 j 层 ε 方向子带中对应的局部区域的匹配度为:

$$MAB_j^\varepsilon(m,n)=\frac{2\sum_{s=-1}^{1}\sum_{t=-1}^{1}R(s+2,t+2)dA_j^\varepsilon(m+s,n+t)dB_j^\varepsilon(m+s,n+t)}{EA_j^\varepsilon(m,n)+EB_j^\varepsilon(m,n)} \tag{2.8}$$

若以 (m,n) 为中心 3×3 领域内的所有 $\mathrm{d}A_j^\varepsilon=\mathrm{d}B_j^\varepsilon$，则 $\mathrm{MAB}_j^\varepsilon(m,n)=1$，此时两幅图像在高频子带上的对应局部区域内信息最为匹配。

设 thr 为匹配度的阈值，当两幅源图像的匹配度较小时，即 $\mathrm{MAB}_j^\varepsilon(m,n)<\mathrm{thr}$，则主要由显著性度量来决定融合后小波系数的选取，即：

$$\mathrm{d}F_j^\varepsilon(m,n)=\begin{cases}\mathrm{d}A_j^\varepsilon(m,n), & \mathrm{EA}_j^\varepsilon(m,n)\geqslant\mathrm{EB}_j^\varepsilon(m,n)\\ \mathrm{d}B_j^\varepsilon(m,n), & \mathrm{EA}_j^\varepsilon(m,n)<\mathrm{EB}_j^\varepsilon(m,n)\end{cases} \tag{2.9}$$

当两幅源图像的匹配度较大时，即 $\mathrm{MAB}_j^\varepsilon(m,n)\geqslant\mathrm{thr}$，则由显著性度量和匹配度共同决定融合后小波系数的选取，即：

$$\mathrm{d}F_j^\varepsilon(m,n)=\begin{cases}\omega_L\mathrm{d}A_j^\varepsilon(m,n)+\omega_S\mathrm{d}B_j^\varepsilon(m,n), & \mathrm{EA}_j^\varepsilon(m,n)\geqslant\mathrm{EB}_j^\varepsilon(m,n)\\ \omega_S\mathrm{d}A_j^\varepsilon(m,n)+\omega_L\mathrm{d}B_j^\varepsilon(m,n), & \mathrm{EA}_j^\varepsilon(m,n)<\mathrm{EB}_j^\varepsilon(m,n)\end{cases} \tag{2.10}$$

其中，式(2.10)中的 ω_L 和 ω_S 可用式(2.11)和式(2.12)表示：

$$\omega_L=\frac{1}{2}+\frac{1}{2}\left(\frac{1-\mathrm{MAB}_j^\varepsilon(m,n)}{1-\mathrm{thr}}\right) \tag{2.11}$$

$$\omega_S=1-\omega_L \tag{2.12}$$

2. 基于 GWTS 的跨尺度字典学习算法的提出

假设 Y 为训练数据集，D 为字典，X 为对应的稀疏矩阵，构建目标函数如式(2.13)对字典进行训练：

$$\min_{X,D}\|Y-DX\|_F^2, \text{subject to } \forall i, \|x_i\|_0\leqslant\varepsilon \tag{2.13}$$

对目标函数(2.13)的求解，利用两步求解的方法对其进行。如果字典 D 已知，通过式(2.13)求解稀疏矩阵；利用第一步求取的 X，求取 D：

$$\hat{D}=\arg\min_D\|Y-DX\|_F^2 \tag{2.14}$$

由于 $\|A\|_F=\sqrt{\mathrm{tr}(A^\mathrm{T}A)}=\sqrt{\sum_{i=1}^{m}\sum_{i=1}^{n}a_{ij}^2}$，所以：

$$\begin{aligned}\|Y-DX\|_F^2&=\mathrm{tr}(Y^\mathrm{T}Y)-\mathrm{tr}(X^\mathrm{T}D^\mathrm{T}Y)-\mathrm{tr}(Y^\mathrm{T}DX)-\mathrm{tr}(X^\mathrm{T}D^\mathrm{T}DX)\\ &=\mathrm{tr}(Y^\mathrm{T}Y)-\mathrm{tr}(X^\mathrm{T}D^\mathrm{T}Y)-\mathrm{tr}(X^\mathrm{T}D^\mathrm{T}Y)+\mathrm{tr}(X^\mathrm{T}D^\mathrm{T}DX)\\ &=\mathrm{tr}(Y^\mathrm{T}Y)-2\mathrm{tr}(D^\mathrm{T}YX^\mathrm{T})+\mathrm{tr}(DXX^\mathrm{T}D^\mathrm{T})\end{aligned} \tag{2.15}$$

对式(2.15)中各项的 D_{ij} 求导，可知：

$$\frac{\partial\,\mathrm{tr}(Y^\mathrm{T}Y)}{\partial D_{ij}}=0 \tag{2.16}$$

$$\frac{\partial\,\mathrm{tr}(D^\mathrm{T}YX^\mathrm{T})}{\partial D_{ij}}=[YX^\mathrm{T}]_{ij} \tag{2.17}$$

$$\frac{\partial\,\mathrm{tr}(DXX^\mathrm{T}D^\mathrm{T})}{\partial D_{ij}}=[(XX^\mathrm{T}D^\mathrm{T})^\mathrm{T}]_{ij} \tag{2.18}$$

由式(2.16)、式(2.17)和式(2.18)可知，式(2.15)可写为：

$$\begin{aligned}\frac{\partial\|Y-DX_i\|_F^2}{\partial D_{ij}}&=\frac{\partial}{\partial D_{ij}}\{\mathrm{tr}(Y^\mathrm{T}Y)-2\mathrm{tr}(D^\mathrm{T}YX^\mathrm{T})+\mathrm{tr}(DXX^\mathrm{T}D^\mathrm{T})\}\\ &=\frac{\partial\,\mathrm{tr}(Y^\mathrm{T}Y)}{\partial D_{ij}}-2\frac{\partial\,\mathrm{tr}(D^\mathrm{T}YX^\mathrm{T})}{\partial D_{ij}}-\frac{\partial\,\mathrm{tr}(DXX^\mathrm{T}D^\mathrm{T})}{\partial D_{ij}}\\ &=[YX^\mathrm{T}+DXX^\mathrm{T}]_{ij}\end{aligned} \tag{2.19}$$

为了求取式(2.14)中的最小值，令式(2.19)等于零，即：

$$YX^{\mathrm{T}} + DXX^{\mathrm{T}} = 0 \tag{2.20}$$

可得式(2.19)的解析解为：

$$D = YX^{\mathrm{T}}(XX^{\mathrm{T}})^{-1} \tag{2.21}$$

式(2.21)中包含$(XX^{\mathrm{T}})^{-1}$，如果对矩阵XX^{T}求逆，时间复杂度为$O(n^3)$，计算量非常大。可以通过对字典的每一列分别进行更新，从而降低计算量。如果对第k列进行更新，可将第k项独立出来，由此式(2.19)可以写为：

$$\|Y - DX\|_F^2 = \left\| \left(Y - \sum_{j=1, j \neq k}^{m} d_j x_j^{\mathrm{T}}\right) - d_k x_k^{\mathrm{T}} \right\|_F^2 \tag{2.22}$$

令$E_k = Y - \sum_{j=1, j \neq k}^{m} d_j x_j^{\mathrm{T}}$，则：

$$\|Y - DX\|_F^2 = \|E_k - d_k x_k^{\mathrm{T}}\|_F^2 \tag{2.23}$$

其中，$j \neq k$。利用奇异值求解方法求取d_k及其对应的稀疏向量。

3. GWSP 算法实现步骤

本章提出的基于高斯金字塔和小波变换的跨尺度描述算法(GWSP)的实现步骤如表 2.1 所示。

表 2.1　基于高斯金字塔和小波变换的跨尺度描述算法

算法：基于高斯金字塔和小波变换的跨尺度描述算法
输入：采样片大小 patchsize，字典大小 dicsize，训练数据集 　　　　$I = \{I_i\}, i = 1, 2, \cdots, N$，测试数据集 $IT = \{IT_j\}, j = 1, 2, \cdots, M$
输出：字典 D，迭代误差 ite_error，分类误差 cla_error
(1) 读取训练数据集 I，对于数据集中的每一个元素，进行如下步骤
(2) 根据式(2.1)构建 s 层高斯金字塔，其中 $s = 1, 2, 3$
(3) 对于每一尺度层，进行小波分解，得到 　　$\{W_i^1, W_i^2, W_i^3\}_{\mathrm{HL}}, \{W_i^1, W_i^2, W_i^3\}_{\mathrm{LH}}, \{W_i^1, W_i^2, W_i^3\}_{\mathrm{HH}}, \{W_i^1, W_i^2, W_i^3\}_{\mathrm{LL}}$
(4) 对于各个子带： FOR 第 $s = 3$ 尺度 　　(a) 对第 s 尺度层的图像信息 I_i^s 进行插值计算，得到 $\tilde{I}_i^s$，使得 　　　　$\mathrm{size}(\tilde{I}_i^s) = \mathrm{size}(I_i^{s-1})$ 　　(b) 对于低频子带部分，根据式(2.5)计算 $\tilde{I}_i^s$ 和 I_i^{s-1} 的融合结果 $(I_i^{s-1})_{\mathrm{LL}}$ 　　(c) 对于高频子带部分，根据式(2.8)计算 $\tilde{I}_i^s$ 和 I_i^{s-1} 的融合结果 $(I_i^{s-1})_{\mathrm{MN}}$，其中 $\mathrm{MN} = \{\mathrm{HL, LH, HH, LL}\}$ 　　(d) 重复(a)直到 $s = 1$ 为止
(5) 由此得到新的训练数据集 $\tilde{I} = \{I_i^{\mathrm{LL}}, I_i^{\mathrm{HL}}, I_i^{\mathrm{LH}}, I_i^{\mathrm{HH}}\}, i = 1, 2, \cdots, N$
(6) 根据式(2.22)，利用新训练数据集 $\tilde{I} = \{I_i^{\mathrm{LL}}, I_i^{\mathrm{HL}}, I_i^{\mathrm{LH}}, I_i^{\mathrm{HH}}\}, i = 1, 2, \cdots, N$。对字典进行训练，得到字典 D 及迭代误差 ite_error
(7) 对于测试数据集，重复(1)～(4)步，得到新的测试数据集 　　$IT = \{IT_j^{\mathrm{LL}}, IT_j^{\mathrm{HL}}, IT_j^{\mathrm{LH}}, IT_j^{\mathrm{HH}}\}, j = 1, 2, \cdots, M$
(8) 通过线性分类算法，对测试数据集进行分类，得到分类结果及分类误差 cla_error

通过所构建的跨尺度空间，利用通过尺度融合后的各子带图像进行字典训练，并对测试样本进行分类，从而验证提出的 GWSP 算法对图像尺度特性描述的准确性。

2.3 GWSP 算法实验结果与分析

为了更好地对提出的 GWSP 算法进行评价,在两种数据集(Caltech-256 和 Caltech-101)上,与现有的五种流行分类算法进行对比,包括基于局部约束稀疏编码的线性分类方法、基于稀疏表示方法的线性空间金字塔匹配跟踪方法、基于多路局部池化的图像识别方法、基于 SIFT 特征和稀疏编码的分层空间金字塔最大池化的分类方法。主要采用的评价指标包括分类准确率、字典训练过程产生的迭代误差、峰值信噪比(Peak Signal to Noise Ratio,PSNR)、结构相似性度量(Structure Similarity Index,SSIM)以及多尺度结构相似性度量方法(Multi-Scale Similarity Index,MSSSIM)。实验结果表明,提出的 GWSP 算法在 PSNR、SSIM、MSSSIM、迭代误差和分类准确率上与对比算法相比具有更好的效果。

2.3.1 数据集、对比算法与评价指标

(1)数据集

采用 Caltech-256[9] 和 Caltech-101[10] 两个数据集进行共同训练与测试,其中 Caltech256 包含 256 类,包含 255 个目标类和 1 个场景类,共 30 608 张图片,Caltech101 数据集包含 101 个目标类和 1 个场景类,共 9 144 张图像。设置测试数据集由每类中随机选取 30 个样本构成,而每个类中剩余的数据构成测试数据集,从而完成对测试数据集的分类。两个数据集存在相似之处和不同之处,其中相同之处都是利用图像的类别进行归类,图像样本的大小不一,而且每个类别中的样本的数量不一;不同之处在于 Caltech-256 中包含了少量 Caltech-101 的类别,主要增加了更多的类别,并且每个类别中待分类目标的背景更加复杂,在一定程度上提高了目标检测的难度以及分类的难度。

(2)对比算法

实验一中的对比算法:基于局部约束稀疏编码的线性分类方法 LLC[11]、基于稀疏表示方法的线性空间金字塔匹配跟踪方法 ScSPM[12]、基于多路局部池化的图像识别方法 MWLP(Hierarchical Spatial Pyramid Max Pooling Based on SIFT Features and Sparse Coding)[13]、基于 SIFT 特征;实验二、三、四中的对比算法:稀疏编码的分层空间金字塔最大池化的分类方法 HSPMP(Weighted Discriminative Sparse Coding)[14] 和只使用小波分解、不使用金字塔的方法(No Pyramid but with Wavelet,NPWW)。其中,ScSPM 方法使用了 SIFT 和金字塔池化相结合的方法,对图像中的目标进行检测并分类,LLC 方法则在 ScSPM 方法的基础上加入了局部约束,并得到了比 ScSPM 更好的分类效果。MWLP 方法和 HSPMP 方法都利用了尺度金字塔,通过构建金字塔与其他特征提取方法相结合的框架,共同对目标进行分类。

(3)评价指标

为了准确评价算法的性能,采用了多种评价指标对提出的 GWSP 算法进行评价,包括:分类准确率、字典训练过程产生的迭代误差[15]、峰值信噪比(Peak Signal to Noise Ratio,PSNR)[16]、结构相似性度量(Structure Similarity Index,SSIM)[17] 以及多尺度结构相似性度量方法(Multi-Scale Similarity Index,MSSSIM)[18]。

分类准确率是指利用训练好的训练样本对测试样本进行分类,假设分类样本总数为 N,

分类正确的样本数为 M,那么分类准确率就可表示为 $t = M/N$。

迭代误差的计算方法类似于归一化最小平方误差的计算方法。在字典训练的过程中,指每次迭代过程中由原采样片和重构结果之间的均方误差。其中重构结果是指每次迭代后产生的当前迭代次数的字典和稀疏矩阵对采样片的还原。字典训练是在不断迭代的过程中完成的,随着迭代误差的变化,能够实时观测到字典学习过程中的收敛情况,是对字典训练过程的客观评价指标之一。

$$e = \sqrt{\frac{1}{m \times n} \sum_{i=1}^{m} \sum_{j=1}^{m} (y_{ij} - D_j \times \text{cofMatrix}_j)^2} \tag{2.24}$$

其中,$\{y_{ij}\}_{m \times n}$ 表示采样片构成的矩阵,而 $i = 1, 2, \cdots, m, j = 1, 2, \cdots, n$,其中每一列表示一个向量化的采样片,$D_j$ 表示字典 $\boldsymbol{D}$ 的第 j 个原子,cofMatrix_j 表示稀疏矩阵的第 j 列。理想状态下的迭代误差应越来越小,达到收敛的状态。

峰值信噪比(PSNR)经常用作压缩等领域中信号重建质量的测量方法:

$$\text{PSNR} = 10 \times \lg\left(\frac{\text{MAX}_I^2}{\text{MSE}}\right) = 20 \times \lg\left(\frac{\text{MAX}_I}{\sqrt{\text{MSE}}}\right) \tag{2.25}$$

$$\text{MSE} = \frac{1}{mn} \sum_{i=0}^{m-1} \sum_{j=0}^{n-1} \| I(i,j) - K(i,j) \|^2 \tag{2.26}$$

其中,$I(x,y)$ 和 $K(x,y)$ 为两个待比较的图像,大小为 $m \times n$,如果一幅图像为另一幅图像的噪声近似,那么两者的均方差即为 MSE。由于本章的研究对象均为灰度图像及灰度图像序列帧,而 MAX_I 表示了图像中像素值的最大值,即为 255。PSNR 值越大,说明图像包含的噪声越少,图像的质量越好。

结构相似性度量方法(SSIM)是通过图像之间的结构相似程度来衡量图像的指标。相较 PSNR 方法,SSIM 方法对图像质量的衡量更能够体现人眼对图像质量的直观判断,如式(2.27)所示:

$$\text{SSIM}(x,y) = \frac{(2\mu_x\mu_y + C_1)(2\sigma_{xy} + C_2)}{(\mu_x^2 + \mu_y^2 + C_1)(\sigma_x^2 + \sigma_y^2 + C)} \tag{2.27}$$

其中,μ_1 和 μ_2 分别为图像 x 和 y 的均值,反映了亮度信息;σ_x 和 σ_y 分别为其标准差,反映了对比度信息;σ_{xy} 表示其相关系数,反映了结构信息的相似度。SSIM 值越大,说明两幅图像的相似度越高。

多尺度结构相似性度量方法(MSSSIM)是把参考图像看成尺度 1,最高尺度为 M,通过 $M-1$ 次迭代,每次通过对上一次迭代的结果进行低通滤波和下采样,亮度信息只对尺度 M 进行计算,则综合多个尺度得到 MSSSIM 为:

$$\text{MSSSIM}(x,y) = [L_M(x,y)] \prod_{j=1}^{M} [c_j(x,y)][s_j(x,y)] \tag{2.28}$$

其中,MSSSIM 能够捕获跨越多个尺度的模糊,能够更好地与人类的感知保持一致。评价方法同 SSIM。MSSSIM 值越大,说明图像的相似度越高,重构图像越接近源图像,重构质量越高。

另外,除了采用与以上评价指标进行对比外,还设置了多种对比方法,从不同的角度对 GWSP 算法进行评价。主要包括设置采样片的大小分别为 32×32、16×16 时,在 GWSP 算法构建的跨尺度空间下进行字典学习与分类准确性对比,其中也包含了与现有单尺度 K-SVD 字典学习算法进行的对比。通过将提出的跨尺度空间应用在字典训练和分类中,与单尺度字典训练方法和其他多尺度分类方法进行对比,达到对算法评价的目的。

2.3.2 GWSP 算法实验结果与分析

1. 实验一:GWSP 算法与对比算法的分类准确率对比与分析

将 GWSP 算法在数据集 Caltech-101 和 Caltech-256 上进行实验,其中采样片大小设置为 16×16,与 LLC、ScSPM、MWLP 以及 HSPMP 算法进行对比,分别得到在两个数据集上不同算法的平均分类准确率,如表 2.2 所示。在数据集 Caltech-101 上,提出的 GWSP 算法的平均分类准确率比 LLC 方法提升了 12.4%,比 ScSPM 方法提升了 12.8%,比 MWLP 方法提升了 7.1%,比 HSPMP 方法提升了 3.9%。在数据集 Caltech-256 上,提出的 GWSP 算法的平均分类准确率比 ScSPM 方法提升了 12.2%,比 MWLP 方法提升了 8.2%,比 HSPMP 方法提升了 6.1%。

表 2.2　在数据集 Caltech-101 和 Caltech-256 上平均分类准确率

对比算法	Caltech-101	Caltech-256	对比算法	Caltech-101	Caltech-256
HSPMP	79.5%	42.5%	ScSPM	73.2%	40.2%
MWLP	77.1%	41.7%	GWSP(提出的)	82.6%	45.1%
LLC	73.5%	47.7%			

在数据集 Caltech-101 和 Caltech-256 上平均分类准确率如图 2.3 所示。与对比算法相比,提出的 GWSP 算法的分类准确率都较高。在分类过程中,提出的 GWSP 算法能够更加准确地对测试数据集进行分类,主要原因是对比算法利用金字塔方法提取特征中的尺度信息,虽然在算法的复杂度上有所降低,但是忽略了部分尺度信息,造成特征的不准确,导致分类准确率较低。而提出的 GWSP 算法在进行小波变换时,尽管高频子带包含了大量的噪声信息,但是仍然保留有图像的细节部分,高频小波系数能在一定程度上反映图像灰度变化的剧烈程度,即图像包含细节特征的显著程度,而且 GWSP 算法在金字塔的基础上,直接通过小波变换对目标中隐藏的尺度信息进行提取,能够更加准确地获取更多的尺度信息,从而提高了分类的准确性。

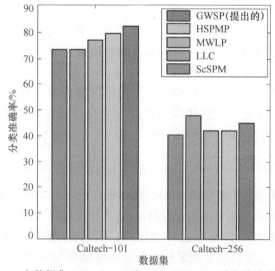

图 2.3　在数据集 Caltech-101 和 Caltech-256 上平均分类准确率

2. 实验二:GWSP 算法与对比算法在采样片为 32×32 时的对比与分析

当采样片大小为 32×32 时,对提出的 GWSP 算法在数据集 Caltech-101 上进行实验,并在提出的跨尺度空间上对字典进行学习,得到四个子带上的字典可视化效果如图 2.4 所示。

图 2.4 中,(a)表示在低频子带上训练得到的字典,(b)表示在水平方向上训练得到的字典,(c)表示在垂直方向上训练得到的字典,(d)表示在对角线方向上训练得到的字典。当采样片大小为 32×32 时,得到的字典由 32×32 的特征块构成,字典具有较强的块特征,能够对特定特征的目标进行分类,但是泛化能力不强。

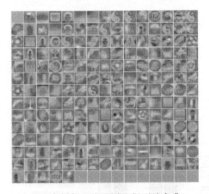

(a)在低频子带上训练得到的字典

(b)在水平方向上训练得到的字典

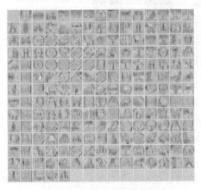

(c)在垂直方向上训练得到的字典

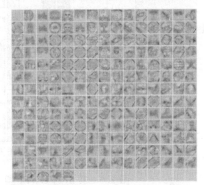

(d)在对角线方向上训练得到的字典

图 2.4　利用 GWSP 算法训练得到的不同子带上的字典(32×32)

利用学习得到的字典,提取不同类别中的各个样本对应的特征,并利用支持向量机对训练数据集对应的特征进行训练,从而对测试数据集分类。同时,为了得到更加客观的评价信息,将提出的 GWSP 算法与只使用小波分解、不使用金字塔的方法(No Pyramid but With Wavelet,NPWW)在分类准确率上进行对比,如表 2.3 所示。

表 2.3　采样片为 32×32 时分类准确率对比

不同子带	GWSP(提出的)	NPWW	不同子带	GWSP(提出的)	NPWW
低频子带	47.14%	46.14%	对角线方向	42.59%	38.73%
水平方向	42.59%	40.89%	COM	61.96%	60.42%
垂直方向	44.44%	39.81%			

在表 2.3 中,COM 表示利用四个子带上的信息进行的分类。对于多尺度分类,在分类准确率上与 NPWW 方法相比,提出的 GWSP 算法的分类准确率有明显的提升。其中,在低频子带上提升了 2%,在水平方向上提升了 4%,在垂直方向上提升了 12%,在对角线方向上提升了 10%。提出的 GWSP 算法利用了四个子带上的信息(COM),最终分类结果比 NPWW

方法提升了 3%。

为了更加清晰地区分提出的 GWSP 算法与对比算法在分类准确率上的不同,可以从它们的分类准确率柱状图中进行进一步分析。提出的 GWSP 算法与对比算法的分类准确率(32×32)如图 2.5 所示。无论在任何子带上,提出的 GWSP 算法的分类准确率都比 NPWW 方法的分类准确率高,表明提出的 GWSP 算法能够更加准确地在数据集 Caltech-101 上进行分类。

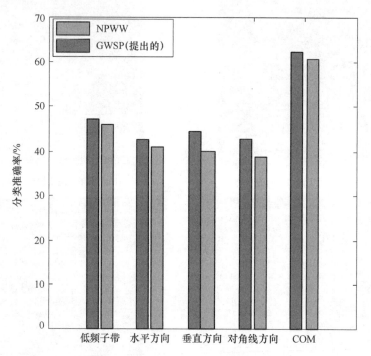

图 2.5　提出的 GWSP 算法与对比算法的分类准确率(32×32)

根据提出的 GWSP 算法,可以得到各个采样片对应的稀疏向量,利用这些向量及学习得到的字典对图像进行重构,并在不同的评价指标上进行评价。提出的 GWSP 算法与对比算法部分重构样本的对比结果(32×32)如表 2.4 所示。其中主要采用的评价指标包括峰值信噪比 PSNR、结构相似性度量 SSIM 以及多尺度结构相似性度量 MSSSIM。PSNR 主要对图像中的噪声进行评价,值越大说明重构效果越好;SSIM 主要对重构图像的整体结构进行评价,通常取[0,1]之间的值,越接近 1 效果越好,MSSSIM 同理。

表 2.4　提出的 GWSP 算法与对比算法部分重构样本的对比结果(32×32)

视频序列	单尺度方法			NPWW			GWSP(提出的)		
	PSNR	SSIM	MSSSIM	PSNR	SSIM	MSSSIM	PSNR	SSIM	MSSSIM
faces	54.39	0.977	0.997	59.91	0.997	0.999	60.27	0.998	0.999
accordion	54.34	0.992	0.997	55.72	0.994	0.995	55.54	0.995	0.995
butterfly	50.58	0.961	0.997	52.75	0.984	0.997	53.24	0.987	0.997
pyramid	55.70	0.985	0.999	58.52	0.998	0.998	60.57	0.999	0.999
sunflower	54.28	0.993	0.996	55.29	0.996	0.997	55.75	0.996	0.998

在表 2.4 中，与单尺度方法相比，提出的 GWSP 算法在 PSNR 评价指标上提升了 6.23%，在 SSIM 评价指标上提高了 1.40%，在 MSSSIM 评价指标上提高了 0.14%，而与 NPWW 方法相比，提出的 GWSP 算法在 PSNR 评价指标上提升了 1.75%，在 SSIM 评价指标上提升了 0.1%，在 MSSSIM 评价指标上提升了 0.01%。

提出的 GWSP 算法与对比算法部分重构样本对比（32×32）如图 2.6 所示。其中深灰柱状表示提出的 GWSP 算法的评价指标值，在不同的类别中均不低于对比算法的指标值，尤其在 SSIM 指标上，提出的 GWSP 算法比单尺度方法的指标值在 faces 类别、butterfly 类别和 pyramid 类别上提升的比例更加明显。

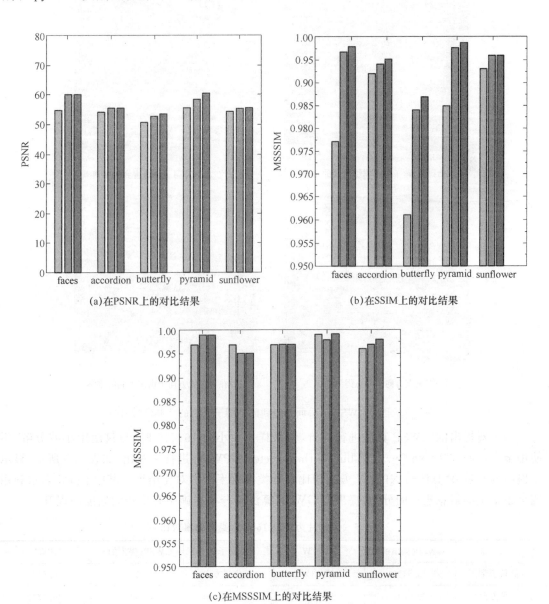

图 2.6　提出的 GWSP 算法与对比算法部分重构样本的对比（32×32）

3. 实验三:GWSP 算法与对比算法在采样片为 16×16 时的对比与分析

当采样片大小设置为 16×16 时,对提出的 GWSP 算法在数据集 Caltech-101 上进行实验,通过字典学习得到四个子带上的字典可视化效果如图 2.7 所示,其中,(a)表示在低频子带上训练得到的字典,(b)表示在水平方向上训练得到的字典,(c)表示在垂直方向上训练得到的字典,(d)表示在对角线方向上训练得到的字典。当采样片大小为 16×16 时,得到的字典变为特征点或线段,表明提出的 GWSP 算法的泛化能力比采样片大小为 32×32 时更好,更容易对类别相差较大的样本进行分类。

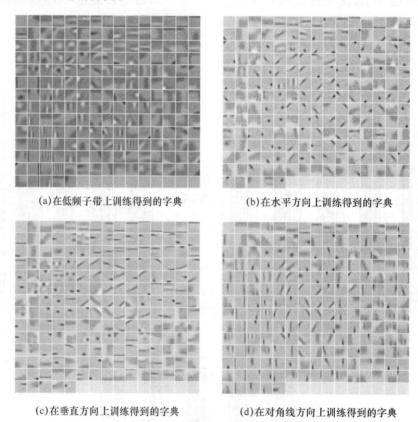

(a)在低频子带上训练得到的字典　　　　　　(b)在水平方向上训练得到的字典

(c)在垂直方向上训练得到的字典　　　　　　(d)在对角线方向上训练得到的字典

图 2.7　利用 GWSP 算法训练得到的不同子带上的字典(16×16)

为了对提出的 GWSP 算法进行评价,当采样片大小为 16×16 时,与只使用小波分解、不使用金字塔的方法(No Pyramid but With Wavelet,NPWW)进行了对比,如表 2.5 所示,显示了提出的 GWSP 算法与 NPWW 方法相比在分类准确率上的对比结果。其中 COM 表示利用四个子带上的信息进行的分类,提出的 GWSP 算法的分类准确率有了较大幅度的提升。

表 2.5　采样片为 16×16 时分类准确率对比

不同子带	GWSP(提出的)	NPWW	不同子带	GWSP(提出的)	NPWW
低频子带	73.84%	63.73%	对角线方向	67.59%	59.57%
水平方向	72.06%	61.96%	COM	82.63%	75.77%
垂直方向	70.52%	60.88%			

在表 2.5 中,对于多尺度分类与 NPWW 方法相比,提出的 GWSP 算法的分类准确率有了

较大的提升,其中,在低频子带、水平方向、垂直方向上各提升了 16%,在对角线方向上提升了 13%,而提出的 GWSP 算法最终分类结果(COM)比 NPWW 方法提升了 9%。而对于单尺度方法,即不使用金字塔和小波分解的方法,当采样片大小为 16×16 时,分类准确率为 79.16%,提出的 GWSP 算法比单尺度方法的分类准确率提升了 4%。与采样片大小为 32×32 时的分类准确率相比,提出的 GWSP 算法在采样片大小为 16×16 时的分类准确率提升了 33.4%。

当采样片大小为 16×16 时,提出的 GWSP 算法与对比算法的分类准确率如图 2.8 所示。提出的 GWSP 算法在低频子带、水平方向、垂直方向和对角线方向上的分类准确率都比对比算法高,而且将四个子带组合起来对数据集分类时(COM),仍然能够较对比算法更加准确地对数据集进行分类。

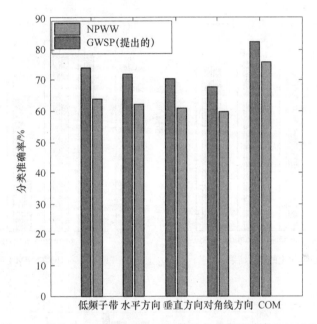

图 2.8　提出的 GWSP 算法与对比算法的分类准确率(16×16)

另外,对提出的 GWSP 算法重构后的准确率也进行了评价。当采样片大小为 16×16 时,提出的 GWSP 算法与对比算法在部分重构样本上的不同评价指标对比结果如表 2.6 所示。

表 2.6　GWSP 算法与对比算法部分重构样本的对比结果(16×16)

视频序列	单尺度方法			NPWW			GWSP(提出的)		
	PSNR	SSIM	MSSSIM	PSNR	SSIM	MSSSIM	PSNR	SSIM	MSSSIM
faces	53.60	0.970	0.995	56.92	0.993	0.997	58.95	0.996	0.999
accordion	55.54	0.992	0.999	56.80	0.997	0.998	56.79	0.996	0.998
butterfly	50.64	0.962	0.997	52.97	0.982	0.997	54.17	0.986	0.999
pyramid	55.90	0.986	0.999	59.85	0.999	0.999	61.83	0.999	1.000
sunflower	54.82	0.995	0.997	55.76	0.997	0.998	55.55	0.996	0.998

　　与单尺度方法(不使用金字塔和小波变换的方法)相比,提出的 GWSP 算法在 PSNR 评价指标上提升了 5.95%,在 SSIM 评价指标上提高了 1.38%,在 MSSSIM 评价指标上提高了 0.4%。而与 NPWW 方法相比,提出的 GWSP 算法在 PSNR 评价指标上提升了 1.11%,在 SSIM 评价指标上提升了 0.12%,在 MSSSIM 评价指标上提升了 0.04%。其中,在个别指标上有所下降,但与采样片大小为 32×32 时重建后的指标相比,提出的 GWSP 算法仍有一定程度的提升。

　　当采样片大小为 16×16 时,提出的 GWSP 算法与对比算法重构后在 PSNR、SSIM 和 MSSSIM 三种评价指标上的对比如图 2.9 所示。提出的 GWSP 算法在三种评价指标上均高于单尺度方法和 NPWW 方法,尤其是与单尺度方法相比,在 SSIM 指标上,提出的 GWSP 算法的指标值远高于单尺度方法,表明对尺度信息的提取有利于对目标结构信息的获取。

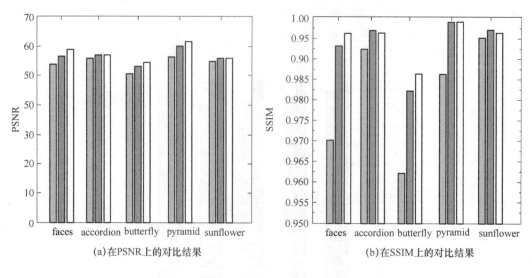

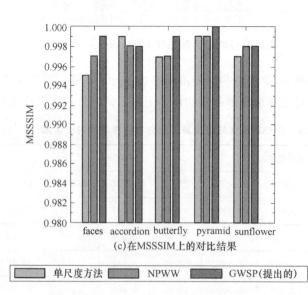

图 2.9　GWSP 算法与对比算法部分重构样本的对比(16×16)

4. 实验四：GWSP 算法与对比算法的字典迭代误差对比与分析

为了评价字典训练的准确度,在采样片大小为 32×32 和 16×16 时,分别对提出的 GWSP 算法与对比算法字典学习过程中的迭代误差进行对比,从字典准确度的角度对提出的 GWSP 算法进行评价。提出的 GWSP 算法和 NPWW 方法(No Pyramid but With Wavelet)在采样片大小不同时字典学习过程中的迭代误差曲线如图 2.10 所示。

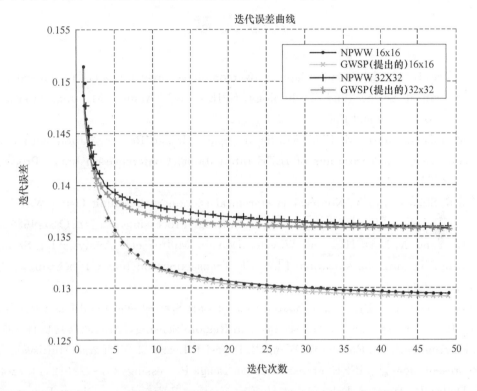

图 2.10　采样片大小不同时字典学习过程的平均迭代误差对比

当采样片大小为 16×16 时,提出的 GWSP 算法的迭代误差明显小于采样片大小为 32×32 时的迭代误差,而且与 NPWW 方法相比提出的 GWSP 算法的迭代误差更小。其中,当采样片大小为 16×16 时,提出的 GWSP 算法的平均误差为 0.131 4,而 NPWW 方法的平均迭代误差为 0.131 7;当采样片大小为 32×32 时,提出的 GWSP 算法的平均误差为 0.136 8,而 NPWW 方法的平均迭代误差为 0.137 4。

2.4　本章小结

本章提出了基于高斯金字塔和小波变换的跨尺度描述算法(GWSP)。构建了基于高斯金字塔和小波变换的跨尺度空间(GWTS),利用了金字塔的尺度不变性和同一尺度下不同子带之间的相似性,不仅考虑了目标的轮廓信息,而且考虑了目标的细节信息。提出了基于 GWTS 的跨尺度字典学习方法,得到了具有不同尺度特性的字典。实验结果表明,利用提出的 GWSP 算法学习得到的字典对数据集进行分类,当采样片大小为 16×16 时,在数据集 Caltech-101 上,提出的 GWSP 算法与 LLC、ScSPM、MWLP 以及 HSPMP 算法相比,分类准确率分别提升了 12.4%,12.8%,7.1%,3.9%,提出的 GWSP 算法的分类结果更加准确。在数据集 Caltech-256 上,提出的 GWSP 算法与 ScSPM、MWLP 和 HSPMP 算法相比,分类准确率分别提升了 12.2%,8.2%,6.1%。在评价指标 PSNR、SSIM、MSSSIM 以及迭代误差上,提出的 GWSP 算法相比对比算法也都有较好的表现。

参 考 文 献

[1] P. Sallee,B. A. Olshausen. Adapting overcomplete wavelet models to natural images [C]. Optical Science and Technology,SPIE's 48th Annual Meeting. International Society for Optics and Photonics,2003:112-119.

[2] J. Mairal,G. Sapiro,M. Elad. Multiscale Sparse Image Representation with Learned Dictionaries[C]. Proceedings of IEEE International Conference on Image Processing, 2007,3:III-105-III-108.

[3] Yan R,Shao L,Liu Y. Nonlocal Hierarchical Dictionary Learning Using Wavelets for Image Denoising[J]. IEEE Transactions on Image Processing,2013,22(12):4689-4698.

[4] Ji H,Yang X,Ling H,et al. Wavelet Domain Multifractal Analysis for Static and Dynamic Texture Classification[J]. IEEE Transactions on Image Processing,2013,22 (1):286-299.

[5] Chen S,Tian Y L. Pyramid of Spatial Relatons for Scene-Level Land Use Classification [J]. IEEE Transactions on Geoscience and Remote Sensing,2015,53(4):1947-1957.

[6] J. M. Hughes,D. N. Rockmore,Wang Y. Bayesian Learning of Sparse Multiscale Image Representations[J]. IEEE Transactions on Image Processing,2013,22(12):4972-4983.

[7] P. Dollar,R. Appel,S. Belongie,et al. Fast Feature Pyramids for Object Detection[J]. IEEE Transactions on Pattern Analysis and Machine Intelligence,2014,36(8): 1532-1545.

[8] Liu Q,Sheng G F,Leng Z. Image Fusion Scheme Based on the Biorthogonal Wavelet Transform[C]. Proceedings of International Conference on Machine Learning and Cybernetics,2003,5:2864-2868.

[9] Caltech-256[DB/OL]:http://www. vision. caltech. edu/image_datasets/Caltech256/.

[10] Caltech-101[DB/OL]:http://www. vision. caltech. edu/image_datasets/caltech101/.

[11] Wang J,Yang J,Yu K,et al. Locality-constrained Linear Coding for Image Classification[C]. Proceedings of 2010 IEEE Conference on Computer Vision and Pattern Recognition (CVPR),2010:3360-3367.

[12] Yang J,Yu K,Gong Y,et al. Linear Spatial Pyramid Matching using Sparse Coding for Image Classification [C]. IEEE Conference on Computer Vision and Pattern Recognition,2009:1794-1801.

[13] Y. L. Boureau,N. L. Roux,F. Bach,et al. Ask the Locals:Multi-Way Local Pooling for Image Recognition [C]. Proceedings of 2011 IEEE International Conference on Computer Vision (ICCV),2011:2651-2658.

[14] Han H,Han Q,Li X,et al. Hierarchical Spatial Pyramid Max Pooling Based on SIFT Features and Sparse Coding for Image Classification[J]. IET Computer Vision,2013,7 (2):144-150.

[15] M. Aharon,M. Elad,A. Bruckstein. K-Svd:An Algorithm for Designing Overcomplete Dictionaries for Sparse Representation[J]. IEEE Transactions on Signal Processing, 2006,54(11):4311-4322.

[16] Q. Huynh-Thu,M. Ghanbari. Scope of Validity of PSNRin Image/Video Quality Assessment[J]. Electronics Letters,2008,44(13):800-801.

[17] Wang Z,A. C. Bovik,Sheikh H R,et al. Image Quality Assessment:from Error Visibility to Structural Similarity[J]. IEEE Transactions on Image Processing,2004, 13(4):600-612.

[18] Wang Z,E. P. Simoncelli,Bovik A C. Multiscale Structural Similarity for Image Quality Assessment [C]. Proceedings of IEEE Conference Record of the Thirty-Seventh Asilomar Conference on Signals,Systems and Computers,2003,2:1398-1402.

第 3 章　运动图像的跨尺度特征提取方法研究

3.1　引　言

近年来,图像跨尺度特征提取[1]研究取得了长足的进步,Hart 提出了哈夫变换的特征提取方法[2],该方法可以在空间坐标和运动极坐标之间进行转换,这种方法比较适合运动目标二值特征的提取,但很难做到完整方向属性的空间图像特征提取。Friedrich 和 Demaret 将离散格林分解扩展到跨尺度多边形区域的分解和重构中[3],这样处理可以提高跨尺度的分解方向性,将其应用于空间图像的特征逼近,已经取得了不错的效果,但这种方法对空间图像的信息融合度要求较高,将其应用在含有较多噪声的空间图像上,特征提取的结果有较大偏离。Romberg、Wakin 和 Baraniuk 利用运动目标相邻尺度间的分解关系[4],减少了部分跨尺度分解方向,提高了跨尺度分解的效率,将这种简化版的跨尺度特征提取方法应用于含有较多噪声方差的图像,结合已有的小波降噪处理方法,获得了不错的图像特征提取结果。但这种方法因为在方向性分解上的简化,很难提供多分辨性和多方向性皆完备的图像特征提取结果。

运动图像的跨尺度分解表示在于用较少的描述信息表示图像的特征信息,小波变换是图像跨尺度分解表示的经典算法,它在表示图像边缘点上有较好的效果,但是小波变换仅能捕捉有限方向的信息,很难表示出图像沿轮廓的"光滑性"。能够更好地展示图像轮廓的表示方式,Grzesik 和 Brol 等人提出的跨尺度自适应特征提取方法[5]主要利用边缘和边缘面信息对空间图像的特征数据进行最优化表示,这种方法可以充分利用空间图像的几何特征知识,根据不同尺度的特征信息直接将空间图像的个体数据投影到跨尺度基和跨尺度分解框架上,但这种算法的处理较为复杂,通用性较差,不适合实时的空间图像特征处理,计算效率还需提高。图像轮廓表示方式比较如图 3.1 所示。

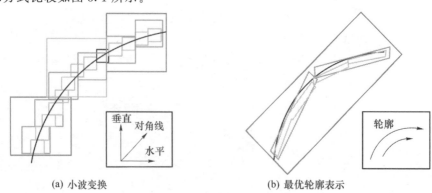

(a) 小波变换　　　　　　　　　　(b) 最优轮廓表示

图 3.1　图像轮廓表示方式比较

本章使用非向下采样轮廓波变换（NonSubsampled Contourlet Transform，NSCT），对空间图像进行跨尺度分解表示，提出了贝叶斯非局部均值滤波算法（Bayesian Non-Local Means，BNL-Means），通过 BNL-Means 算法对空间图像进行非局部均值滤波，提高了运动图像的特征提取准确度。本章提出了运动图像跨尺度特征提取算法（Spatial Image Transcale Featuer Extraciton，SITFE），该算法可以清除 2-D 滤波器存在的数据冗余，利用贝叶斯非局部均值滤波算法（BNL-Means）对空间图像的高频信息进行非局部均值滤波，抑制空间噪声，SITFE 算法可以获得准确的空间图像特征提取结果。

3.2　运动图像的跨尺度分析表示

3.2.1　轮廓波变换

轮廓波变换（Contourlet）是 Minh N. Do 和 Martin Vetterli 提出的跨尺度图像表示方法[6]，它可以直接利用图像的离散信号对图像进行跨尺度分解。轮廓波变换使用双滤波器组对图像进行跨尺度分解，双滤波器组包括拉普拉斯金字塔滤波器（Laplacian Pyramid）和方向滤波器（Directional Filter Bank），轮廓波变换首先通过拉普拉斯金字塔滤波器获得图像的非连续点，然后使用方向滤波器将非连续点连接成线性结构。

3.2.2　非向下采样轮廓波变换（NSCT）

本章使用非向下采样轮廓波变换（Non-Subsampled Contourlet Transform，NSCT）对空间图像进行跨尺度分解表示。与轮廓波变换相比，非向下采样轮廓波变换可以提供平移不变并且跨尺度的图像表示方式[7]。非向下采样轮廓波变换使用包括非向下采样金字塔滤波器和非向下采样方向滤波器的双滤波器组，在不同的频率域实现空间图像的跨尺度分解表示。

非向下采样金字塔滤波器使用的是非向下采样 2-D 滤波器组，第一层分解后，滤波器组进行上采样，为下层的分解提供跨尺度属性，两层的非向下采样金字塔滤波器工作流程如图 3.2 所示。

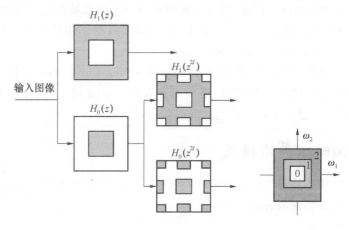

图 3.2　非向下采样金字塔滤波器工作流程

非向下采样方向滤波器使用的是两通道采样滤波器和重采样操作,在方向边缘分割 2-D 频率值,非向下采样方向滤波器使用的五株型矩阵将图像方向的对齐操作考虑了进去,具体的非向下采样方向滤波器工作流程如图 3.3 所示。

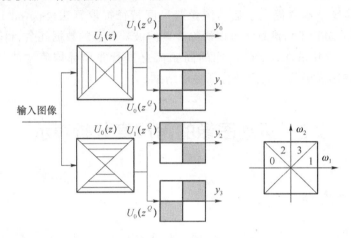

图 3.3　非向下采样方向滤波器工作流程

3.3　贝叶斯非局部均值滤波算法(BNL-Means)的提出

3.3.1　BNL-Means 算法研究动机

不同频率域的图像信息在机器视觉中的显示作用不同,低频成分占据图像的大部分能量,构成图像显示的基本灰度等级;高频成分主要集中在图像的边缘特征,决定图像的基本内容或基本结构,如果高频信息发生改变就意味着图像的基本内容或结构发生改变。从视觉上看,图像的显示内容也会发生重大的改变,所以图像高频成分的提取是图像特征提取中重要的内容。

非局部均值滤波算法主要利用图像中存在的大量灰度冗余和结构冗余,通过一组加权的平均像素值来估计当前像素值,传统非局部均值滤波算法(Traditional Non-Local Means,TNL-Means)可以估计图像特征权值,但无法做到低频域与高频域的独立计算;改进非局部均值滤波算法(Improved Non-Local Means,INL-Means)可以提供边缘和纹理更加丰富的图像特征信息,但是在高频域的特征提取完整性不强。

本章提出了贝叶斯非局部均值滤波算法(Bayesian Non-Local Means,BNL-Means),该算法根据空间图像的频率域特征,利用贝叶斯概率计算的 Sigma 极差,估算空间图像的先验区域特征和先验像素特征,最终实现准确地空间图像特征提取。

3.3.2　BNL-Means 算法描述

本章提出的贝叶斯非局部均值滤波算法(BNL-Means)分为以下两步:Sigma 极差检测、先验区域特征和先验像素特征的分离。

(1)Sigma 极差检测

BNL-Means 算法首先分析空间图像的像素级密度概率,在对图像进行先验操作时加入

Sigma 极差作为贝叶斯非局部均值滤波算法（BNL-Means）的平均方差，条件概率分布可以表示为：

$$p(v(x)\,|\,u(y)) = \sum_{m=1}^{M \times M} p(v_m(x)\,|\,u_m(y)) \tag{3.1}$$

$v_m(x)$ 和 $u_m(y)$ 分别表示图像在像素点 m 上的概率密度和条件概率密度，其中，$u_m(y)$ 存在于 $v_m(x)$ 的子集，对于进行 L 级分解的图像，条件概率的密度函数可以表示为：

$$p(v_m(x)\,|\,u_m(y)) = \frac{v_m(x)^{L-1}}{F(L)}\left(\frac{L}{u_m(y)}\right)\exp\left(-\frac{L v_m(x)}{u_m(y)}\right) \tag{3.2}$$

$$F(L) = \sqrt{G_a(L)}\sum_l^L \exp(u_m(y)^{l-1} - v_m(x)^{l-1}) \tag{3.3}$$

假设先验概率 $p(u(y))$ 是连续均匀的 $p(u(y)) = 1/|\Delta x|$，使用迭代法将观测值 $v(x)$ 作为 $u(y)$ 的初始值，这样处理可以减少数据的重复运算，而且不会出现图像细节上的模糊，频率窗口尺寸的选择可能造成边缘和点目标的模糊，实验表明 3×3 窗口是一个合适的选择，使用估计先验均值 $u'(y)$ 代替 $u(y)$，这样处理可以减少图像的偏噪信号，使用集合 $N(x)$ 代替 Δx。

（2）先验区域特征和先验像素特征的分离

基于 Sigma 极差检测的结果，非局部均值滤波可以表示为：

$$n(x) = \frac{\sum\limits_{y \in \Delta(x)} p(v(x)\,|\,u'(y))p(u'(y))u'(y)}{\sum\limits_{y \in \Delta(x)} p(v(x)\,|\,u'(y))p(u'(y))} \tag{3.4}$$

其中，$N(x)$ 可以表示为 $N(x) = \Delta x \bigcap N_1(x) \bigcap N_2(x)$，$N_1(x)$ 和 $N_2(x)$ 分别表示图像的先验区域特征和先验像素特征。先验区域特征是计算区域相似性以后，移除不相关特征点之后的图像特征区域 Δx。先验像素特征是通过比较相邻相似点的相似性获得的像素集合，在非局部均值滤波计算中，先验像素特征可以很好地排除边缘噪声。像素点 x 和先验均值 $u'(x)$ 之间的 Sigma 极差可以定义为 $(u'(x)I_1, u'(x)I_2)$，$p(s)$ 是图像的概率密度函数。

对不同的 Sigma 值 $\xi \in \{0.1, 0.2, \cdots, 0.9\}$，Sigma 极差可以通过概率密度比较的方式获得，在条件概率密度下，极值不能超过最大的上边界，即 $u'(x)I_2 < v_{\max}$，其中 $v_{\max}$ 代表图像概率密度的最大值，先验像素特征对保持图像的边缘像素点有较好的作用。

在具体计算先验特征的过程中，会出现忽略一些孤立特征点的计算纰漏，为了解决这个问题，特征提取中使用阈值 T 来分离不同像素点，其中，先验像素特征点只取 $u'(x) < T$，实验表明，$T = v_{\max}/2$ 已经可以将包含不同特征点的像素区域分开。

3.3.3 BNL-Means 算法实验结果及分析

为了验证 BNL-Means 算法的有效性，本节实验对比了不同的非局部均值滤波算法，具体包括传统非局部均值滤波算法（TNL-Means）、改进非局部均值滤波算法（INL-Means）和贝叶斯非局部均值滤波算法（BNL-Means）。

实验图像包括两组：空间图像和标准图像。实验源图像如图 3.4 所示。其中，(a)空间对接图像和(b)空间飞行器图像是大小为 512×512 的空间图像，来源于数据库 SPACE Open-Source Motion Image Database（www.spacemotion-vision.net），(c)Lena 图像和(d)Pepper 图像是大小为 512×512 的标准图像和来源于数据库 USC-SIPI Image Database（http://sipi.usc.edu/database/base）。

 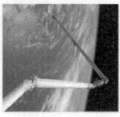  

(a)空间对接图像   (b)空间飞行器图像   (c)Lena图像   (d)Pepper图像

图 3.4 实验源图像

BNL-Means 算法实验包括两部分：(1)空间图像上的非局部均值滤波算法实验,这组实验在(a)空间对接图像和(b)空间飞行器图像上进行；(2)标准图像上的非局部均值滤波算法实验,这组实验在(c)Lena 图像和(d)Pepper 图像上进行。

1. 空间图像上的非局部均值滤波算法实验

在空间图像(a)空间对接图像和(b)空间飞行器图像上进行非局部均值滤波算法实验,实验结果使用客观评价指标峰值信噪比(Peak Signal to Noise Ratio,PSNR)和平均结构相似度(Mean Structural Similarity,MSSIM)进行评价,PSNR 指标和 MSSIM 指标的定义如下：

$$\text{PSNR} = 10\lg \frac{(L-1)^2}{\sum\limits_{i=1}^{M}\sum\limits_{j=1}^{N}[R(i,j)-F(i,j)]^2} \tag{3.5}$$

$$\text{SSIM}(x,y) = \frac{(2u_x u_y + C_1)(2\sigma_{xy} + C_2)}{(u_x^2 + u_y^2 + C_1)(\sigma_x^2 + \sigma_y^2 + C_2)} \tag{3.6}$$

$$\text{MSSIM}(X,Y) = \frac{1}{W}\sum\limits_{r=1}^{W}\text{SSIM}(X_r,Y_r) \tag{3.7}$$

其中,$R(i,j)$ 和 $F(i,j)$ 分别代表源图像和算法处理后图像在像素点(i,j)的像素值,PSNR 值越大,表示经过算法处理后的图像效果越接近源图像。u_x、u_y 和 σ_x、σ_y 分别是源图像和算法处理后图像的均值和标准差,σ_{xy} 是源图像和算法处理后图像的协方差,C_1、C_2 为常数,MSSIM 越大,代表经过算法处理后的图像与源图像的结构越相似。实验结果如表 3.1 和图 3.5 所示。

在空间对接图像非局部均值滤波算法实验结果中,本章提出的贝叶斯非局部均值滤波算法(BNL-Means)与传统非局部均值滤波算法(TNL-Means)相比,可以提高 PSNR 3.97%,提高 MSSIM 2.95%；与改进非局部均值滤波算法(INL-Means)相比,贝叶斯非局部均值滤波算法(BNL-Means)可以提高 PSNR 2.46%,提高 MSSIM 1.74%。

在空间飞行器图像非局部均值滤波算法实验结果中,贝叶斯非局部均值滤波算法(BNL-Means)与传统非局部均值滤波算法(TNL-Means)相比,可以提高 PSNR 1.81%,提高 MSSIM 3.55%；与改进非局部均值滤波算法(INL-Means)相比,贝叶斯非局部均值滤波算法(BNL-Means)可以提高 PSNR 1.82%,提高 MSSIM 2.27%。

表 3.1 空间图像非局部均值滤波算法实验结果

实验图像	TNL-Means		INL-Means		BNL-Means	
	PSNR	MSSIM	PSNR	MSSIM	PSNR	MSSIM
空间对接图像	30.32	0.724 3	30.49	0.725 8	31.23	0.731 2
空间飞行器图像	31.42	0.746 8	31.73	0.756 1	31.99	0.773 3

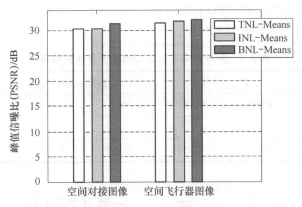

(a)空间图像非局部均值滤波算法实验结果(PSNR指标评价)

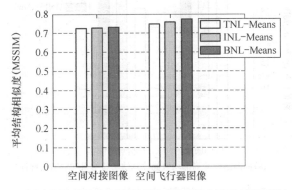

(b)空间图像非局部均值滤波算法实验结果(MSSIM指标评价)

图 3.5　空间图像非局部均值滤波算法实验结果

贝叶斯非局部均值滤波算法(BNL-Means)在分析空间图像的像素级密度概率时,引入了Sigma 极差特征检测,相关的图像先验区域特征信息和先验像素特征信息可以准确地保留下来,与 TNL-Means 算法和 INL-Means 算法相比,贝叶斯非局部均值滤波算法(BNL-Means)可以更好地提取空间图像特征信息,保持空间图像特征提取的完整性。

2. 标准图像上的非局部均值滤波算法实验

在标准图像(c)Lena 图像和(d)Pepper 图像上进行非局部均值滤波算法实验,实验结果同样使用 PSNR 指标和 MSSIM 指标进行评价。

实验结果如表 3.2 和图 3.6 所示。实验结果表明,贝叶斯非局部均值滤波算法(BNL-Means)同样适用于标准图像的特征提取。

在 Lena 图像的非局部均值滤波算法的实验结果中,贝叶斯非局部均值滤波算法(BNL-Means)与传统非局部均值滤波算法(TNL-Means)相比,提高 PSNR 3.32%,提高 MSSIM 2.04%;与改进非局部均值滤波算法(INL-Means)相比,贝叶斯非局部均值滤波算法(BNL-Means)可以提高PSNR 4.52%,提高 MSSIM 0.41%。

在 Pepper 图像的非局部均值滤波算法实验结果中,贝叶斯非局部均值滤波算法(BNL-Means)与传统非局部均值滤波算法(TNL-Means)相比,可以提高 PSNR 15.20%,提高MSSIM 3.71%;与改进非局部均值滤波算法(INL-Means)相比,贝叶斯非局部均值滤波算法(BNL-Means)可以提高 PSNR 3.78%,提高 MSSIM 1.38%。其中,Pepper 图像在纹理和边缘部分与空间图像差别较为明显,将贝叶斯非局部均值滤波算法的 Sigma 极差特征检测应用在 Pepper 图像的特征提取,同样可以获得精确的图像先验区域特征信息和图像先验像素特征信息,最终获得准确的图像特征提取结果。

表 3.2　标准图像非局部均值滤波算法实验结果

实验图像	TNL-Means		INL-Means		BNL-Means	
	PSNR	MSSIM	PSNR	MSSIM	PSNR	MSSIM
Lena 图像	27.55	0.715 5	29.87	0.726 8	31.22	0.729 8
Pepper 图像	25.67	0.722 4	30.97	0.738 9	32.14	0.749 1

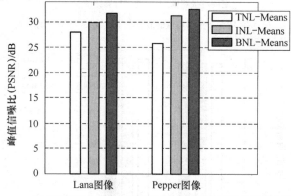

(a)标准图像非局部均值滤波算法实验结果(PSNR指标评价)

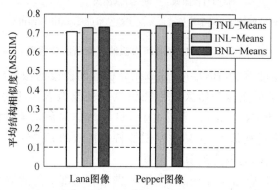

(b)标准图像非局部均值滤波算法实验结果(MSSIM指标评价)

图 3.6　标准图像非局部均值滤波算法实验结果

3.4　空间图像跨尺度特征提取算法(SITFE)的提出

3.4.1　SITFE 算法研究动机

空间图像受空间环境的影响较大,在不同频率域间空间图像特征信息的差别也比较大,现有的图像特征提取算法一般将图像作为一个独立的特征集合体进行处理,最终获得的图像特征提取结果很难区分不同频率域的内容。跨尺度分析方法为空间图像的特征提取提供了一种全新的思想,根据跨尺度分析方法,空间图像跨尺度特征提取算法可以对不同频率域内的特征信息进行分别处理,然后再根据跨尺度分析重构进行合并,现有的空间图像跨尺度特征提取算法在不同频率域间的图像特征提取性能差别较大,尤其在高频域内,特征提取需要更加准确的信号过滤算法。

本章提出了一种基于非向下采样轮廓波变换(NSCT)和贝叶斯非局部均值滤波(BNL-Means)的空间图像跨尺度特征提取算法(Spatial Image Transcale Featuer Extraciton,SITFE),SITFE 算法在不同频率域间使用不同的特征提取算法,最后通过跨尺度重构获得空间图像特征提取结果。

3.4.2　SITFE 算法描述

SITFE 算法首先使用非向下采样轮廓波变换(NSCT)对空间图像进行跨尺度分解表示,空间图像会根据非向下采样轮廓波变换(NSCT)映射到多分辨率域,映射后的空间图像分为大尺度逼近部分(低频信号)和细节部分(高频信号),然后非向下采样轮廓波变换(NSCT)对低频部分进行更进一步地分解,重复下去就可获得指定尺度上的不同频率域空间图像跨尺度描述内容。

SITFE 算法对不同频率域的空间图像信息使用不同的方法处理,低频域使用设置小波阈值的方法完成特征提取,高频域使用贝叶斯非局部均值滤波算法(BNL-Means)完成特征提取,不同频率域的空间图像特征信息通过非向下采样轮廓波变换重构完成整合,具体的算法流程如图 3.7 和表 3.3 所示。

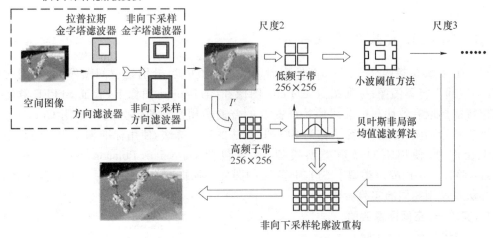

图 3.7　空间图像跨尺度特征提取算法(SITFE)流程

表 3.3　空间图像跨尺度特征提取算法(SITFE)流程

算法 1:空间图像跨尺度特征提取算法(SITFE)

输入:$m \times n$ 分辨率空间图像

输出:$m \times n$ 分辨率空间图像特征提取结果

(1) 使用非向下采样轮廓波变换,对空间图像进行跨尺度分解表示

(2) 低频部分使用设置小波阈值的方法完成特征提取

(3) 高频部分使用贝叶斯非局部均值滤波算法完成特征提取

(4) 不同频域处理完成后,非向下采样轮廓波变换对不同频率域空间图像特征信息进行重构

1. 低频域特征提取

在低频域,SITFE 算法采用设置小波阈值的方法提取图像特征。首先选定一个阈值 T,因为较小的分解系数一般都是噪声,所以小于 T 的分解系数可以全部置为零,大于阈值 T 的分解系数保留并继续处理,分解阈值的设定为:

$$T = \frac{\theta_n}{2^k} \sqrt{2\log N}, \theta_n = M(d1)/0.674\,5, M(d1) = \sum_{i=0}^{N}\sum_{n\in z^2} d1[2n+k_i] \tag{3.8}$$

其中,k 为小波分解的层数,估计函数 θ_n 为绝对中值估计,可以表示为 $\theta_n = MAD(d1)/0.674\,5$,$d1$ 为轮廓波分解的第一层高频系数,因为第一层信号的高频部分一般含有很少的信号分量,所以成分几乎全部为噪声信息。

2. 高频域特征提取

在高频域,SITFE 算法使用贝叶斯非局部均值滤波算法(BNL-Means)进行图像特征提取,BNL-Means 算法用欧氏距离计算图像高频图像块之间的相似性,相似性由权重 $w(x,y)$ 表示,设 $G[D_k(x)]$,$G[D_k(y)]$ 为图像 I 中的两个图像块,$G[D_k(p)]$ 是以 p 为中心的图像矩形邻域,k 表示第 k 层的轮廓波分解,$G[D_k(x)]$ 和 $G[D_k(y)]$ 之间的相似性可以表示为:

$$w(x,y) = \frac{1}{Z(x)} e^{-\frac{\| G[D_k(x)]-G[D_k(y)] \|^2}{h^2}} \tag{3.9}$$

$$Z(x) = \sum_{x,y\in I} e^{-\frac{\| G[D_k(x)]-G[D_k(y)] \|^2}{h^2}} \tag{3.10}$$

其中,h 为常数,主要控制指数函数的衰减速度,如果对图像进行 k 级的轮廓波变换,那么只对 $1/2^k$ 大小的变换区域进行非局部均值过滤,这样处理不仅可以减少算法的运算量,还可以提高空间图像特征提取的准确度。

3.4.3 SITFE 实验结果及分析

SITFE 实验包括两部分:空间图像实验、标准图像实验,分别在空间图像(a)空间对接图像和(b)空间飞行器图像;标准图像(c)Lena 图像和(d)Pepper 图像上,验证 SITFE 算法的空间图像特征提取有效性和标准图像特征提取的普遍适用性。两部分实验选用 Curvelet 特征提取算法和轮廓波特征提取算法作为 SITFE 算法的对比算法,使用标准偏差为 σ 的高斯噪声模拟干扰信号,使用不同噪声类型模拟,具体包括 Gaussian、Poisson、Salt & Pepper 和 Speckle,验证在不同噪声类型下 SITFE 算法的图像特征提取有效性。为保证实验的客观性,所有算法都使用相同的实验参数。

1. 实验一:空间图像实验

(1)图像特征提取实验

空间对接图像和空间飞行器图像的特征提取结果如图 3.8 和图 3.9 所示,实验结果中包括了使用 Curvelet 特征提取算法和轮廓波特征提取算法获得的空间图像特征提取结果。Curvelet 特征提取结果明显混有空间噪声,对空间运动目标的识别率较低;轮廓波特征提取在细节特征区域上存在图像失真现象。本章提出的 SITFE 算法其特征提取的主观视觉效果明显好于通过其他两种特征提取算法获得的实验结果。

在空间对接图像和空间飞行器图像的图像特征提取结果中,Curvelet 特征提取结果明显混有空间噪声,主要的空间飞行器对接区域被空间噪声覆盖,边缘区域也受到了很大的影响,这主要是因为 Curvelet 变换采用的单一滤波器结构,无法有效地识别不同频率域间(高频、低频)的图像特征信息,在特征提取过程中,高频图像特征信息与低频图像特征信息被混合处理,

(a)空间对接源图像

(b)Curvelet特征提取结果

(c)轮廓波特征提取结果

(d)SITFE特征提取结果

图 3.8　空间对接图像特征提取实验结果

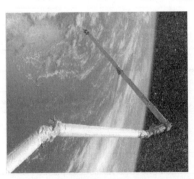

(a)空间飞行器源图像

(b)Curvelet特征提取结果

(c)轮廓波特征提取结果

(d)SITFE特征提取结果

图 3.9　空间飞行器图像特征提取实验结果

最终得到的特征提取结果也存在特征信息混杂、噪声过滤不完全的现象。

轮廓波特征提取采用双滤波器组，可以有效地过滤噪声信息，保留图像的主体内容，但双滤波器组的下采样操作会过滤掉一些有价值的细节信息。轮廓波特征提取的结果在细节特征区域上存在模糊现象，尤其是在地球表层与空间飞行器重叠的区域，很多地球大气层细节信息被模糊处理，有效的特征信息没有被提取出来，最终得到的结果在亚像素级上与源图像存在背离现象。

本章提出的 SITFE 算法使用非向下采样轮廓波变换（NSCT）实现图像跨尺度分解表示，非向下采样轮廓波变换（NSCT）的双滤波器组结构可以保证空间图像的主体内容不受空间噪声影响，高频信息域内 SITFE 算法使用贝叶斯非局部均值滤波算法提取空间图像特征信息，保证空间图像的细节不遗失，与其他两种特征提取算法相比，SITFE 算法可以有效地过滤空间噪声，准确地保留空间图像的细节特征，最终获得与源图像最接近的空间图像特征提取结果。

（2）不同噪声级别的实验

在该组实验中，空间对接图像和空间飞行器图像会被强制加入不同级别的噪声信息，噪声方差包括 $\sigma = 10, 20, 30, 40, 50$，选用客观评价指标峰值信噪比（Peak Signal to Noise Ratio，PSNR），评价空间图像特征提取结果。空间对接图像和空间飞行器图像不同噪声级别的实验结果如表 3.4 和图 3.10 所示。

表 3.4　空间对接图像和空间飞行器图像不同噪声级别的实验结果

噪声(σ)	图像	源图像	Curvele	轮廓波	SITFE
			PSNR		
10	空间对接图像	32.80	33.01	33.58	34.71
	空间飞行器图像	33.64	33.89	34.21	35.33
20	空间对接图像	32.41	32.75	33.11	34.29
	空间飞行器图像	32.94	33.19	33.82	35.05
30	空间对接图像	31.86	32.13	32.78	33.92
	空间飞行器图像	32.62	32.82	33.24	34.36
40	空间对接图像	31.51	31.74	32.53	33.71
	空间飞行器图像	32.22	32.42	32.91	34.07
50	空间对接图像	31.04	31.29	31.74	32.97
	空间飞行器图像	31.76	31.98	32.17	33.35

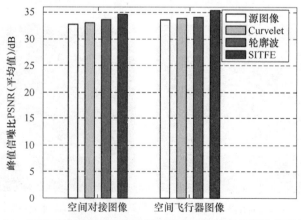

图 3.10　空间对接图像和空间飞行器图像不同噪声级别的实验结果

实验结果表明,在不同噪声级别下,与 Curvelet 特征提取算法相比,本章提出的 SITFE 算法可以提高 PSNR 值 1.5~1.9 dB,与轮廓波特征提取算法相比,SITFE 算法可以提高 PSNR 值 1.0~1.2 dB。虽然随着空间噪声级别的提高,空间图像的特征提取会存在一定的失真(PSNR 递减)现象,但有效特征值的缩减范围不超过 3.9%,在实际应用中这是可以接受的。

SITFE 算法借助非向下采样轮廓波变换提取不同频域的图像特征信息,非向下采样轮廓波变换的双滤波器组可以保证空间图像的主体内容不受空间噪声影响,高频信息域内 SITFE 算法使用贝叶斯非局部均值滤波算法提取空间图像特征信息,贝叶斯非局部均值滤波算法的 Sigma 极差检测可以很好地隔离噪声,保留图像的主体特征。与 Curvelet 特征提取算法和轮廓波特征提取算法相比,SITFE 算法可以有效地过滤空间噪声,准确地提取空间图像特征信息。

（3）不同噪声类型的实验

在实验中,空间对接图像和空间飞行器图像被混入不同类型的噪声,具体包括 Gaussian、Poisson、Salt & Pepper 和 Speckle,选用平均结构相似度（Mean Structural Similarity, MSSIM）评价空间图像特征提取结果。空间对接图像和空间飞行器图像不同噪声类型的实验结果如表 3.5 和图 3.11 所示。

表 3.5　空间对接图像和空间飞行器图像不同噪声类型的实验结果

噪声类型	图像	MSSIM			
		源图像	Curvelet	轮廓波	SITFE
Gaussian	空间对接图像	0.312 8	0.352 4	0.427 7	0.478 2
	空间飞行器图像	0.325 6	0.368 8	0.431 6	0.482 3
Poisson	空间对接图像	0.623 1	0.682 7	0.717 3	0.743 9
	空间飞行器图像	0.634 9	0.702 8	0.733 9	0.764 3
Salt & pepper	空间对接图像	0.323 9	0.374 0	0.415 7	0.465 3
	空间飞行器图像	0.339 8	0.382 9	0.425 4	0.472 2
Speckle	空间对接图像	0.332 1	0.397 4	0.430 9	0.488 2
	空间飞行器图像	0.347 6	0.401 2	0.445 2	0.499 4

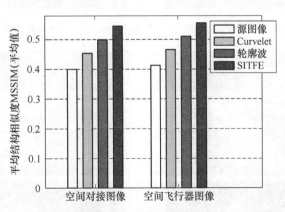

图 3.11　空间对接图像和空间飞行器图像不同噪声类型实验结果

在不同噪声类型下,SITFE 算法同样有明显的图像特征提取有效性,SITFE 算法与 Curvelet 特征提取算法相比,可以提高特征提取结构相似性 18.9%;与轮廓波特征提取算法相比,SITFE 算法可以提高特征提取结构相似性 12.1%,尤其在 Gaussian 噪声下,SITFE 算法的特征提取有效性格外明显,与 Curvelet 特征提取算法相比 SITFE 算法可以提高特征提取结构相似性超过 29.6%。

因为 SITFE 算法使用贝叶斯非局部均值滤波算法提取高频图像特征信息,贝叶斯非局部均值滤波算法的 Sigma 极差检测对不同类型的噪声都可以提供很好的过滤效果,图像的有效特征信息与噪声可以完全隔离分开。

2. 实验二:标准图像实验

标准图像实验由三部分组成:图像特征提取实验、不同噪声级别实验、不同噪声类型实验,这部分实验主要验证 SITFE 算法图像特征提取的普遍适用性。

(1)图像特征提取实验

Lena 图像和 Pepper 图像的图像特征提取实验结果如图 3.12 和图 3.13 所示。

从标准图像特征提取实验结果中可以看出,Curvelet 特征提取算法在特征提取过程中依旧会掺入不同程度的噪声,轮廓波特征提取算法的实验结果存在细节失真现象,本章提出的 SITFE 算法在图像归一化过程中,不会对图像的灰度值做量化处理,在图像特征提取过程中,非向下采样轮廓波变换强化了图像的弱边缘,并且能够很好地过滤噪声,贝叶斯非局部均值滤波算法可以将重要的目标细节信息完整地从源图像中提取出来。从直观视觉角度出发,SITFE 特征提取算法获得的图像特征提取结果可以有效地过滤噪声干扰,在细节保持方面也明显优于 Curvelet 特征提取算法和轮廓波特征提取算法。

(a)Lena源图像

(b)Curvelet特征提取结果

(c)轮廓波特征提取结果

(d)SITFE特征提取结果

图 3.12　Lena 图像特征提取实验结果

(a)Pepper源图像

(b)Curvelet特征提取结果

(c)轮廓波特征提取结果

(d)SITFE特征提取结果

图 3.13　Pepper 图像特征提取实验结果

（2）不同噪声级别的实验

不同噪声级别的实验中,强制加入的高斯噪声方差包括 $\sigma=10,20,30,40,50$,实验结果如表 3.6 和图 3.14 所示。

表 3.6　Lena 图像和 Pepper 图像不同噪声级别实验结果

噪声(σ)	图像	PSNR			
		源图像	Curvelet	轮廓波	SITFE
10	Lena 图像	32.78	32.97	33.44	34.40
	Pepper 图像	32.72	32.99	33.40	34.38
20	Lena 图像	32.06	32.21	32.65	33.61
	Pepper 图像	31.59	31.71	32.13	33.16
30	Lena 图像	29.12	29.38	31.15	32.14
	Pepper 图像	29.01	29.25	30.11	31.07
40	Lena 图像	28.37	28.53	30.04	31.09
	Pepper 图像	28.27	28.49	29.83	31.13
50	Lena 图像	27.15	27.31	28.74	29.83
	Pepper 图像	27.19	27.33	28.91	29.88

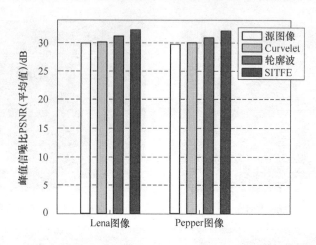

图 3.14　Lena 图像和 Pepper 图像不同噪声级别的实验结果

实验结果表明,本章提出的 SITFE 特征提取算法对标准图像的特征提取也有很好的普适性,与 Curvelet 特征提取算法相比,SITFE 算法可以提高 PSNR 1.5～2.6 dB,与轮廓波特征提取算法相比,SITFE 算法可以提高 PSNR 1.0～1.1 dB。实验结果表明本章提出的 SITFE 算法应用在标准图像特征提取上也可以获得准确有效的图像特征提取结果。

（3）不同噪声类型模拟实验

不同噪声类型模拟实验中,不同的噪声类型包括 Gaussian、Poisson、Salt & Pepper 和 Speckle,实验结果如表 3.7 和图 3.15 所示。

实验结果表明,本章提出的 SITFE 算法在不同类型的噪声干扰下,可以准确有效地提取标准图像特征信息。与 Curvelet 特征提取算法相比,SITFE 算法可以提高特征提取结构相似性超过 18%。与轮廓波特征提取算法相比,SITFE 算法可以提高特征提取结构相似性超过 7%。

SITFE 算法在图像的高频域使用贝叶斯非局部均值滤波算法提取图像特征信息,贝叶斯算法中的 Sigma 极差可以准确地提取图像先验区域特征和图像先验像素特征,图像高频信息中的有效特征信息被完整保留。结合非向下采样轮廓波的跨尺度重构,标准图像高频特征信息与低频信息中的有效特征可以实现融合优化,在不同类型的噪声信息干扰下,图像的主体特征也可以被完整地提取出来。与 Curvelet 特征提取算法和轮廓波特征提取算法相比,SITFE 算法更好地利用了图像的跨尺度分解表示,图像特征提取的效果也更好。

表 3.7　**Lena 图像和 Pepper 图像不同噪声类型的实验结果**

噪声类型	图像	源图像	Curvelet	轮廓波	SITFE
		MSSIM			
Gaussian	Lena 图像	0.312 5	0.353 4	0.429 8	0.478 7
	Pepper 图像	0.311 9	0.352 1	0.429 5	0.478 2
Poisson	Lena 图像	0.629 5	0.695 4	0.732 2	0.752 6
	Pepper 图像	0.627 7	0.693 3	0.731 6	0.751 2
Salt & pepper	Lena 图像	0.329 5	0.377 6	0.426 6	0.463 9
	Pepper 图像	0.323 4	0.375 5	0.424 1	0.468 5
Speckle	Lena 图像	0.352 8	0.412 2	0.453 9	0.491 3
	Pepper 图像	0.353 1	0.411 9	0.458 4	0.492 1

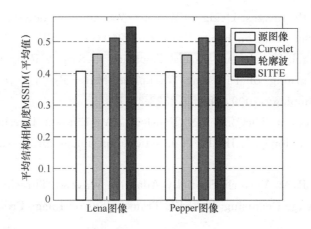

图 3.15 Lena 图像和 Pepper 图像不同噪声类型模拟实验结果

3.5 本章小结

本章对空间图像的跨尺度特征提取进行了研究,主要包括空间图像的跨尺度分解表示和非局部均值滤波算法,本章提出的 SITFE 算法使用非向下采样轮廓波变换对空间图像进行跨尺度分解,非向下采样轮廓波变换的双滤波器组结构可以减少现有滤波器的单一轨迹问题,相关的 Mapping 方法还可以清除 2-D 滤波器存在的数据冗余。本章提出的贝叶斯非局部均值滤波算法(BNL-Means)可以对空间图像的高频信息进行有效地非局部均值滤波,与现有的非局部均值滤波算法相比,贝叶斯非局部均值滤波算法可以提高 PSNR 1.8%,提高 MSSIM 2.91%。空间图像特征提取实验表明在不同噪声级别下,本章提出的 SITFE 算法与 Curvelet 特征提取算法相比可以提高 PSNR 值 1.5～1.9 dB,与轮廓波特征提取算法相比 SITFE 算法可以提高 PSNR 值 1.0～1.2 dB;在不同噪声类型的干扰下,SITFE 算法与 Curvelet 特征提取算法相比可以提高特征提取结构相似性 18.9%,与轮廓波特征提取算法相比 SITFE 算法可以提高特征提取结构相似性 12.1%。

参 考 文 献

[1] S. S. Sathyanarayana, R. K. Satzoda, T. Srikanthan. Exploiting Inherent Parallelisms for Accelerating Linear Hough Transform[J]. IEEE Transactions on Image Processing, 2009,18(10):2255-2264.

[2] P. E. Hart. How the Hough Transform Was Invented (DSP History) [J]. IEEE Signal Processing Magazine,2009,26(6):18-22.

[3] F. Friedrich, L. Demaret, H. Führ. Efficient Moment Computation Over Polygonal DomainsWith an Application to Rapid Wedgelet Approximation[J]. SIAM Journal of Scientific Computing,2007,29(2):842-863.

[4] J. K. Romberg, M. B. Wakin, R. G. Baraniuk. Approximation and Compression of

Piecewise Smooth Images Using a Wavelet/Wedgelet Geometric Model［C］. IEEE International Conference on Image Processing，2003，1；49-52.

［5］ W. Grzesik，S. Brol. Wavelet and Fractal Approach to Surface Roughness Characterization After Finish Turning of Different Workpiece Materials［J］. Journal of Materials Processing Technology，2009，209(5)；2522-2531.

［6］ Do M N，M. Vetterli. TheContourlet Transform：An Efficient Directional Multiresolution Image Representation［J］. IEEE Transactions on image processing，2005，14(12)；2091-2106.

［7］ Chang S G，Yu B，M. Vetterli. Spatially Adaptive Wavelet Thresholding with Context Modeling for Image Denoising［J］. IEEE Transactions on Image Processing，2010，9(9)；1522-1531.

第4章 基于稀疏编码的跨尺度运动目标检测方法研究

4.1 引　言

针对图像序列本身具有的稀疏性,通过一组过完备基(Overcomplete Basis)或者字典[1]可以将输入信号表达出来,即在满足一定稀疏度的条件下,获得对输入信号的线性组合来近似表示输入信号。

为了通过稀疏表示求解出最理想的解并使重构误差最小,大部分关于稀疏表示的研究都是基于不同的应用情境,将问题集中在构建适用于特定情境的约束条件上,从而提高稀疏表示的性能。例如,J. Wright 等人[2]将稀疏表示的问题转化为求解 L1 最小化的问题,对人脸进行检测并分类,不仅简化了求解的过程,而且也达到了稀疏的目的,但算法效率较低,需要耗费较长的时间。为了提高算法的速率,同时节省更多的空间,J. B. Huang 等人[3]提出了基于原型的快速稀疏表示方法,从构建稀疏原型的角度,使得图像具有更高的区别度,并通过分类对其进行了评估,从而达到对目标物体进行分类检测的目的。虽然该方法在一定程度上提高了算法的效率,但尺度特征不够丰富,当环境变化剧烈时,该算法的准确度会急剧下降。

如果要达到更好的性能,仍存在大量的问题需要解决。J. Wang 等人[4]认为局部特征能够保证稀疏编码足够稀疏,将局部约束引入到稀疏表示中,该方法继承了 J. Yang 等人[5]构建的基于稀疏编码的空间金字塔匹配框架,利用线性分类器提高了对图像检测分类的效率。L. Bo 等人[6]认为字典中不同元素之间的相互不相关性对最优解存在巨大的影响,提出了将相互一致性作为稀疏表示目标函数的约束条件,并将其应用在匹配跟踪当中。但是,过完备字典的方法可能导致稀疏编码的不稳定性。而 Gao 等人[7]利用拉普拉斯稀疏编码框架,在稀疏编码的目标函数中加入了相似性保留项。压缩采样的方法[8,9]能够使字典各项之间的相关一致性尽量小,达到训练得到的字典误差较小的效果。然而,以上方法的时间复杂度和空间复杂度对于较大尺度变化的问题仍然很大。

以上方法的局限性在于仅仅在同一层上完成局部采样片的解码过程,忽略了空间多尺度的邻域结构特性。为了解决这一问题,针对不同领域分层的方法被广泛应用,例如利用分层方法的特征学习[10]、分类[11],以及物体识别[12]等。事实上,分层的方法在计算机视觉领域表现出了良好的性能,例如,K. Lu 等人[13]在构建的分层框架上,通过第一层稀疏编码获得的稀疏矩阵得到重构信息的峰值信噪比,由此对第二层的特征进行提取。该方法虽然得到了较好的分类效果,但是峰值信噪比存在较大的偏差,使用它作为唯一的权值评判重构的优略,并不能提取到更加准确的特征。

K. Yu 等人[14]利用分层稀疏编码方法从像素级出发对特征进行学习,该方法能够在最后一层上提取出更加鲁棒的特征,而 L. Bo 等人[15]则提出了分层的核描述符与线性的 SVM 进行结合对目标进行分类,并达到了较好的性能,另外,卷积深度可信网络[16-18]对目标物体的识别性能更高。虽然以上方法通过分层对图像序列的信息进行了深度提取,将尺度特征考虑在检测的过程中,但是这些方法仅仅局限在静态目标和物体的检测与识别中,而对动态环境中运动目标在连续图像序列帧中的运动信息则不能有效利用,因此不能将以上方法直接应用在动态环境的运动目标检测中。

针对以上方法在检测运动目标时的局限性,本章提出了基于分阶段字典学习与分层稀疏编码的跨尺度运动目标检测算法(MDSH)。该方法通过基于分层稀疏编码的特征提取和分阶段的字典学习及更新,不仅充分利用了图像帧间不断变化的特征信息以及不同层次之间的信息,而且考虑了同一图像帧不同尺度特征对检测结果的影响,能够对动态环境中的运动目标进行准确检测。

4.2 基于分阶段字典学习与分层稀疏编码的跨尺度检测算法(MDSH)的提出

本章提出了基于分阶段字典学习与分层稀疏编码的跨尺度运动目标检测算法(MDSH)。针对检测过程中不同阶段的特点,利用提出的分阶段字典学习及更新算法对字典进行学习及更新,充分利用了帧间变化的目标特征以及层间的稀疏特征;利用提出的基于分层稀疏编码的特征提取算法,提取目标的细节特征和尺度特征,从而完成对运动目标的检测。

4.2.1 MDSH 算法研究动机

在动态环境中对运动目标进行检测,目标的细节特征往往对检测结果起着重要作用,而对目标检测同样重要的尺度特征通常被研究者们忽略。当前比较流行的提取尺度特征的方法主要有金字塔方法和小波分解方法,而这两种方法对检测算法的效率影响很大。在运动目标检测过程中,由于目标在动态环境中不断变化,如果能够利用帧间的目标信息,能够极大地提高目标检测的准确性。

4.2.2 MDSH 算法描述

为了提高目标检测的准确性,本章提出了基于分阶段字典学习与分层稀疏编码的跨尺度运动目标检测算法(MDSH),算法的框架如图 4.1 所示。

基于分阶段字典学习与分层稀疏编码的跨尺度运动目标检测算法如图 4.1 所示。首先对训练数据集 $X=\{x_1,x_2,\cdots,x_n\}$ 进行训练,通过不断更新学习,得到一组过完备基或字典 $D=\{d_1,d_2,\cdots,d_k\}$,该字典作为算法的初始化字典,通过稀疏编码对第一帧图像序列进行特征提取。为了充分利用图像序列的尺度信息,对第一层得到的特征进行最大池化采样,作为第二层的输入进行层间的字典学习更新,得到新的过完备字典,并再次通过稀疏编码得到第二层的特征,最后对该特征进行金字塔池化操作,形成该图像序列帧的最终特征。对于相邻两帧而言,运动目标在运动的过程中会产生不同程度的变化,进行帧间字典学习与更新能够提高对运动目标的检测准确性。

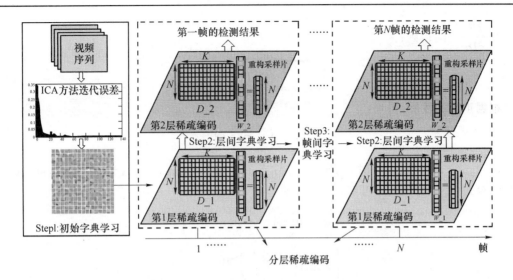

图 4.1　基于分阶段字典学习与分层稀疏编码的跨尺度运动目标检测算法

1. 基于分层稀疏编码的特征提取算法的提出

针对每一帧图像序列,采用分层编码的方式得到最终的特征。对于第 l 层,假设输入图像为 I,以采样数 m 对其进行采样,采样片大小为 t,则得到第 l 层的样本 $\boldsymbol{Y}^l=\{y_1^l,y_2^l,\cdots,y_m^l\}$,其中 $y_i^l\in\mathbf{R}^p$,$p=t\times t$,$i=1,2,\cdots,m$。为了得到能够表示 I 的较为稀疏的特征,采用稀疏表示的方法获得输入图像 I 的稀疏矩阵。通过离线的训练可以得到初始化字典 $\boldsymbol{D}=\{d_1,d_2,\cdots,d_n\}$,其中 $d_j\in\mathbf{R}^p$,$j=1,2,\cdots,n$,并且 $p\ll n$,稀疏矩阵可通过式(4.1)得到:

$$\min_{\boldsymbol{W}}\frac{1}{n}\|\boldsymbol{Y}^l-\boldsymbol{DW}^l\|_2^2+\lambda\|\boldsymbol{W}^l\|_1 \tag{4.1}$$

其中,$\boldsymbol{W}^l$ 表示第 l 层的稀疏矩阵,$\boldsymbol{W}^l=\{w_1^l,w_2^l,\cdots,w_m^l\}$,且 $w_q^l\in\mathbf{R}^n$,$q=1,2,\cdots,m$,稀疏度设为 9。式(4.1)中第一项表示重构误差;第二项通过 L_1 范数决定稀疏矩阵 $\boldsymbol{W}^l$ 是稀疏的,λ 为正则系数,用于修正 $\boldsymbol{W}^l$ 的稀疏性。利用梯度下降的方法对式(4.1)进行求解。

假设 $\boldsymbol{D}^{\mathrm{T}}\boldsymbol{D}=1$,求解得到的稀疏矩阵可以表示为 $\overline{\boldsymbol{W}}^l=\{\overline{w}_2^l,\overline{w}_2^l,\cdots,\overline{w}_m^l\}$,则当 $\overline{w}_i^l$ 处梯度存在时,设:

$$F^l=\min_{\boldsymbol{W}}\frac{1}{n}\|\boldsymbol{Y}^l-\boldsymbol{DW}^l\|_2^2+\lambda\|\boldsymbol{W}^l\|_1 \tag{4.2}$$

对于 $\overline{w}_i^l$,令 $\left.\dfrac{\partial F^l}{\partial w_i^l}\right|_{\overline{w}_i^l}=0$,可以得到:

$$-\frac{2}{n}(\boldsymbol{D}^{\mathrm{T}}\boldsymbol{Y}^l-\boldsymbol{D}^{\mathrm{T}}\boldsymbol{D}\overline{w}_i^l)+\lambda\,\mathrm{sign}(\overline{w}_i^l)=0 \tag{4.3}$$

$$\boldsymbol{D}^{\mathrm{T}}\boldsymbol{D}\overline{w}_i^l=\boldsymbol{D}^{\mathrm{T}}\boldsymbol{Y}^l-\frac{n\lambda}{2}\mathrm{sign}(\overline{w}_i^l) \tag{4.4}$$

由于 $\boldsymbol{D}^{\mathrm{T}}\boldsymbol{D}=1$,因此式(4.4)可以写为:

$$\overline{w}_i^l=\boldsymbol{D}^{\mathrm{T}}\boldsymbol{Y}^l-\frac{n\lambda}{2}\mathrm{sign}(\overline{w}_i^l) \tag{4.5}$$

假设 $\boldsymbol{W}$ 已知,那么式(4.2)可写为:

$$F^l=\min_{\boldsymbol{W}}\frac{1}{n}\|\boldsymbol{Y}^l-\boldsymbol{DW}^l\|_2^2 \tag{4.6}$$

令 $\dfrac{\partial F^l}{\partial \boldsymbol{D}_i}=0$，得到：

$$\widetilde{w}_i^l=\left(\frac{1}{n}(\boldsymbol{D}^{\mathrm{T}}\boldsymbol{D})^{-1}\boldsymbol{D}^{\mathrm{T}}\boldsymbol{Y}^l\right) \tag{4.7}$$

根据正交的性质，得到：

$$\widetilde{w}_i^l=\left(\frac{1}{n}\boldsymbol{D}^{\mathrm{T}}\boldsymbol{Y}^l\right)_i \tag{4.8}$$

由 $\mathrm{sign}(x)$ 知：当 $x=0$ 时，$\mathrm{sign}(x)=0$；当 $x>0$ 时，$\mathrm{sign}(x)=1$；当 $x<0$ 时，$\mathrm{sign}(x)=-1$，结合式(4.5)、式(4.8)可知：

$$\bar{w}_i^l=n\left(\widetilde{w}_i^l-\frac{\lambda}{2}\mathrm{sign}(\widetilde{w}_i^l)\right) \tag{4.9}$$

$$\begin{cases} \bar{w}_i^l=n\left(\widetilde{w}_i^l-\dfrac{\lambda}{2}\right)>0 & ,\widetilde{w}_i^l>0 \\[2mm] \bar{w}_i^l=n\left(\widetilde{w}_i^l+\dfrac{\lambda}{2}\right)<0 & ,\widetilde{w}_i^l<0 \\[2mm] \bar{w}_i^l=n\widetilde{w}_i^l=0 & ,\widetilde{w}_i^l=0 \end{cases} \tag{4.10}$$

由式(4.10)可知，$\bar{w}_i^l$ 和 $\widetilde{w}_i^l$ 同号，得到式(4.11)：

$$\begin{cases} \bar{w}_i^l>-\dfrac{\lambda n}{2},\bar{w}_i^l>0 \\[2mm] \bar{w}_i^l<-\dfrac{\lambda n}{2},\bar{w}_i^l<0 \\[2mm] \bar{w}_i^l=0 \quad\;\;,\bar{w}_i^l=0 \end{cases} \tag{4.11}$$

式(4.11)可等价于式(4.12)：

$$-\frac{\lambda n}{2}<\bar{w}_i^l<\frac{\lambda n}{2} \tag{4.12}$$

为了得到式(4.1)的全局最优值点，除了考虑以上梯度存在的情况外，考虑了当梯度不存在的情况下对式(4.1)求解的问题，即 $\bar{w}_i^l=0$ 时，根据次梯度的理论，可知：

$$|\bar{w}_i^l|\leqslant\frac{\lambda}{2} \tag{4.13}$$

而 $\left[-\dfrac{\lambda}{2},\dfrac{\lambda}{2}\right]\subseteq\left[-\dfrac{\lambda n}{2},\dfrac{\lambda n}{2}\right]$，因此当梯度不存在时的结果可以包含在式(4.9)中进行统一考虑。由此，式(4.9)便是对于第 l 层进行稀疏编码求得的解，即：

$$\bar{w}_i^l=n\left(\widetilde{w}_i^l-\frac{\lambda}{2}\mathrm{sign}(\widetilde{w}_i^l)\right)=n\left(\widetilde{w}_i^l\mathrm{sign}(\widetilde{w}_i^l)-\frac{\lambda}{2}\mathrm{sign}(\widetilde{w}_i^l)\right) \tag{4.14}$$

得到式(4.15)：

$$\bar{w}_i^l=n\left(|\widetilde{w}_i^l|-\frac{\lambda}{2}\right)\mathrm{sign}(\widetilde{w}_i^l) \tag{4.15}$$

对于不同层中的特征提取方法，如式(4.1)至式(4.15)所示，而对于不同层之间，则通过对上层的输出进行采样来连接。

2. 基于分阶段的字典学习及更新算法的提出

本章提出的基于分阶段的字典学习及更新算法主要分为三个阶段：初始化阶段、层间阶段和帧间阶段。为了获取能够更加准确地描述目标特征的稀疏编码,对不同阶段的字典进行学习及更新,并利用先验知识和特征对字典进行更新。

(1) 初始化阶段

为了得到更加准确的稀疏向量和更小的重构误差,不同字典原子之间的不相关性约束被考虑进来。构建目标函数,如式(4.16)所示:

$$y = Dx \tag{4.16}$$

其中,$D = \{d_1, d_2, \cdots, d_n\}$ 表示被估计的、大小为 $m \times n$ 的常矩阵,y 表示观测向量,x 表示相互独立的随机向量。利用 FastICA 库对该目标函数求解,其最优化公式可表示为:

$$\text{maximize} \sum_{i=1}^{n} J_G(\boldsymbol{w}_i) \text{wrt.} \, \boldsymbol{w}_i, \, i = 1, \cdots, n$$
$$\text{s. t.} \, E\{(\boldsymbol{w}_k^{\mathrm{T}} x)(\boldsymbol{w}_j^T x)\} = \delta_{ik} \tag{4.17}$$

其中,$J_G(\boldsymbol{w}_i)$ 表示被优化的模型,权向量 $\boldsymbol{w}_i$ 构成了权矩阵 $\boldsymbol{W}$,得到通过 ICA 转化得到 $s = \boldsymbol{W}x$,以及 $\boldsymbol{D} = \boldsymbol{W}^{-1}$。为了评价训练得到的字典的性能,对训练得到字典的互相关性关系进行了计算,其中平均互相关性为 0.010 9,而文献[14]使用核奇异值分解方法(KSVD)对字典进行学习,并将互相关性引入到目标函数中,但是,得到的平均互相关性并没有得到较大的改善,其互相关性为 0.118。

(2) 层间阶段

层间阶段对字典的学习是利用第一层中得到的稀疏向量作为数据源,对源图像中包含的尺度进行提取,以获取更加稀疏的特征,首先从第一层的池化向量中进行采样,得到新的样本,利用 KSVD 方法[19]进行训练,学习得到第二层的字典。

第一层与第二层之间的数据传输过程如图 4.2 所示。第一层中的采样片大小为 16×16,字典原子数为 1 000,通过稀疏编码得到第一层的稀疏矩阵,利用最大池化方法对第一层输出的稀疏矩阵进行采样,作为第二层的输入数据;第二层的采样片大小为 8×8,字典原子数为 500,对第二层进行稀疏编码。为了获得不同尺度的更加准确的特征,利用空间金字塔池化方法提取第二层稀疏矩阵中的特征,其中金字塔大小为 $\{3 \times 3, 2 \times 2, 1 \times 1\}$。从算法的效率角度考虑,第一层中并没有使用相同的池化方法,而是利用最大池化这种较快速的方法进行特征的选择。

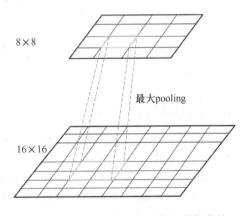

图 4.2　第一层与第二层之间的数据传输

(3) 帧间阶段

对于连续的视频帧,相邻帧中目标具有很高的相似性,利用相邻帧间的相似性对下一帧中的目标进行检测,能够更加准确地获取图像序列中目标的特征。

通过初始化阶段可以得到初始化字典 $\boldsymbol{D}$,对第一层进行稀疏编码计算得到采样样本 $\boldsymbol{Y}$ 的稀疏矩阵 $\boldsymbol{W}$。通过对前一帧字典中第 k 项以外残差进行奇异值分解来完成帧间阶段对字典的更新。假设前一帧字典中第 k 项以外残差为 $\boldsymbol{E}_k$,经过奇异值分解后得到:

$$\boldsymbol{E}_k = \boldsymbol{U} \sum \boldsymbol{V}^{\mathrm{T}} \tag{4.18}$$

其中，U 是 $p \times m$ 的酉矩阵，$\sum$ 是由奇异值构成的对角阵，$\sum = \{\sigma_1, \sigma_2, \cdots, \sigma_m\}$，$\text{success} = \sum (\text{sore} \geqslant 0.5) / \text{number of frames}$ 为第 i 个奇异值，V 为 $m \times m$ 的方阵。通过不断迭代，当迭代误差小于设定值时，取此时的 $\sum$，并对其进行排序，取最大的奇异值对应的向量作为更新得到的新的字典原子 d_k，从而完成对帧间阶段字典的更新。

3. MDSH 算法实现步骤

基于分阶段字典学习与分层稀疏编码的跨尺度运动目标检测算法如表 4.1 所示，包含了基于分层稀疏编码的特征提取算法和基于分阶段的字典学习及更新算法的实现过程。

表 4.1 基于分阶段字典学习与分层稀疏编码的跨尺度运动目标检测算法

算法：基于分阶段字典学习与分层稀疏编码的跨尺度运动目标检测算法

输入：视频序列 $I = \{I_1, I_2, \cdots, I_n\}$，稀疏正则项参数 λ，初始化字典大小 dicsize，第一层采样片大小 t_1，第二层字典大小 dicsize2，采样片大小 t_2，池化金字塔结构大小 type，字典学习的迭代次数 iterNum

输出：当前帧中目标的特征

（1）利用 ICA 方法学习字典 D_0，迭代 iterNum 次，如果是对测试数据集进行分类，那么从第（3）步开始，否则从第（2）步开始

（2）对于每一个输入视频序列 I_i，执行以下步骤：

第一层 level＝1：

$Y^1 = \{y_1^1, y_2^1, \cdots, y_m^1\}$←从当前帧中采样，采样片大小为 t_1

if $i=1$：$D_i^1 = D_0$

if $i \sim =1$：通过增量 SVD 方法，利用 D_{i-1}^1 学习 D_i^1

$\bar{w}_i^1$←通过式（4.15），利用 D_i^1 得到第一层的稀疏矩阵结果

$\hat{w}_i^1$←对 $\bar{w}^1$ 进行最大池化操作得到第二层的输入信息

第二层 level＝2：

$Y^2 = \{y_1^2, y_2^2, \cdots, y_m^2\}$←从 $\hat{w}^1$ 中进行采样，采样片大小为 t_2

D_i^2←通过 KSVD 方法学习字典

$\hat{w}_i^2$←通过式（4.15），利用 D_i^2 得第二层的稀疏矩阵结果

$\hat{w}_i^2$←空间金字塔池化方法

（3）判断是否是最后一帧，如果不是，对于下一个视频序列 I_{i+1}，利用式（4.18）的方法对其第一层的字典进行更新，并返回（2），对 I_{i+1} 的特征进行检测；如果是最后一帧，进行（4）

（4）结束

4.3 MDSH 算法实验结果与分析

为了对 MDSH 算法进行更加客观的评价，分别在数据集 Caltech-101 和视频序列 faceocc1 序列、trellis70 序列、bjbus 序列和 davidIndoor 序列上对提出的 MDSH 算法进行了验证。与目前流行的算法进行对比，一类是分类算法，不使用空间金字塔匹配的词袋算法（BoW），使用 SPM 的 BoW 算法（BoW-SPM）以及 ScSPM 算法；另一类是以 MHMP（Multipath Sparse Coding Using Hierarchical Matching Pursuit）算法为代表的运动目标检测算法。评价指标主要包括

分类准确率、算法运行时间、平均迭代误差、覆盖率等。实验结果表明了提出的 MDSH 算法能够更加准确地对字典进行学习,并且更加准确地对运动目标进行检测。

4.3.1　数据集、对比算法与评价指标

（1）数据集

采用的数据集有实验一中的 Caltech-101[20] 和实验二中的 4 个视频序列。其中,对于数据集 Caltech-101 包括 101 类目标,其中包含了影响分类的特征,例如光照变化、尺度变化以及部分遮挡等,每一类的图片数目从 40 到 800 不等。在进行分类时,将数据集分为训练数据集和测试数据集两部分,训练数据集由每个分类中的 20、15、10、5 幅图像构成,测试数据集由每类中剩余的数据集构成。视频序列包含了能够影响运动目标检测的具有挑战价值的因素,例如光照变化、部分遮挡、形状变化等。其中视频序列分别是 faceocc1 序列、trellis70 序列、bjbus 序列和 davidIndoor 序列。

（2）对比算法

本章采用四种对比算法对提出的 MDSH 算法进行对比,实验一中的对比算法包括:不使用空间金字塔匹配的词袋[21] 算法（BoW）、使用 SPM 的 BoW[21] 算法（BoW-SPM）以及 ScSPM[22] 方法;实验二中的对比算法为 MHMP（Multipath Sparse Coding Using Hierarchical Matching Pursuit）[14] 算法。其中,BoW 算法只采用了不同视觉词的集合,属于单尺度方法;BoW-SPM 算法和 ScSPM 算法都利用金字塔构建了尺度空间,在尺度空间上对目标特征进行提取,并完成检测;MHMP 算法则利用了分层的思想,通过不同层次的构建,对目标的特征进行提取并完成目标检测。

（3）评价指标

客观评价指标包括分类准确率、利用不同字典学习方法的训练时间、平均迭代误差、算法的运行时间以及检测到的目标区域与真实值对比的覆盖率。本章比较并分析了分阶段字典学习的优点,统计训练过程中的训练时间,同时计算了训练过程中的平均迭代误差,对学习得到的字典的准确性进行评价。运动目标的检测区域说明了算法在视频序列中对运动目标检测的准确性,能够更加客观地评价算法对目标检测的准确情况。

在字典训练的过程中,迭代误差是指每次迭代过程中原采样片和重构结果之间的均方误差。字典训练是在不断迭代的过程中完成的,随着迭代误差的变化,能够实时观测到字典学习过程中的收敛情况,是对字典训练过程的客观评价指标之一。

$$e = \sqrt{\frac{1}{m \times n} \sum_{i=1}^{m} \sum_{j=1}^{m} (y_{ij} - D_j \times \text{cofMatrix}_j)^2} \tag{4.19}$$

其中,$\{y_{ij}\}_{m \times n}$ 表示采样片构成的矩阵,而 $i = 1, 2, \cdots, m$,$j = 1, 2, \cdots, n$,其中每一列表示一个向量化的采样片,D_j 表示字典 $\boldsymbol{D}$ 的第 j 个原子,cofMatrix_j 表示稀疏矩阵的第 j 列。理想状态下的迭代误差应越来越小,达到收敛的状态。

4.3.2　MDSH 算法实验结果与分析

为了综合评价 MDSH 算法的性能,本章设置两组实验对提出的 MDSH 算法进行评价,实验一用于训练字典,并通过训练得到的字典对数据集分类,利用分类准确率、训练字典过程中的运行时间及平均迭代误差,对提出的 MDSH 算法学习字典的准确性进行评价;实验二利用

第一组实验中训练的字典,作为运动目标检测过程的初始化字典,完成对运动目标的检测,并对检测结果进行评价分析。

1. 实验一:MDSH 算法与对比算法在 Caltech-101 上训练字典的实验

利用 MDSH 算法在数据集 Caltech-101 上对字典进行训练,并将训练得到的字典对测试数据集进行分类,通过在分类准确率、字典训练时间和训练过程中的平均迭代误差上与对比算法进行对比,对提出的 MDSH 算法进行评价和分析。

(1) MDSH 算法与对比算法训练字典时在分类准确率上的对比分析

为了评价提出的 MDSH 算法学习字典的准确性,在数据集 Caltech-101 上,利用学习得到的字典进行分类,通过分类准确率对提出的 MDSH 算法进行评价。

以大小为 16×16 的采样片构成的训练数据集对字典进行训练,将提出的 MDSH 算法和 KSVD 方法对字典的训练结果可视化,如图 4.3 所示,利用提出的 MDSH 算法学习得到的字典特征更加明显,而 KSVD 方法得到的字典特征比较模糊。选取训练数据集和测试数据集,利用以上学习得到的字典,通过分类的方法对字典的准确性进行评价。

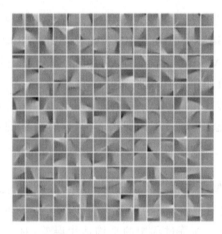 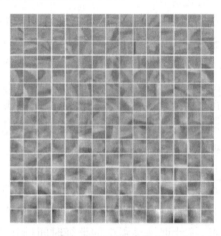

(a)利用MDSH算法学习得到的字典　　　　　　　(b)利用KSVD方法学习得到的字典

图 4.3　MDSH 算法和对比算法在 Caltech-101 上学习得到的字典

将数据集分四种情况进行选取,对每种情况下每个类别中样本数为 NUM,其中,NUM 为 5、10、15、20。在每个类别中随机取 NUM 个样本,并将所有类别中选取的样本作为训练样本集,而所有剩余样本的集合作为测试样本集,对初始字典进行训练,并利用训练得到的字典进行分类。

利用提出的 MDSH 算法对字典训练时,在基于分层稀疏编码的特征提取过程中,对于第一层设置采样片大小为 8×8,字典中原子个数为 200,字典的大小为 64×200;对于第二层设置采样片大小为 16×16,字典中原子个数为 500,字典的大小为 256×500。提出的 MDSH 算法与对比算法在数据集 Caltech-101 的分类准确率(%)如表 4.2 所示。

在表 4.2 中,当每一个类别中训练样本数目为 10 时,提出的 MDSH 算法与 ScSPM 算法相比,分类准确率提升了 10.9%;当每一个类别中训练样本数目为 15 时,提出的 MDSH 算法与 ScSPM 算法相比,分类准确率提升了 14%;当每一个类别中训练样本数目为 20 时,提出的 MDSH 算法与 ScSPM 算法相比,分类准确率提升了 15%。在不同的对比过程中,尤其是当训练样本的数目增加的时候,MDSH 算法与 ScSPM 算法的准确率逐渐接近,最终超过了 ScSPM 算法。

表 4.2　提出的 MDSH 算法与对比算法训练字典时在 Caltech-101 上的分类准确率(%)

对比算法	5	10	15	20
BoW	2.58	27.77	34.39	36.72
BoW-SPM	4.14	35.09	40.86	45.87
ScSPM	63.16	62.52	62.85	62.80
MDSH(提出的)第一组	58.92	73.94	74.48	72.04
MDSH(提出的)第二组	62.47	74.28	71.90	75.79
MDSH(提出的)第三组	64.31	68.36	77.62	78.49

当样本的数目增多的时候,各个尺度上的特征变得更加丰富,更有利于检测到目标,从而达到更加准确分类的目的。基于 BoW 的分类方法只简单地将上层的视觉特征组合起来,当训练数据集庞大时,分类准确率能够得到一定的提升。当训练集中每一类样本数目从 5 个样本增加至20 个样本时,词袋信息得到丰富,分类准确率从 2.58% 提升到 36.72%。虽然 BoW-SPM 算法在BoW 的基础上对分类准确率有了一定的改进,但是由于特征本身的限制,效果并不显著。而ScSPM 分类方法则结合了 SIFT 特征点对 SPM 方法进行改进,并加入了金字塔池化的方法,能够比较准确地对图像中的关键信息进行提取,得到了较好的分类效果,但与提出的 MDSH 算法相比,当训练数据集增大时,提出的 MDSH 算法能够得到更好的分类效果。这也进一步说明了相比对比算法,MDSH 算法能够在同样的数据集上,训练得到更加准确的字典。

MDSH 算法与对比算法训练字典时在 Caltech-101 上的分类准确率如图 4.4 所示,提出的 MDSH 算法能够更加准确地对测试数据进行分类。其原因主要在于 MDSH 算法在对测试数据集进行分类时,首先通过第一层的稀疏编码,得到了能够代表细节特征的初始稀疏矩阵,

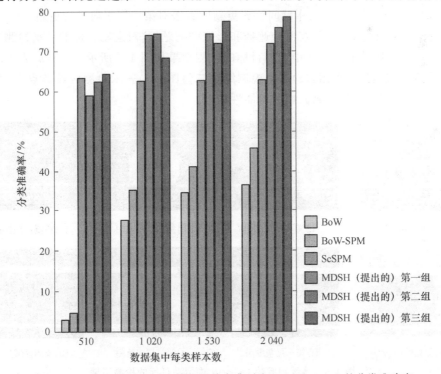

图 4.4　MDSH 算法与对比算法训练字典时在 Caltech-101 上的分类准确率

为第二层特征的进一步提取提供了较稳定的信息;然后利用最大池化方法对该特征进行采样,以获取更加鲁棒的包含尺度信息的特征,并作为第二层的输入。该过程能够将细节特征提取出来,而且对不同尺度的信息也进行了处理。

(2) MDSH 算法与对比算法训练字典时运行时间和平均迭代误差的对比分析

本章对 MDSH 算法在训练字典时的运行时间和平均误差进行了评价,以进一步分析 MDSH 算法的性能。MDSH 算法与对比算法在训练字典时的训练时间和平均迭代误差如表 4.3 所示。MDSH 算法的训练时间均比 KSVD 方法和 MI-KSVD 方法训练时间低,这对于后续连续的视频序列中对运动目标的检测具有更大的优势。而对于 MDSH 算法与对比算法的平均迭代误差,表 4.3 中显示的 KSVD 的平均迭代误差是提出的 MDSH 算法的三倍,说明 MDSH 算法在对字典进行训练的时候更加准确。

表 4.3　MDSH 算法与对比算法在训练字典时的训练时间和平均迭代误差

对比算法	训练时间/s	平均迭代误差	对比算法	训练时间/s	平均迭代误差
KSVD	6 216.1	0.052 6	MDSH(提出的)	753.3	0.019 7
MI-KSVD	6 713.8	0.020 6			

2. 实验二:MDSH 算法与对比算法对运动目标检测的实验

利用实验一中学习得到的字典,对每一个视频序列的字典进行初始化,并通过 MDSH 算法对视频序列中的运动目标进行动态检测。

视频序列中包含了能够影响运动目标检测的具有挑战性的因素,例如光照变化、部分遮挡、形状变化等。其中视频序列分别是 faceocc1 序列、trellis70 序列、bjbus 序列和 davidIndoor 序列。MDSH 算法对视频序列每一帧中不断运动的目标进行检测。设置用于更新字典的采样片大小为 8×8,利用帧间字典更新的方法对第一层字典进行更新。

在 faceocc1 视频序列中,存在部分遮挡和形变的问题,这对运动目标的准确检测造成了较大的干扰。连续视频帧 faceocc1 中运动目标的检测结果如图 4.5 所示,其中(a)表示原始视频帧,(b)表示第一层结果灰度图,(c)表示检测结果二值图,(d)表示检测区域热点图,其中颜色越趋近于红色,表明该点是检测区域的可能性越大。

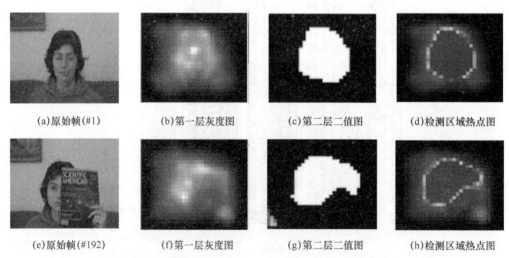

(a)原始帧(#1)　　(b)第一层灰度图　　(c)第二层二值图　　(d)检测区域热点图

(e)原始帧(#192)　　(f)第一层灰度图　　(g)第二层二值图　　(h)检测区域热点图

图 4.5　连续视频帧 faceocc1 中运动目标的检测结果

经过第一层的检测,运动目标的区域较为模糊,第二层的采样和稀疏编码生成的稀疏的特征区域更加清晰。在最后一列的检测区域热点图中,红色区域覆盖了运动目标。当运动目标被干扰物部分遮挡时,第一层的检测结果仍然能够检测出运动目标,而且能够较清晰地区分出遮挡物体。而当经过第二层之后,与没有干扰遮挡时相比,目标区域发生了变化,说明 MDSH能够对部分遮挡进行较为有效的识别,并且能在部分遮挡存在的情况下仍然检测到目标区域。

在检测问题中,光照的变化对目标检测的影响更为巨大。在不同程度光照变化情况下,MDSH 算法对 trellis70 序列、bjbus 序列以及 davidIndoor 序列中运动目标的检测结果如图 4.6 至图 4.8 所示,其中(a)表示原始视频帧,(b)表示第一层结果灰度图,(c)表示检测结果二值图,(d)表示检测区域热点图。

图 4.6 中,trellis70 序列中存在轻微的光照由明到暗、再由暗到明的变化,运动目标在移动过程中,除了出现外观颜色及纹理变化外,形状也发生了不同程度的大小变化或扭曲变化,这对运动目标检测具有极大的挑战。MDSH 算法第一层的输出结果灰度图中显示了运动目标的区域,当光照发生明显变化时,如到第 505 帧时,目标区域有些模糊,但仍能够检测到目标区域的主要位置。通过第二层的尺度信息提取,(c)中白色的部分显示了检测结果的二值图,(d)根据不同区域权重的不同显示出热点图,颜色越红的部分表示是被检测目标区域的可能性越大。

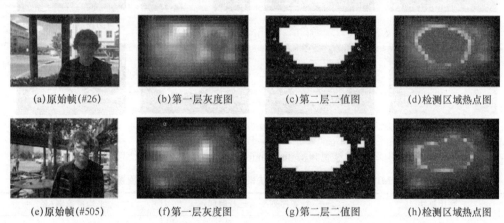

(a)原始帧(#26)　　(b)第一层灰度图　　(c)第二层二值图　　(d)检测区域热点图

(e)原始帧(#505)　　(f)第一层灰度图　　(g)第二层二值图　　(h)检测区域热点图

图 4.6　连续视频帧 trellis70 中运动目标的检测结果

在 bjbus 序列中,光线更加暗淡,需要检测的运动目标是在深夜中行驶的公交车。在第一层的结果中,如图 4.7(b)所示,在第 77 帧时,白色较亮的区域表示了运动目标所在的位置和大小,如图 4.7(g)所示,虽然在第二层输出的二值图像中,没有完全准确地显示出目标区域的准确位置,但通过权值显示的热点图,仍然能够较准确地看到目标所在的区域(越红的部分表示权值越大,即该区域是目标区域的可能性越大)。

如图 4.8 所示,显示了 davidIndoor 序列中运动目标的检测结果。与 trellis70 序列类似,davidIndoor 序列中需要检测的目标区域是正在运动的人的头部,随着光照的变化以及目标位置的变化,灰度图能够较准确地表示运动目标的区域,在灰度图中亮度越高的区域表示运动目标的可能性越大。

为了对 MDSH 算法的性能进行更加客观的评价,将 MDSH 算法与 MHMP(Multipath Sparse Coding using Hierarchical Matching Pursuit)算法进行了对比,主要表现在运行时间和覆盖率两方面,如表 4.4 所示。其中,运行时间为在四个视频序列上分别运行所得时间的平均值,而覆盖率为对四个视频序列检测所得覆盖率的平均值。

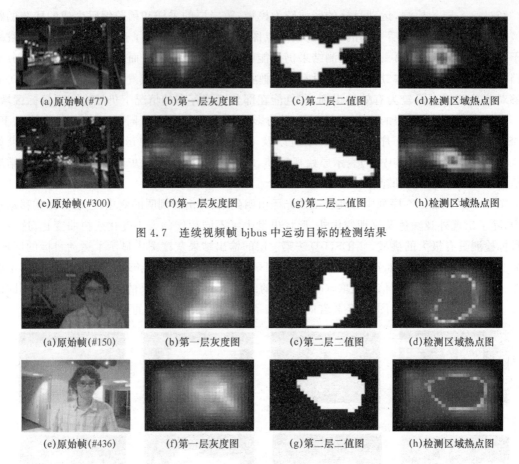

图 4.7　连续视频帧 bjbus 中运动目标的检测结果

图 4.8　连续视频帧 davidIndoor 中运动目标的检测结果

表 4.4　MDSH 算法与 MHMP 算法的平均运行时间和平均覆盖率对比

对比算法	视频序列平均运行时间/s	平均覆盖率/%
MHMP	17 026.14	0.83
MDSH(提出的)	4 803.8	0.871

　　MDSH 算法能够较 MHMP 算法更加准确地检测到运动目标,而且运行时间较短,效率更高。MHMP 算法使用了 KSVD 方法,这也是这种方法具有较高时间复杂度的主要原因。MDSH 算法使用 ICA 方法对字典进行初始化训练,在一定程度上降低了时间复杂度,提高了算法的运行效率。但是,MDSH 算法对每一帧都使用了两次稀疏编码来求取目标的稀疏向量,即在检测阶段使用了两次凸优化求解的方法获得特征值,而凸优化求解是一个相对较慢的过程,在一定程度上提高了算法的复杂度,影响了算法的时间效率。

4.4　本章小结

　　本章提出了基于分阶段字典学习与分层稀疏编码的跨尺度运动目标检测算法(MDSH)。提出了基于分阶段的字典学习及更新算法,通过初始化阶段、层间阶段和帧间阶段三个阶段对字典进行学习与更新,充分利用连续视频序列中不断变化的新特征及层间的稀疏特征。提出了基于分层稀疏编码的特征提取算法,构建了两层结构的尺度模型,利用稀疏编码提取待检测目标的尺度信息和细节信息。实验结果表明与对比算法相比,MDSH 算法对字典学习更加准确,对视频序列中的运动目标检测更加稳定可靠。其中,MDSH 算法在检测运动目标时,平均覆盖率比对比算法提升了 4.94%,能够有效检测受到环境干扰的运动目标,达到了较好的检测效果。与 ScSPM 算法相比,MDSH 算法在不同数目的数据集上训练字典时,准确率分别提升了 1.8%,10%,14%,15%,平均提升了 10.2%。

参 考 文 献

[1]　Cao X, Wei X, Han Y, et al. Unified Dictionary Learning and Region Tagging with Hierarchical Sparse Representation[J]. Computer Vision and Image Understanding, 2013,117(8):934-946.

[2]　J. Wright, A. Y. Yang, A. Ganesh, et al. Robust Face Recognition via Sparse Representation[J]. IEEE Transactions on Pattern Analysis and Machine Intelligence, 2009,31(2):210-227.

[3]　Huang J B, Yang M H. Fast Sparse Representation with Prototypes[C]. Proceeding of IEEE Conference on Computer Vision and Pattern Recognition, San Francisco, CA, USA,2010:3618-3625.

[4]　Wang J, Yang J, Yu K, et al. Locality-constrained Linear Coding for Image Classification[C]. Proceedings of 2010 IEEE Conference on Computer Vision and Pattern Recognition (CVPR),2010:3360-3367.

[5]　Yang J, Yu K, Gong Y, et al. Linear Spatial Pyramid Matching Using Sparse Coding for Image Classification [C]. IEEE Conference on Computer Vision and Pattern Recognition,2009:1794-1801.

[6]　L. Bo, X. Ren, D. Fox. Multipath Sparse Coding Using Hierarchical Matching Pursuit [C]. Proceedings of the IEEE Conference on Computer Vision and Pattern Recognition. 2013:660-667.

[7]　Gao S, Tsang I W H, L. T. Chia. Laplacian Sparse Coding, Hypergraph Laplacian Sparse Coding, and Applications [J]. IEEE Transactions on Pattern Analysis and Machine Intelligence,2013,35(1):92-104.

[8]　E. Candes, J. Romberg. Sparsity and Incoherencein Compressive Sampling[J]. Inverse Problems,2006,23(3):969-985.

[9]　A. Hyvärinen, E. Oja. Independent Component Analysis:Algorithms and Applications [J]. Neural Networks,2000,13(4):411-430.

[10]　J. BallÉ, E. P. Simoncelli. Learning Sparse Filter Bank Transforms with Convolutional ICA[C]. Proceedings of 2014 IEEE International Conference on Image Processing (ICIP),2014:4013-4017.

[11]　L. Bo, X. Ren, D. Fox. Hierarchical Matching Pursuit for Image Classification:

Architecture and Fast Algorithms[C]. Proceeding of Advances in Neural Information Processing Systems,2011:2115-2123.

[12] Zhang L,Song M,Liu X,et al. Recognizing Architecture Styles by Hierarchical Sparse Coding of Blocklets[J]. Information Sciences,2014,254:141-154.

[13] Lu K,Li J,An X,et al. Hierarchical Image Representation via Multi-Level Sparse Coding[C]. Proceeding of IEEE International Conference on Image Processing,Paris, France,2014:4902-4906.

[14] Yu K,Lin Y,J. Lafferty. Learning Image Representations from the Pixel Level via Hierarchical Sparse Coding[C]. Proceeding of IEEE Conference on Computer Vision and Pattern Recognition (CVPR),2011:1713-1720.

[15] Bo L,Lai K,Ren X,et al. Object Recognition with Hierarchical Kernel Descriptors [C]. Proceeding of IEEE Conference on Computer Vision and Pattern Recognition (CVPR),2011:1729-1736.

[16] H. Lee,R. Grosse,R. Ranganath,et al. Convolutional Deep Belief Networks for Scalable Unsupervised Learning of Hierarchical Representations[C]. Proceedings of the 26th Annual International Conference on Machine Learning,ACM,2009:609-616.

[17] J. BallÉ,E. P. Simoncelli. Learning Sparse Filter Bank Transforms with Convolutional ICA[C]. Proceedings of 2014 IEEE International Conference on Image Processing (ICIP),2014:4013-4017.

[18] A. Hyvärinen. Fast and Robust Fixed-Point Algorithms for Independent Component Analysis[J]. IEEE Transactions on Neural Networks,1999,10(3):626-634.

[19] T. J. Chin,K. Schindler,D. Suter. Incremental Kernel SVD for Face Recognition with Image Sets[C]. Proceedings of IEEE International Conference on Automatic Face and Gesture Recognition,2006:461-466.

[20] Caltech-101[DB/OL]:http://www. vision. caltech. edu/image_datasets/caltech101/.

[21] S. Lazebnik,C. Schmid,Ponce J. Beyond Bags of Features:Spatial Pyramid Matching for Recognizing Natural Scene Categories[C]. Proceeding of IEEE Computer Society Conference on Computer Vision and Pattern Recognition,2006,2:2169-2178.

[22] Yang J,Yu K,Gong Y,et al. Linear Spatial Pyramid Matching using Sparse Coding for Image Classification [C]. IEEE Conference on Computer Vision and Pattern Recognition,2009:1794-1801.

第5章 基于小波光流的跨尺度运动
目标检测方法研究

5.1 引　言

运动目标检测的首要工作就是运动估计。光流法广泛应用于运动目标的速度估计和轨迹分析问题,胡觉晖等人提出利用光流法的内极线约束[1],在不同微分计算下求解运动目标光流,根据仿射参数的估计运算,可以求解得到较为精确的运动目标光流,但这种方法对光线的微分差计算要求较高,当运动目标的光照背景变化较强时,运动估计的结果会受影响。Waxman 等人提出在运动目标上利用边缘时空滤波器跟踪运动目标的边缘信息[2],利用运动相位求解光流,基于相位的方法可以提高光流估计的综合性能,且比较适合空间环境下的运动目标处理,但其计算复杂度高,不适用于实时性的运动目标估计。Nagel 等人提出了有向平滑约束[3],使用二阶偏微导数估计运动光流,有向平滑约束光流估计并不强加在亮度梯度变化波动最大的运动方向上,这种间接性的光流处理有利于位置变化较大的光流求解,但对位移不明显的运动目标运动估计效果会出现一定偏差。因为光流估计是基于亮度恒定的假设,相对于杂乱背景或快速移动的运动目标,基于光流法的运动估计准确性会明显降低,此外,因为在金字塔迭代计算中需要估计大量的运动参数,基于光流的方法并不适合于运动目标的实时检测。

运动目标检测的另一项重要工作就是运动目标区域与图像背景的分类,Nayar 和 Narasimhan 用 PCA 算法识别不同矩阵的特征向量,组成特征向量分组送入分类器[4],这样处理提高了分类算法的识别度,但总的计算量也有很大的提高。Herbschleb 等人将 SIFT 特征引入到分类算法中[5],SIFT 特征也可以结合跨尺度分析提取运动目标中的不同尺度特征信息,但因为 SIFT 特征对图像信号的质量要求很高,所以 SIFT 特征目标检测算法不适合处理含有较多空间噪声的空间低分辨率运动目标。Douville 提出可以使用 Gabor 小波的特征向量训练神经网络[6],这样处理可降低复杂背景和特征形变的计算量,但该方法要求使用一阶线性支持向量机作为分类器,这在一定程度上会限制分类算法的使用范围。其它可应用于目标检测的分类算法还包括脉冲耦合神经网络(PCNN)、模糊神经网络(FNN)、高斯 SVM 和 LDA (Linear Discriminant Analysis)等,这些分类算法都有各自的优势和劣势,但它们已经被证实是对具有相同协方差矩阵特征向量的理想分类器,对具有不等协方差矩阵的多元光流向量分类并非是最优选择。

　　本章研究的跨尺度运动目标检测整合了小波光流估计算法（Wavelet Optical Flow，WOF）、线性与非线性混合分类算法（Hybrid Linear-NonLinear Classifier，HLNLC）和矩形窗口扫描算法（Rectangle Window Scan，RWS）。小波光流估计算法（WOF）可以准确估计同一运动场景中具有不同运动速率的运动目标，解决了传统光流估计对于快速运动的目标检测准确率较低的问题，同时还减少了光流计算的复杂度，提高了光流估计的效率。线性与非线性混合分类算法（HLNLC）使用标量变量作为决策变量解决了具有不相等协方差矩阵的光流特征向量分类问题。矩形窗口扫描算法（RWC）实现了目标检测的自适应调整，在运动目标间隔帧之间可以实现连续的跨尺度运动目标检测，如图 5.1 所示。

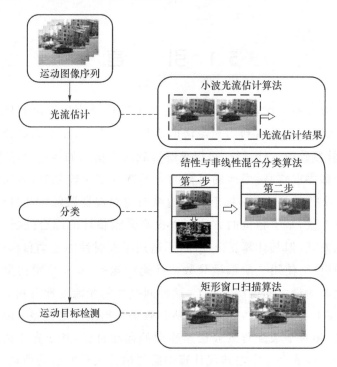

图 5.1　跨尺度运动目标检测过程

5.2　小波光流估计算法（WOF）的提出

5.2.1　WOF 算法研究动机

　　经典光流估计算法主要基于亮度恒定假设，相对于杂乱背景或快速移动的运动目标，经典光流估计算法无法准确检测具有不同运动速率的运动目标，此外，经典光流估计算法在金字塔迭代计算中需要估计大量的运动参数，计算复杂度较高。

　　本章提出小波光流估计算法（Wavelet Optical Flow，WOF），它是一种基于经典光流估计算法的运动目标估计算法，它可以根据运动场景中的运动目标速率对运动目标估计进行自适应调整，小波光流估计算法（WOF）可以在同一幅场景中分别准确地估计高速运动目标和低速运动目标的运动轨迹,提高了可测光流的运动估计上限。同时,小波光流估计算法的跨尺度特性还减少了光流计算的复杂度,提高了光流估计的效率。

5.2.2　WOF 算法描述

经典光流估计算法基于亮度恒常假设[1],它的基本公式是:

$$E = \iint \left[(I_x u_x + I_y v_y + I_t)^2 + a(|\Delta u|^2 + |\Delta v|^2) \right] \mathrm{d}x \mathrm{d}y \tag{5.1}$$

其中,$I(x,y,t)$ 代表的是像素点 (x,y) 在时间点 t 的亮度值,亮度恒常假设认为图像序列在较短的时间内 $I(x,y,t)$ 不会有显著的变化,I_x、I_y、I_t 为 $I(x,y,t)$ 关于 x、y、t 的偏导数,(v_x,v_y) 为光流项 $I(x,y,t)$ 的速度矢量,根据亮度恒常假设,(v_x,v_y) 被设定为在一个小范围内是恒常不变的,因此光流方程可以被定义为:

$$\Delta I(x,y,t) = \Delta I(x+u,y+v,t), |\Delta u|^2 + |\Delta v|^2 = 0 \tag{5.2}$$

小波光流估计算法(WOF)首先将光流方程改写为:

$$I = \iint \left[(I_x^2 u^2 + I_y^2 v^2 + I_t^2 + 2I_x I_y uv + 2I_x I_t u + 2I_y I_t v) + \lambda(u_x^2 + u_y^2 + v_x^2 + v_y^2) \right] \mathrm{d}x \mathrm{d}y \tag{5.3}$$

假设图像的尺寸是 $M \times M$,光流向量 $[u(x,y),v(x,y)]$ 可以表示为:

$$u(x,y) = \sum_{m=0}^{M-1} \sum_{n=0}^{M-1} u \cdot \delta(x-m,y-n), v(x,y) = \sum_{m=0}^{M-1} \sum_{n=0}^{M-1} v \cdot \delta(x-m,y-n) \tag{5.4}$$

$$\delta(X,Y) = \frac{p(X) = (m,n \mid Y)}{|D_{m,n}^Y|} \left(\sum_{d \in D_{m,n}^{L(y)}} \ell_d \left(\frac{s_u(y-x)}{s} \right) \right) \tag{5.5}$$

其中,$u(x,y)$、$v(x,y)$ 是光流的权重系数,一旦光流向量 $[u(x,y),v(x,y)]$ 的 $u_{m,n}$ 和 $v_{m,n}$ 被分别确定,光流向量的估计描述就能准确完成。小波光流估计算法(WOF)把光流估计问题转化为一个处理包含 $2M^2$ 结点变量的优化计算过程,在 $u_{m,n}$ 和 $v_{m,n}$ 主要最小化目标函数(5.3)中,I_x^2、I_y^2、$I_x I_y$ 代表的是空间域偏导数:

$$I_x^2(x,y) = \sum_{m=0}^{M-1} \sum_{n=0}^{M-1} a_{m,n} \cdot \delta(x-m,y-n) \tag{5.6}$$

$$I_y^2(x,y) = \sum_{m=0}^{M-1} \sum_{n=0}^{M-1} b_{m,n} \cdot \delta(x-m,y-n) \tag{5.7}$$

$$I_x I_y(x,y) = \sum_{m=0}^{M-1} \sum_{n=0}^{M-1} c_{m,n} \cdot \delta(x-m,y-n) \tag{5.8}$$

I_t^2、$I_x I_t$、$I_y I_t$ 是时空域的部分偏导数,时间变量 t 是可变帧率参数:

$$I_t^2(x,y) = \sum_{m=0}^{M-1} \sum_{n=0}^{M-1} d_{m,n} \cdot \delta(x-m,y-n) \tag{5.9}$$

$$I_x I_t(x,y) = \sum_{m=0}^{M-1} \sum_{n=0}^{M-1} e_{m,n} \cdot \delta(x-m,y-n) \tag{5.10}$$

$$I_y I_t(x,y) = \sum_{m=0}^{M-1} \sum_{n=0}^{M-1} f_{m,n} \cdot \delta(x-m,y-n) \tag{5.11}$$

小波光流估计算法(WOF)的最短帧间隔设定为 σ,乘积计算的区间设定为 $n\sigma$,在区间 $n\sigma$

上的乘积 $p_x(t)$ 和 $p_y(t)$ 可以设定为：

$$p_x(t) = \iint (\sum_{m,n} I_x u_{m,n} v_{m,n} \cdot \varphi(x,y \mid t+n\sigma)) \mathrm{d}x\mathrm{d}y \tag{5.12}$$

$$p_y(t) = \iint (\sum_{m,n} I_y u_{m,n} v_{m,n} \cdot \varphi(x,y \mid t+n\sigma)) \mathrm{d}x\mathrm{d}y \tag{5.13}$$

$$\varphi(x,y \mid t) = \sum w_L \cdot K(L-L'), \text{where } w_L = \sum_{t=1}^{T} \sum_{d \in D_{m,n}^Y} \frac{p(L_t(y))}{T \mid D_{m,n}^Y \mid} \ell_d \left(\frac{s_u(y-x)}{s} \right) \tag{5.14}$$

偏导数 (I_x, I_y) 可以根据二阶差分方程计算：

$$I_x = I(x+1,y,t) - I(x,y,t), I_y = I(x,y+1,t) - I(x,y,t) \tag{5.15}$$

在时间间隔 $n\sigma$ 内,通过式(5.12)和式(5.13)计算光流偏导数时,n 帧或者更多帧的运动目标需要一直处在归档状态下,这样可以保证光流偏导数不会出现大的偏移。在时间间隔 $[t, t+n\sigma]$ 内,使用近似乘积 $\sim p_x(t)$ 和 $\sim p_y(t)$ 替代 $p_x(t)$ 和 $p_y(t)$,具体的公式如下：

$$p_x(t) \approx \frac{1}{n}(\sum_t I_x \frac{I(x,y,t+n\sigma) - I(x,y,t+(n-1)\sigma)}{\sigma}$$

$$+ \cdots + \sum_t I_x \frac{I(x,y,t+\sigma) - I(x,y,t)}{\sigma}) \tag{5.16}$$

$$= \frac{1}{n} \sum_{i=0}^{n-1} S_{xt}(t+i) \equiv \sim p_x(t)$$

$$p_y(t) \approx \frac{1}{n} \sum_{i=0}^{n-1} S_{yt}(t+i) \equiv \sim p_y(t) \tag{5.17}$$

经过这样的处理,小波光流估计算法(WOF)只需要存储图像的当前帧和前一帧,通过使用近似乘积 $\sim p_x(t)$ 和 $\sim p_y(t)$,小波光流估计算法可以用伪变量进行计算,更适用于硬件的实施。

小波光流估计算法(WOF)通过光流振幅 $(V_x(t-\sigma), V_y(t-\sigma))$ 自适应地决定参数 n,在计算运动帧率的近似乘积时,光流振幅可以通过前一帧 $t-\sigma$ 来估计,计算乘积时的帧区间 $n\sigma$,可以根据运动目标的速度进行自适应调整。(v_x, v_y) 在任意的像素位置可能有不同的值,这说明即使高速和低速运动的运动目标出现在同一场景中,自动调节的帧率也可以通过 2-D 分布来表示,通过将小波变换应用到光流估计算法中,光流方程最终可以改写为：

$$E = \iint \{ a_{m,n} \delta_{m,n}(x,y) \cdot (\sum_{m,n} u_{m,n} \delta_{m,n}(x,y))^2 + b_{m,n} \delta_{m,n}(x,y) \cdot (\sum_{m,n} v_{m,n} \delta_{m,n}(x,y))^2$$

$$+ 2c_{m,n} \delta_{m,n}(x,y) \cdot (\sum_{m,n} u_{m,n} \delta_{m,n}(x,y))(\sum_{m,n} v_{m,n} \delta_{m,n}(x,y)) + d_{m,n} \delta_{m,n}(x,y)$$

$$+ 2\sum_{m,n} e_{m,n} \delta_{m,n}(x,y) \cdot \sum_{m,n} u_{m,n} \delta_{m,n}(x,y) + 2\sum_{m,n} f_{m,n} \delta_{m,n}(x,y) \cdot \sum_{m,n} v_{m,n} \delta_{m,n}(x,y)$$

$$+ \lambda[(\sum_{m,n} u_{m,n} \delta_{m,n}(x,y))^2 + (\sum_{m,n} v_{m,n} \delta_{m,n}(x,y))^2] \} \mathrm{d}x\mathrm{d}y \tag{5.18}$$

小波光流估计算法(WOF)流程和描述如图 5.2 和表 5.1 所示。

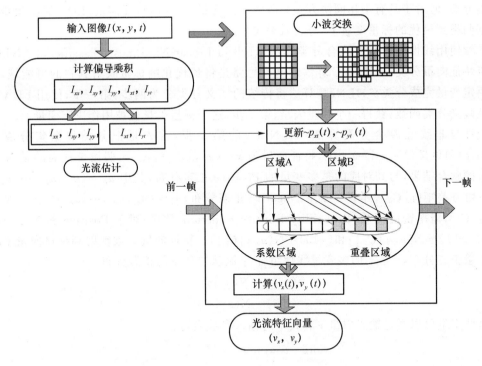

图 5.2　小波光流估计算法(WOF)流程

表 5.1　小波光流估计算法(WOF)描述

算法:小波光流估计算法(WOF)

输入:$m \times n$ 分辨率运动目标序列

输出:$m \times n$ 分辨率运动目标序列光流特征向量

(1) 估计光流向量 $[u(x,y), v(x,y)]$

(2) 基于光流估计算法计算偏导乘积 I_x^2、I_y^2、$I_x I_y$、I_t^2、$I_x I_t$、$I_y I_t$

(3) 在时间间隔 $n\sigma$ 内,通过式(5.12)和式(5.13)计算光流偏导数

(4) 基于小波变换计算区间 $n\sigma$ 上的乘积 $p_x(t)$ 和 $p_y(t)$

(5) 基于偏导数 (I_x, I_y) 计算近似乘积 $\sim p_x(t)$ 和 $\sim p_y(t)$

(6) 使用近似乘积 $\sim p_x(t)$ 和 $\sim p_y(t)$ 替代 $p_x(t)$ 和 $p_y(t)$

(7) 通过光流振幅 $(V_x(t-\sigma), V_y(t-\sigma))$ 自适应地决定参数 n

(8) 计算光流特征向量 (v_x, v_y)

5.3　线性与非线性混合分类算法(HLNLC)

　　本章利用分类算法对光流特征向量进行分类,实现视频序列中运动目标的初步分割。光流特征向量分类属于运动目标区域与图像背景的二义分类,针对二义分类,较为复杂的非线性分类算法经常会出现过度训练和分类偏差。在这种情况下,线性分类器的分类效果更好,LDA(Linear Discriminant Analysis)算法是目前线性分类领域实用性最强的算法,LDA 算法可以把具有相同协方差矩阵(Covariance Matrices)的两类正态分布多元变量输入特征矩阵进

行准确分类,但对于具有不相同协方差矩阵的多元变量,如光流特征向量,LDA 算法很难将矢量数据归类到最优的标量变量上,分类效果欠佳。

本章使用线性与非线性混合分类算法(Hybrid Linear-NonLinear Classifier,HLNLC)完成光流特征向量分类。HLNLC 算法的基本思路是将最优化的标量映射到它的可能域,根据最优决定变量完成分类。HLNLC 算法将传统的二义分类分为两步:第一步,使用 LDA 算法的线性歧义分类函数,获得一个标量矢量;第二步,这个标量矢量就被用作决定变量[7]。

线性与非线性混合分类算法(HLNLC)的第一步:首先是把分类数据集分成正义(Positive)和负义(Negative)两类,特征向量为 $x=(x_1,x_2,\cdots,x_N)^T$,假设 x 代表的是 N 个随机变量的联合结果,与其对应的是多变量的 Positive 正态分布,其中 $u_p=(u_{p1},u_{p2},\cdots,u_{pN})^T$,$N\times N$ 协方差矩阵 $[C_p]$,还有多变量 Negative 正态分布,$u_n=(u_{n1},u_{n2},\cdots,u_{nN})^T$,$N\times N$ 协方差矩阵 $[C_n]$,概率密度函数(Probality Density Function,PDF)对于 Positive 和 Negative 的 PDF 为 $(x|p)\sim N(u_{pi},[C_p])$ 和 $(x|n)\sim N(u_{mi},[C_n])$。特征向量 x 被映射到标量向量 y,x 服从多变量正态分布,y 是 x 的多变量线性组合,y 服从二变量的正态分布:

$$(y\,p)\sim N(u_p;\sigma_p^2)$$
$$(y\,n)\sim N(u_n;\sigma_n^2)$$

(5.19)

这些变量可以通过输入向量 v 和其他的输入参数表示:

$$u_p=v^T u_p;\sigma_p^2=v^T[C_p]\vec{v}$$
$$u_n=v^T u_n;\sigma_n^2=v^T[C_n]\vec{v}$$

(5.20)

HLNLC 算法将多变量的数据集映射到对数分布区间:

$$D(x)=\frac{1}{2}(x-u_p)^T[C_p]^{-1}(x-u_p)-\frac{1}{2}(x-u_n)^T[C_n]^{-1}(x-u_n)+\frac{1}{2}\ln\frac{|[C_p]|}{|[C_n]|}$$

(5.21)

HLNLC 算法的第二步:y 的可能性比率被作为决定变量使用:

$$LR_y=\frac{f(y|p)}{f(y|n)}=\frac{\sigma_p}{\sigma_n}\exp\{-\frac{1}{2}[(by-a)^2-y^2]\}$$

(5.22)

通过 Binormal ROC 理论[8],相关的 P_{AUC} 可以表示为:

$$P_{AUC}=\Phi\left(\frac{d_a}{\sqrt{2}}\right)+2F\left(-\frac{d_a}{\sqrt{2}},0;-\frac{1-c^2}{1+c^2}\right)$$

(5.23)

其中,d_a 和 c 的计算方法:

$$d_a=\frac{\left|\sqrt{2}(u_p-u_n)\right|}{\sqrt{\sigma_p^2+\sigma_n^2}},c=\frac{\sigma_p-\sigma_n}{\sigma_p+\sigma_n}$$

(5.24)

$F(X,Y;\rho)$ 是协方差为 ρ 的标准正态分布(Cumulative Distribution Function),使用已知的参数 (u_p,C_p,u_n,C_n) 可以将线性与非线性混合分类算法的 AUC 表示为线性系数向量 v 的函数:

$$AUC_{HLNLC}=\Phi(\frac{d_a(v)}{\sqrt{2}})+2F(-\frac{d_a(v)}{\sqrt{2}},0;-\frac{1-c(v)^2}{1+c(v)^2})$$

(5.25)

光流特征向量的线性系数向量 $(u_{m,n},v_{m,n})$ 通过参数 θ 确定,$(u_{m,n},v_{m,n})$ 可以表示为 $\vec{v}=|\vec{v}|(\cos\theta,\sin\theta)^T$,$AUC_{HLNLC}$ 会作为光流特征向量的稀疏函数,参数 θ 是矢量 x 坐标和向量 y 坐标之间的夹角,2-D 的光流特征向量可以被归一化为:

$$y=(\vec{v})^T\vec{x}=u_{m,n}\cos\theta+v_{m,n}\sin\theta$$

(5.26)

对于给定的运动目标,HLNLC 算法关注的 $(u_p,\sigma_p,u_n,\sigma_n)$ 可以通过式(5.20)获得,对于每一个光流特征向量和它的参数 θ，使用式（5.25）计算获得 $\mathrm{AUC_{HLNLC}}$，对于给定的 LDA 函数，参数 $(u(\theta_{\mathrm{HLNLC}}),v(\theta_{\mathrm{HLNLC}}))$ 用来产生 ROC 曲线和计算 $\mathrm{AUC_{HLNLC}}$：

$$f(u,v,\theta) = \prod_{i=1}^{N} \left(\frac{\theta}{\sqrt{2\pi}}\right)\exp\left\{-\sum_{i=1}^{N}\frac{u_{m,n}x_i - v_{m,n}}{2}\right\} \tag{5.27}$$

因为线性与非线性混合分类算法基于的假设是两类特征数据处于成对的多变量正态分布，所以算法的性能在很大程度上依赖于数据的特征分布，对光流特征向量的分类，本章使用一种鲁棒性更高的实施方法，成对的光流特征向量分类使用 Bivariate 正态分布进行归一化：

$$(u_{m,n},v_{m,n}\,|\,\rho) \sim \mathrm{N}\left(\begin{bmatrix} \dfrac{1}{u_{m,n}^2} & \dfrac{\rho_{u,v}}{(u\cdot v)_{m,n}} \\[2mm] \dfrac{\rho_{u,v}}{(u\cdot v)_{m,n}} & \dfrac{1}{v_{m,n}^2} \end{bmatrix}\right) \tag{5.28}$$

其中 $\rho_{u,v}$ 为光流特征向量的特征协方差，经过归一化处理就可以将光流特征向量的 $(u_p,\sigma_p,u_n,\sigma_n)$ 归入到正态分布中。

5.4　矩形窗口扫描算法（RWS）的提出

5.4.1　RWS 算法研究动机

为了从图像中准确地检测出运动目标，运动目标检测算法需要确定尺度为 $M\times N$ 的矩形窗口（Rectangle Window，RW）。现有的运动目标检测算法根据运动目标特征，使用顺序扫描的方式获得最终的检测窗口，这种处理方式虽然效率较高，但在顺序扫描过程中，运动目标区域的检测无法做到自适应调整。此外，在不同帧间，运动目标的检测会出现间断，同一运动目标可能会被作为不同的运动目标区域进行检测，这些缺陷都会影响到最终的运动目标检测结果。

5.4.2　RWS 算法描述

本章提出了矩形窗口扫描算法（Rectangle Window Scan，RWS），RWS 算法可以实现对运动目标检测的自适应调节，并且可以在运动目标间隔帧之间实现连续的运动目标检测，矩形窗口扫描算法（RWS）的实现过程如图 5.3 所示。

RWS 算法通过整体扫描确定运动目标检测结果需要的矩形窗口，在扫描的过程中，RW 每次在每一个方向平移 n 个像素位置，为了检测不同尺寸的运动目标，整体扫描时，矩形窗口扫描算法会加入一个检测因子 r，r 可以根据运动目标的尺寸进行自适应调节，整体扫描过程会在运动目标上重复执行，直到 RW 的尺寸小于与其对应的 r。

如图 5.3 所示，$i-\mathrm{th}$ 关注的区域在第 $j-\mathrm{th}$ 扫描线上可以被记作 $F(i,j)$，相关的 RW 可以被记作 $\mathrm{RW}_{F(i,j)}$，在整体扫描的开始阶段，检测区域 $\mathrm{RW}_{F(1,1)}$ 使用普通的自适应计算方法获得。扫描窗口向右平移 a 个像素，$\mathrm{RW}_{F(1,1)}$ 被平移到 $\mathrm{RW}_{F(1,2)}$，这两个相邻的区域 $\mathrm{RW}_{F(1,1)}$ 和 $\mathrm{RW}_{F(1,2)}$ 具有重叠区域 $(\mathrm{RW}_{1-a})\times N$，矩形窗口扫描算法没有必要对重叠区域进行重复扫描。非重叠区域的左边界和右边界可以被定义为 $A(1,1)$ 和 $A(1,2)$，通过计算得到绝对梯度差（Sum Absolute Gradient Difference，SAGD）：

$$\text{SAGD}(u,v) = \max \left\{ \begin{array}{l} \sum\limits_{x=0}^{M} \sum\limits_{y=0}^{N} \{\,|\,u(i+x,j+y) - u(i+x+a,j+y+a)\,|\,\} \\ \sum\limits_{x=0}^{M} \sum\limits_{y=0}^{N} \{\,|\,v(i+x,j+y) - v(i+x+a,j+y+a)\,|\,\} \end{array} \right\} \quad (5.29)$$

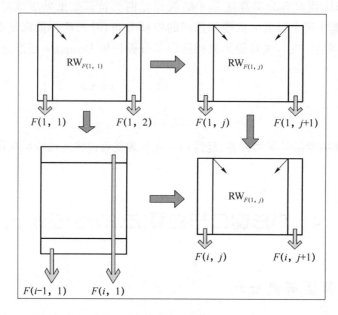

图 5.3　矩形窗口扫描算法(RWS)实现过程

对于剩余的水平扫描线,每一个关注区域的计算方法如下:$F(i,x)$ 是位于 $F(i-1,x)$ 下的关注区域,两个区域会含有很多的重复区域,非重复区域的上、下边界分别被定义为 $H(i,x)$ 和 $L(i,x)$,分别计算各自的 SAG,根据运动矢量的分布规律,约有略小于 50% 的运动矢量是零矢量。

根据当前 RW 位置的不同,某些相邻窗口有可能是不存在的,整体扫描采用与其相邻的扫描区域确定矩形窗口:

$$H_{F(i,1)} = H_{F(i-1,1)} - \text{SAG}_{H(i-1,1)} + \text{SAG}_{L(i-1,1)} \quad (5.30)$$

对于剩余的整体扫描关注区域,$F(i,j)\ i,j = 2,3,\cdots,HF(i,j)$ 也使用以上公式进行计算,运动目标最终的检测区域为:

$$\text{RW} = \sum_{i=1}^{M} \sum_{j=1}^{N} (H_{F(i,j-1)} - H_{F(i,j)} + L_{F(i,j)}) \quad (5.31)$$

矩形窗口扫描算法(RWS)描述如表 5.2 所示。

表 5.2　矩形窗口扫描算法(RWS)描述

算法:矩形窗口扫描算法(RWS)

输入:$m \times n$ 分辨率运动目标序列

输出:$m \times n$ 分辨率运动目标序列目标检测结果

(1) RWS 算法从 $F(1,1)$ 开始扫描

(2) 对水平线 $F(1,i)\ i = 2,\cdots,n$ 进行扫描,计算绝对梯度差(SAGD)

(3) 判断非重叠区域绝对梯度差(SAGD),确定目标检测结果

(4) 对每一水平线进行循环扫描,重复执行(2)和(3),直到 RW 的尺寸小于与其对应的检测因子 r

5.5　跨尺度运动目标检测实验结果及分析

跨尺度运动目标检测实验共包括三部分:(1)小波光流估计算法(WOF)实验;(2)线性与非线性混合分类算法(HLNLC)实验;(3)矩形窗口扫描算法(RWS)实验。实验数据集由四组不同的运动目标序列组成,源运动目标序列使用统一的格式归一(MPEG-2 标准,25.68 帧/s),运动目标序列来自于数据库 FASTCAM-1024PCI(www.fastcam-pci.net),①空间飞行器运动目标序列,空间飞行器属于待检测运动目标。序列②和③的运动目标(汽车、游艇)属于高速运动目标,序列④汽车运动目标序列由固定摄像机拍摄,运动目标检测区域包括近景和远景,待检测的运动目标是高速行驶的汽车,序列③游艇运动目标序列是一个标准的视频压缩序列,在视频获取过程中,摄像机被固定在一个移动的外设装备上,所以最后获得视频的视觉效果就好像船是静止的,而背景是运动的。序列④行人运动目标序列是行人运动的运动目标序列,处在跑步中的行人就是待检测的运动目标。

5.5.1　小波光流估计算法(WOF)实验

小波光流估计算法(WOF)实验使用一个恒定值 a 测算运动目标序列帧之间的时间间隔帧率,通过 1 500 次迭代实验,得出 0.64 pixel/ms 是最合适的参数设定值。每一帧运动目标统一使用小波光流估计的二次采样进行处理,整个二次采样过程包括两步:(1)光流特征向量的标准化和矩阵 A 规化;(2)对 $Au=b$ 的其他表示方式进行计算。运动目标序列①~④中的相邻两帧,以及它们之间的小波光流估计算法(WOF)光流估计结果如图 5.4 至图 5.7 所示。

  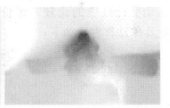

(a)第35帧　　　　　　　(b)第36帧　　　　　　(c)WOF算法光流估计结果

图 5.4　空间飞行器运动目标序列小波光流估计算法(WOF)实验结果

(a)第16帧　　　　　　　(b)第17帧　　　　　　(c)WOF算法光流估计结果

图 5.5　汽车运动目标序列小波光流估计算法(WOF)实验结果

(a)第44帧 　　　　　　(b)第45帧 　　　　　　(c)WOF算法光流估计结果

图 5.6　游艇运动目标序列小波光流估计算法(WOF)实验结果

(a)第20帧 　　　　　　(b)第21帧 　　　　　　(c)WOF算法光流估计结果

图 5.7　行人运动目标序列小波光流估计算法(WOF)实验结果

实验结果表明,空间飞行器、汽车、行人在运动目标序列①、②、④中的光流估计结果很明显,不稳定区域和抖动区域在不同频率域内也被移除,这主要是借助于小波变换的跨尺度特性,在不同的频率域间,利用不完全回归模型求解光流方程,最终获得的光流估计结果更加接近真实运动目标轨迹。

本节实验将小波光流估计算法(Wavelet Optical Flow,WOF)与现有的光流算法 Lucas Kanade(LK)算法、Horn Schunck(HS)算法、Occlusion-Aware Optical Flow(OAOF)算法[9]进行了运动估计性能的比较。评价指标使用运动目标序列运动目标估计准确度(SFDA),SFDA 的具体计算方式如下:

$$\text{OverLapRatio} = \sum_{i=1}^{N_{\text{frame}}} \frac{|G_i^t \bigcap O_i^t|}{|G_i^t \bigcup O_i^t|}, \text{FDA}(t) = \frac{\text{OverLapRatio}}{\left|\frac{N_G^t + N_O^t}{2}\right|},$$

$$\text{SFDA} = \sum_{i=1}^{N_{\text{frame}}} \frac{\text{FDA}(t)}{\exists\,(N_G^t \,OR\, N_O^t)} \tag{5.32}$$

其中,G_i^t 和 O_i^t 分别代表第 t 帧的 Ground-Truth 和运动估计目标,N_G^t 和 N_O^t 分别代表第 t 帧的 Ground-Truth 数目和运动估计目标数量。运动目标序列运动目标估计准确度(SFDA)实验结果如表 5.3 和图 5.8 所示。

表 5.3　运动目标序列运动目标估计准确度(SFDA)实验结果

运动目标序列	LK	HS	OAOF	WOF
空间飞行器	52.4%	50.6%	51.5%	57.0%
汽车	46.3%	37.2%	38.6%	42.7%
游艇	52.9%	45.2%	51.8%	58.4%
行人	56.6%	48.4%	50.6%	63.8%

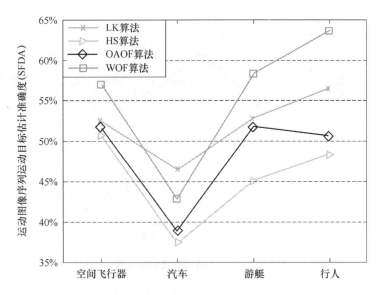

图 5.8　运动目标序列运动目标估计准确度(SFDA)实验结果

　　实验结果表明,WOFS 算法与 LK 算法相比可以提高 SFDA 超过 10.4%;与 HS 算法相比可以提高 SFDA13.6%;与 OAOF 算法相比可以提高 SFDA 12.7%。WOF 算法利用小波变换的跨尺度特性,在不同运动目标序列帧之间进行连续的运动目标估计,WOF 算法可以根据运动目标的速度对运动目标估计进行自适应调整,在不同的运动目标序列帧之间,模糊特征的利用有助于提高运动目标估计的准确性,与 LK 算法、HS 算法、OAOF 算法相比,WOF 算法最终获得的运动目标估计结果更加接近真实的运动目标轨迹。

　　本节实验还将小波光流估计算法(WOF)与 LK 算法、HS 算法、OAOF 算法[10]进行了算法效率的比较,如表 5.4 和图 5.9 所示。由于具有类似的运动估计过程,LK 算法和 HS 算法的耗时相差无几,OAOF 算法在特定区间内会对光流估计的结果进行迭代优化,花费的时间更长一些。本章提出的 WOF 算法可以在不同频率间并行地进行光流计算,与 LK 算法和 HS 算相比 WOF 算法可以缩短计算时间 5~7 s,与 OAOF 算法相比 WOF 算法可以缩短 10~14 s。

表 5.4　光流估计算法效率比较　　　　　　　　　　　　　　单位:s

运动目标序列	LK	HS	OAOF	WOF
空间飞行器	13.25	15.44	20.15	8.32
汽车	20.52	21.73	25.36	15.49
游艇	15.66	16.21	24.55	10.24
行人	14.37	16.15	22.32	8.53

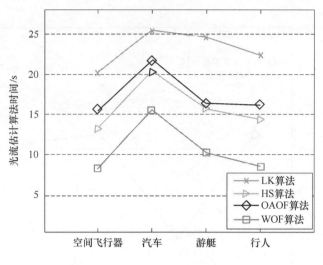

图 5.9　光流估计算法效率比较

5.5.2　线性与非线性混合分类算法（HLNLC）实验

线性与非线性混合分类算法实验分为三部分：(1)HLNLC 算法第一步分类实验；(2)HLNLC 算法第二步分类实验；(3)分类结果客观评价实验。

(1) HLNLC 算法第一步分类实验

HLNLC 算法第一步分类实验对光流特征向量进行特征矢量的分类，结构优化参数选用 $u=0.64$，经过 20 次迭代完成，二维密度对数分布区间有相等的矩阵分布。线性与非线性混合分类算法初步分类结果如图 5.10 所示。根据实验结果可见，运动目标序列①和④的运动目标区域分割效果较好，由于运动目标序列②和③中运动目标速度较快，造成各运动目标光流矢量在空间上出现连接；又由于运动目标序列③中图像背景与运动目标区域相近，运动目标区域出现粘连且有空洞出现，运动目标区域分割结果还不是很理想，运动目标序列②和③的运动目标区域分类还需要结合线性与非线性混合分类算法的第二步进行完善。

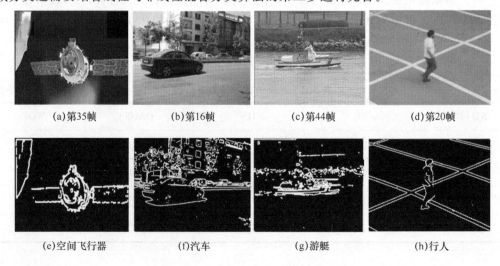

(a)第35帧　　　(b)第16帧　　　(c)第44帧　　　(d)第20帧

(e)空间飞行器　　　(f)汽车　　　(g)游艇　　　(h)行人

图 5.10　HLNLC 算法第一步分类实验结果

（2）HLNLC 算法第二步分类实验

HLNLC 算法分类的第二步使用标量矢量作为决定变量处理运动目标区域拓扑结构的变化，线性与非线性混合分类算法第二步分类实验结果如图 5.11 所示。实验结果取自运动目标序列②和③的第 15～60 帧。

| (a)第17帧 | (b)第31帧 | (c)第45帧 | (d)第52帧 |

| (e)第15帧 | (f)第19帧 | (g)第44帧 | (h)第56帧 |

图 5.11　HLNLC 算法第二步分类实验结果

运动目标序列②的运动区域包括近景的单一运动汽车目标和远景的运动汽车序列。运动目标序列序列③的运动光流向量标记的是图像背景信息。为了解决这个问题，实验使用 Trust-Region Newton-Raphson 算法[10]，根据最大可能性概率确定信任区间区分运动目标和图像背景。

（3）分类结果客观评价实验

本节实验将线性与非线性混合分类算法（HLNLC）的分类结果与经典分类算法的分类结果进行比较，其中，经典分类算法包括 Pulse-Coupled Neural Network（PCNN）[11]、Fuzzy Neural Network（FNN）[12]、Gaussian SVM[13]、Linear Discriminant Analysis（LDA）[14]。客观评价指标选用运动目标区域均值 & 标准差（M&SD）、分类算法归一度（AUC）、运动目标检测率（Detection Rate，DR），指标的计算公式如下：

$$\mathrm{AUC} = \Phi\left(\frac{|u_p - u_n|}{\sqrt{\sigma_p^2 + \sigma_n^2}}\right) \tag{5.33}$$

$$\mathrm{DR} = \prod_{i=1}^{N}\left(\frac{b_i}{\sqrt{2\pi}}\right)\exp\left\{-\sum_{i=1}^{N}\frac{(\mathrm{AUC}_i - \sigma)^2}{N}\right\} \tag{5.34}$$

其中，$(u_p, u_n, \sigma_p, \sigma_n)$ 代表的运动目标区域与图像背景的均值和标准差，Positive 代表的是运动目标区域，Negative 代表的是图像背景，$\Phi(\cdot)$ 是分类结果的标准正态分布，根据 AUC 可以计算目标检测率（Detection Rate，DR）。目标检测率代表的是分类算法在运动目标区域和图像背景之间分类的准确率，分类结果比较如表 5.5、图 5.12、图 5.13 及图 5.14 所示。

实验结果表明，不同分类算法的分类效果差距比较明显。神经网络算法（PCNN\FNN）使用灰度熵和阈值特性进行计算，在运动目标边缘会引起扩散，分类结果偏差较大；GVSM 算法没有使用 PCA,直接进行分类计算,分类的效果较好;LDA 算法和 HLNLC 算法通过插入 LDA 向量计算 AUC,其中,AUC_{HLNCL} 要明显优于 AUC_{LDA},HLNLC 算法在所有的分类算法中,分类性能最好,与 PCNN\FNN 算法相比,HLNLC 算法可以提高 AUC 超过 15.1%,提高 DR 20.6%,与 GVSM 算法相比,HLNLC 算法提高 AUC 5.19%,提高 DR 4.91%,与 LDA 算法相比,HLNLC 算法提高 AUC 2.59%,提高 DR 2.77%。

表 5.5 运动目标区域分类结果比较

序列	评价指标	PCNN	FNN	GSVM	LDA	HLNLC
空间飞行器	M&SD	32.3±10.3	30.7±10.7	25.8±21.6	31.3±13.8	30.2±13.4
	AUC	0.71	0.61	0.83	0.80	0.82
	DR	72.33%	73.48%	84.49%	86.25%	93.64%
汽车	M&SD	57.2±16.7	55.4±15.5	41.3±28.5	37.8±11.9	36.2±10.4
	AUC	0.65	0.53	0.77	0.78	0.81
	DR	69.33%	71.96%	84.81%	88.27%	92.32%
游艇	M&SD	44.3±13.2	42.9±12.4	34.7±25.6	32.6±12.5	31.4±11.7
	AUC	0.72	0.69	0.81	0.80	0.85
	DR	76.43%	74.16%	84.54%	87.29%	89.52%
行人	M&SD	35.7±11.4	33.6±10.9	25.5±22.6	33.4±16.2	32.7±15.9
	AUC	0.76	0.64	0.85	0.83	0.84
	DR	75.31%	75.14%	84.39%	88.17%	90.09%

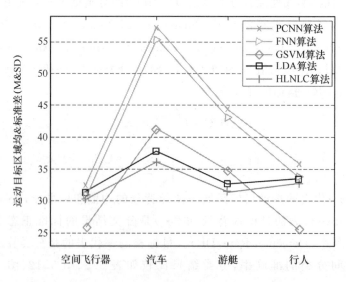

图 5.12 运动目标区域均值 & 标准差(M&SD)实验结果

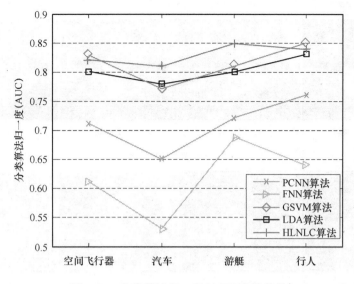

图 5.13　分类算法归一度(AUC)实验结果

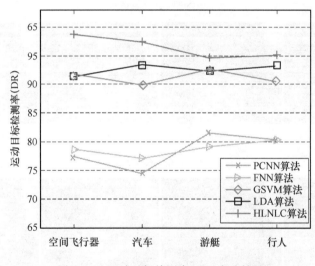

图 5.14　运动目标检测率(DR)实验结果

　　HLNLC 算法的两步分类可以保证光流特征向量的特征项被映射到最优的概率化密度函数,与神经网络算法(PCNN\FNN)相比 HLNLC 算法节省了灰度熵的计算空间,概率密度函数的计算可以更加准确地评估特征项;与 GSVM 算法相比 HLNLC 算法的两步分类在特征分类上更具有数学意义;与 LDA 算法相比 HLNLC 算法的 LDA 向量计算可以直接插入到概率密度分布中,对最后的分类效果影响更大。

5.5.3　矩形窗口扫描算法(RWS)实验

　　矩形窗口扫描算法实验同样在运动目标序列①～④上进行验证和比较,矩形窗口扫描算法实验的结果如图 5.15、图 5.16、图 5.17 及图 5.18 所示。其中,对比算法包括 SIFT 特征目标检测算法(SIFT)[15]、帧差法(Background Subtraction,BS)[16]、霍夫曼树目标检测算法(Hough Forests,HF)[17]。从实验结果可以看出,在空间飞行器运动目标序列检测结果中,不同算法的检测结果基本相同。

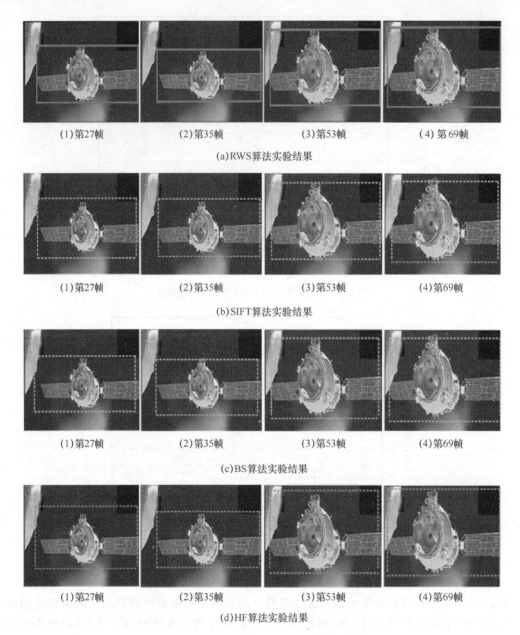

(1)第27帧　　　(2)第35帧　　　(3)第53帧　　　(4)第69帧

(a)RWS算法实验结果

(1)第27帧　　　(2)第35帧　　　(3)第53帧　　　(4)第69帧

(b)SIFT算法实验结果

(1)第27帧　　　(2)第35帧　　　(3)第53帧　　　(4)第69帧

(c)BS算法实验结果

(1)第27帧　　　(2)第35帧　　　(3)第53帧　　　(4)第69帧

(d)HF算法实验结果

图 5.15　空间飞行器运动目标序列实验结果

汽车运动目标序列检测结果中,本章提出的 RWS 算法可同时检测出近景中体积较大的运动汽车目标和远景中的体积较小运动汽车序列,SIFT 算法、BS 算法和 HF 算法仅能够检测出近景中体积较大的运动汽车目标,这主要是因为 RWS 算法经过整体扫描的迭代处理后,基本的运动目标缺失已经得到了弥补,运动目标的检测结果与原始运动目标序列图像帧相比对比度也获得了提高。

游艇运动目标序列检测结果和行人运动目标序列检测结果中,SIFT 算法的检测结果会随着运动目标行进速度的变化出现偏差,BS 算法和 HF 算法的实验结果也存在一定的视觉误差,RWS 算法可以自动弥补递归过程中产生的误差,不同视频图像帧间的检测会完成自动补偿,基于自适应的阈值检测过程可以自动检测到没经过背景分类处理的运动目标。

(1)第7帧　　　(2)第10帧　　　(3)第14帧　　　(4)第17帧

(a)RWS算法实验结果

(1)第7帧　　　(2)第10帧　　　(3)第14帧　　　(4)第17帧

(b)SIFT算法实验结果

(1)第7帧　　　(2)第10帧　　　(3)第14帧　　　(4)第17帧

(c)BS算法实验结果

(1)第7帧　　　(2)第10帧　　　(3)第14帧　　　(4)第17帧

(d)HF算法实验结果

图 5.16　汽车运动目标序列实验结果

(1)第17帧　　　(2)第26帧　　　(3)第35帧　　　(4)第45帧

(a)RWS算法实验结果

(1)第17帧　　　(2)第26帧　　　(3)第35帧　　　(4)第45帧

(b)SIFT算法实验结果

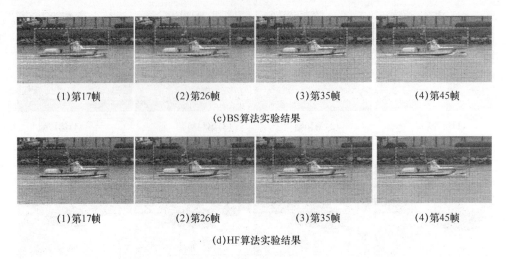

(1)第17帧

(c)BS算法实验结果

(1)第17帧　　　　(2)第26帧　　　　(3)第35帧　　　　(4)第45帧

(d)HF算法实验结果

图 5.17　游艇运动目标序列实验结果

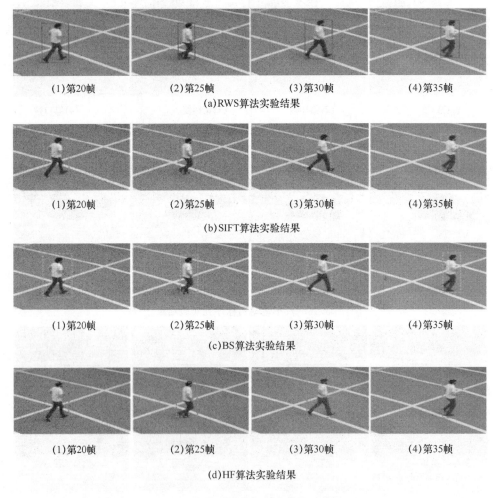

(1)第20帧　　　　(2)第25帧　　　　(3)第30帧　　　　(4)第35帧

(a)RWS算法实验结果

(1)第20帧　　　　(2)第25帧　　　　(3)第30帧　　　　(4)第35帧

(b)SIFT算法实验结果

(1)第20帧　　　　(2)第25帧　　　　(3)第30帧　　　　(4)第35帧

(c)BS算法实验结果

(1)第20帧　　　　(2)第25帧　　　　(3)第30帧　　　　(4)第35帧

(d)HF算法实验结果

图 5.18　行人运动目标序列实验结果

　　本节实验使用三种不同的客观指标评价 RWS 算法、SIFT 算法、BS 算法和 HF 算法的运动目标检测性能[18]，评价指标包括运动目标检测准确度（ODA）和运动目标检测精确度（ODP），定义如下：

$$ODA = 1 - \frac{m_t + f_{pt}}{N_G^t} \tag{5.35}$$

$$ODP = \frac{OverLapRatio}{N_{mapped}^t} \tag{5.36}$$

其中，f_{pt} 代表的是分类错误的数量，N_{mapped}^t 代表的是第 t 帧中 Ground-Truth 和检测目标的配对数量。运动目标检测准确度（ODA）实验结果如表 5.6 和图 5.19 所示。RWS 算法与 SIFT 算法相比可以提高 ODA 7.29%；与 BS 算法相比，RWS 算法可以提高 ODA 16.57%；与 HF 算法相比，RWS 算法可以提高 ODA 9.35%。

表 5.6　运动目标检测准确度（ODA）实验结果

视频	SIFT	BS	HF	RWS
空间飞行器	74.9%	65.2%	63.1%	78.9%
汽车	71.0%	65.6%	63.0%	85.1%
游艇	74.1%	68.2%	72.7%	79.5%
行人	75.8%	63.0%	68.2%	86.5%

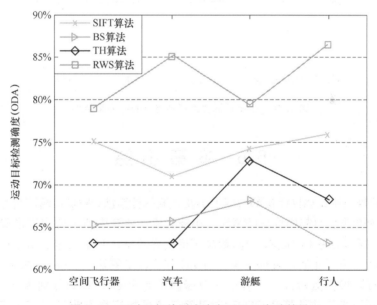

图 5.19　运动目标检测准确度（ODA）实验结果

　　运动目标检测精确度（ODP）实验结果如表 5.7 和图 5.20 所示，RWS 算法与 SIFT 算法相比可以提高 ODP 3.41%；与 BS 算法相比，RWS 算法可以提高 ODP 17.5%；与 HF 算法相比，RWS 算法可以提高 ODP 4.97%。

　　如果考虑不同场景中的运动目标检测结果，RWS 算法也有很好的普适性。通过汽车运动目标序列目标检测的实验结果可以看出，如果前景中运动目标的活动区域很大，那么算法检测中可以完善的补偿区域也很大；对于小区域的远景运动目标，完成图像补偿重构后的运动目标检测结果也不会受很大影响。运动目标检测客观评价实验的结果表明,本章提出的 RWS 算法有很好的运动目标检测性能,可以提供准确的运动目标检测结果。

表 5.7　运动目标检测精确度(ODP)实验结果

视频	SIFT	BS	HF	RWS
空间飞行器	66.1%	59.3%	61.4%	70.6%
汽车	58.4%	55.5%	59.7%	67.3%
游艇	67.4%	59.3%	66.4%	69.7%
行人	65.3%	64.7%	60.1%	75.4%

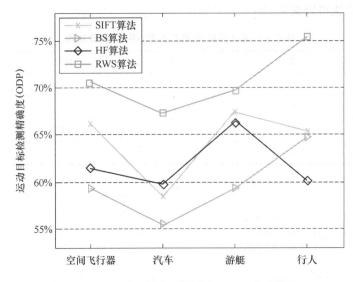

图 5.20　运动目标检测精确度(ODP)实验结果

5.6　本章小结

本章研究的跨尺度运动目标检测包括了小波光流估计算法(WOF)、线性与非线性混合分类算法(HLNLC)和矩形窗口扫描算法(RWS)。小波光流估计算法(WOF)可以准确地估计同一运动场景中具有不同运动速率的运动目标,解决了传统光流估计对于快速运动目标的检测准确率降低的问题,同时提高了光流计算的效率。与 LK 算法、HS 算法、OAOF 算法相比,小波光流估计算法(WOF)可以提高运动目标序列运动目标估计准确度(SFDA)分别为 10.4%、13.6% 和 12.7%。同时,小波光流估计算法(WOF)对计算效率的提高也很明显,与 LK 算法、HS 算法、OAOF 算法相比,小波光流估计算法(WOF)可以提高计算效率分别为 28.94%、27.65%、38.11%。与已有的经典分类算法 PCNN、FNN、Gaussian SVM 和 LDA 相比,线性与非线性混合分类算法(HLNLC)可以提高分类准确率分别为 21.4%、20.6%、4.91% 和 2.77%。本章提出的矩形窗口扫描算法(RWS)可以实现运动目标检测的自适应调节,并且可以在间隔帧间实现连续的运动目标检测。与现有的 SIFT 特征目标检测算法、帧差法(BS)、霍夫曼树目标检测算法(HF)相比,RWS 算法可以提高运动目标检测准确度(ODA)分别为 7.29%、16.57%、9.35%,提高运动目标检测精确度(ODP)分别为 3.41%、17.5%、4.97%。

参 考 文 献

［1］　胡觉晖. 改进的光流法用于车辆识别与跟踪［J］. 科学技术与工程，2010，10（23）：5814-5817.

［2］　A. M. Waxman，K. Wohn. Contour Evolution Neighborhood Deformation and Global Image Flow：Planar Surfaces in Motion［J］. International Journal of Robotics Research，2005，4（3）：95-108.

［3］　H. H. Nagel. On the Estimation of Optical Flow：Relations Between Different Approaches and Some Results［J］. Artificial Intelligence，1987，33（3）：299-324.

［4］　S. G. Narasimhan，S. K. Nayar. Contrast Restoration of Weather Degraded Images［J］. IEEE Transactions on Pattern Analysis and Machine Intelligence，2003，25（6）：713-724.

［5］　E. Herbschleb，With P H N. Real-time Traffic Sign Detection and Recognition［C］. Proceedings of SPIE 7257：SPIE Electronic Imaging. International Society for Optics and Photonics，2009：72570A-72570A-12.

［6］　P. Douville. Real-Time Classification of Traffic Signs［J］. Real-Time Imaging，2000，6（3）：185-193.

［7］　Chen W J，C. E. Metz，Giger M L. Hybrid Linear Classifier for Jointly Normal Data：Theory［C］. In：Proceedings of SPIE 6915：Medical Imaging. International Society for Optics and Photonics，2008：691504-691504-6.

［8］　S. G. Mallat. A Theory for Multiresolution Signal Decomposition：The Wavelet Representation［J］. IEEE Transactions on Pattern Analysis and Machine Intelligence，2009，11（7）：674-693.

［9］　I. Serdar，K. Janusz. Occlusion-Aware Optical Flow Estimation［J］. IEEE Transactions on Image Processing，2008，17（8）：1443-1454.

［10］　D. M. Gay. Subroutines for Unconstrained Minimization Usinga Model Trust-Region Approach［J］. ACM Transactions on Mathematics Software，2013，9：503-524.

［11］　H. S. Ranganath，G. Kuntimad. Object Detection Using Pulse Coupled Neural Networks［J］. IEEE Transactions on Neural Networks，2009，10（3）：615-620.

［12］　C. F. Juang，C. M. Chang. Human Body Posture Classification by Neural Fuzzy Network and Its Application to Home Care System［J］. IEEE Transactions on Systems，Man，Cybernetics-Part A：Systems and Humans，2007，37（6）：984-994.

［13］　C. F. Juang，S. H. Chiu，Chang S W. A Self-Organizing TS-type Fuzzy Network with Support Vector Learning and Its Application to Classification Problems［J］. IEEE Transactions on Fuzzy Systems，2007，15（5）：998-1008.

［14］　T. V. Bandos，L. Bruzzone，C. V. Gustavo. Classification of Hyperspectral Images with Regularized Linear Discriminant Analysis［J］. IEEE Transactions on Geoscience and Remote Sensing，2009，47（3）：862-873.

[15] M. Krystian, S. Cordelia. A Performance Evaluation of Local Descriptors[J]. IEEE Transactions on Pattern Analysis and Machine Intelligence, 2005, 27(10): 1615-1630.

[16] Cheng F C, Huang S C, Ruan S G. Scene Analysis for Object Detection in Advanced Surveillance Systems Using Laplacian Distribution Model[J]. IEEE Transactions on Systems, Man, and Cybernetics-Part C: Applications and Reviews, 2011, 41 (5): 589-598.

[17] J. Gall, A. Yao, N. Razavi, et al. Hough Forests for Object Detection, Tracking, and Action Recognition[J]. IEEE Transactions on Pattern Analysis Machine Intelligence, 2011, 33(11): 2188-2202.

[18] K. Rangachar, G. Dmitry, Padmanabhan S, et al. Framework for Performance Evaluation of Face, Text, and Vehicle Detection and Tracking in Video: Data, Metrics, and Protocol[J]. IEEE Transactions on Pattern Analysis and Machine Intelligence, 2009, 31(2): 319-336.

第 6 章　基于方向向量与权值选择的跨尺度运动目标跟踪方法研究

6.1 引　言

基于稀疏表示的视觉跟踪算法[1,2]将稀疏表示和运动估计方法相结合,对运动目标进行跟踪,例如稀疏表示与学习策略[3,4]、与 Mean Shift 方法[5,6]、与贝叶斯运动估计[7,8]、与粒子滤波[9-11]等相结合,对动态环境中的运动目标进行跟踪。池化方法作为稀疏表示中一个不可或缺的步骤,对算法的性能具有重大的影响。K. Jarrett 等人[12]讨论了不同的池化方法在没有训练数据的分类问题中,对分类结果的影响比无监督训练更大,其中最大池化方法通常比平均池化方法更优,Boureau 等人[13]也通过理论证明了这一点。最大池化方法在视觉跟踪中取得了较好的效果,例如 T. Ge 等人[14]以及 X. Yu 等人[15]都利用最大池化方法对特征进行采样以获取更好的跟踪效果。最大池化的方法得到研究者们的认可,但它并非适用于所有的问题。

平均池化方法也并非很差,B. Ma 等人[16]利用平均池化方法提取有用的特征,通过分类达到跟踪的目的,同时还分析了当不同池化方法与分类器结合时的准确度,其中当平均池化方法与强分类器结合时最为准确。文献[17]中使用直方图生成平均池化方法,但该方法会丢失采样片的空间信息。例如,如果将一个人脸图像的左右两边位置交换,平均池化方法将会出错。而文献[18]证明了最大池化方法更加准确,更适合足够稀疏的情况[19]。最大池化方法是在局部描述符之上的软编码方法[20],而平均池化方法则是硬量化方法,两种方法各有优劣,如何将两者的优点结合起来,使池化方法在稀疏表示中发挥更大的作用,则被多数研究者们忽略。

对视频序列中的运动目标进行跟踪时,除了利用其本身的亮度、颜色[21]、形状[22]信息外,还可以利用其包含的运动信息,例如光流[23]。通过光流方法得到的方向向量能够在某种程度上描述目标的运动趋势,对视频序列中的运动目标跟踪具有重要意义。P. Sundberg 等人[24]证明了将低维运动与光流结合起来,对跟踪过程中出现的遮挡具有很好的适应能力。J. Santner 等人[25]提出将稠密光流与均值偏移方法结合起来完成跟踪任务,由于稠密光流方法较高的计算复杂度,使得整个算法的复杂度很高。为了达到在线跟踪的目的,V. Spruye 等人[26]采用稀疏光流提取跟踪过程中所需要的特征,该方法主要通过在特征检测阶段利用 FAST 算法[27]代替原始的角点检测方法以达到更高的速率。但是,这种方法只适合于小位移的运动物体,而对于比局部图像结构更大的位移信息却不能够准确跟踪,这主要是受到 FAST 算法中利用泰勒展开式进行求解的限制,增加了光流求解的速度。

另外,运动估计在运动目标跟踪中必不可少。运动目标跟踪领域中常用的运动估计方法主要有粒子滤波方法[28]、贝叶斯运动估计方法[29]以及 Mean Shift 方法[30,31]等。粒子滤波方法利用离散的采样权值迭代估计运动目标的后验概率[32,33],并在视觉领域表现出了良好的性能,例如与稀疏表示相结合,解决颜色视觉光谱和热光谱图的方法[29]。然而,当相同的障碍物出现时,漂移现象不能够被避免。P. Ghosh 等人[34]提出对每一个粒子进行学习,并将其作为一个独有的工作以提高算法的鲁棒性,但是,算法的速率被大大降低,而且粒子退化的问题仍然存在。贝叶斯运动估计的方法在运动目标跟踪中被广泛使用,其中,S. Oron 等人[35]利用贝叶斯运动估计对目标的运动概率进行计算,提出了局部无序视觉跟踪方法。虽然该方法效果良好,但是对运动目标的跟踪不能在线进行,无法达到在线实时跟踪的目的。

针对以上池化方法的优势不能被充分利用、特征表示单一等问题,本章提出了基于方向向量与权值选择的跨尺度运动目标跟踪算法,不仅综合考虑了最大池化方法和平均池化方法的优点,而且将方向向量引入特征表示中,丰富了特征类型,使算法对运动目标的表示更加全面。在运动估计阶段,还提出了基于权值选择的运动目标跟踪算法,提高了跟踪的准确性。

6.2 基于方向向量与权值选择的跨尺度运动目标跟踪算法(DPF-WT)的提出

本章主要围绕稀疏表示和运动估计,提出了基于方向向量与权值选择的跨尺度运动目标跟踪算法(DPF-WT)。在特征提取阶段,提出了基于方向向量和最大平均池化的特征提取算法,引入方向向量,建立方向向量与初始化样本片之间的映射关系,弥补初始化过程中信息的不足。在运动估计阶段,提出了基于权值选择的运动目标跟踪算法,利用重构误差修正观测样本的概率,增加与方向向量对应的观测样本的权值,计算修正后样本的概率,得出最终的跟踪结果。

6.2.1 DPF-WT 算法研究动机

基于稀疏表示的运动目标跟踪方法主要包括提取稀疏特征、池化和运动估计等。为了提取到更加稀疏的特征,研究者们通常更加关注不同的目标外观特征,通过构建基于不同优化策略的目标函数,求解出适合特定问题的结果,而方向向量则不作为特征提取的考虑范畴,但方向特征能够更加准确地描述运动目标的运动趋势,弥补运动估计中产生的误差。

如何将方向特征作为运动目标的一种特征运用到跟踪算法中,仍是现在研究的难点。对于利用稀疏表示提取的稀疏特征,由于包含了较多的噪声与不稳定性,通常采用池化方法对稀疏特征实现特征转换以提高跟踪算法对遮挡、光照和位置变化造成外观特征变化的鲁棒性。池化方法在一定程度上能够降低噪声对关键特征的干扰,但最大池化和平均池化方法各有优劣,将两者的优点结合起来共同作用于稀疏特征,能够提高稀疏特征的准确性。

6.2.2 DPF-WT 算法描述

为了提高运动目标跟踪的准确性和稳定性,本章提出了基于方向向量与权值选择的运动目标跨尺度跟踪算法(DPF-WT)。基于方向向量与权值选择的运动目标跨尺度跟踪算法如图 6.1 所示。

图 6.1 中通过各个模块之间的协作,共同完成对运动目标的跟踪。首先构建高斯金字塔,对当前视频帧进行初始化采样,得到初始样本集合,并从顶层开始逐层计算各层的剩余光流信

息,将当前层的光流传递给下一层,直到完成对金字塔中剩余光流的计算,最终得到当前帧的方向向量。通过方向向量找到与初始样本集合对应的映射矩阵,对初始样本集合进行补偿,利用新的样本集合进行稀疏编码,得到各个样本对应的稀疏向量。为了排除遮挡、光照等外界信息对跟踪的干扰,提出了最大平均池化方法,提取稀疏矩阵中的关键信息以构成最终的稀疏特征。在运动目标估计阶段,利用提出的基于权值选择的运动目标跟踪算法,根据特征提取阶段得到的映射矩阵,设置不同观测样本的权值,提高接近真值的样本的概率,降低远离真值的样本的概率。

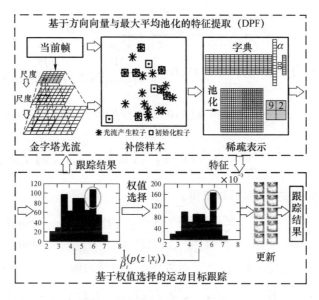

图 6.1　基于方向向量与权值选择的运动目标跨尺度跟踪算法

1. 基于方向向量与最大平均池化的特征提取算法的提出（DPF）

假设当前视频帧表示为 I_j,采样片大小为 $t \times t$,在第 $j-1$ 帧 I_{j-1} 跟踪结果的周围进行采样,采样片构成的集合 $Y = \{y_1, y_2, \cdots, y_n\}$,其中 $y_i \in \mathbf{R}^p, k = t \times t, n$ 为采样片的个数。则根据稀疏性假设的原理,目标区域内的本地采样片可以通过字典中的部分基本元素的线性组合表现出来,如式（6.1）所示:

$$\min_{w_i} \sum_{i=1}^{n} \| y_i - \mathbf{D} w_i \|_2^2 + \lambda \| w_i \|_1 \tag{6.1}$$

其中,第一项表示重构误差,第二项表示对稀疏向量的正则化约束,$\lambda > 0$ 表示尺度正则化参数,w_i 为稀疏向量,包含的非零元素个数远远少于零元素个数,字典 $\mathbf{D}$ 已知。

由于式（6.1）中的粒子是通过正态分布随机产生,运动目标的特征依赖于一个随机的外观子空间,而粒子对应的采样片之间存在较大的相关性,造成了信息的过度重复,从而导致计算的复杂度增加。为了增大子空间对特征的贡献,通过计算运动目标的方向向量,得到方向向量与当前帧 I_j 中像素点的权值映射矩阵,对与其相对应的初始粒子样本进行补偿,并降低其他粒子成为最佳粒子的可能性,从而得到更加完备的采样片集合。

为了得到当前帧 I_j 的较完备的采样片,对 I_j 和 I_{j-1} 分别构建尺度金字塔 $\{I_j^L\}$ 和 $\{I_{j-1}^L\}$,其中 $L = 1, 2, 3$。从最高层开始,对于第 L 层,假设光流向量为 $[d_x^L, d_y^L]$,通过式（6.2）进行求解:

$$[v_x, v_y] = \arg \min_{(v_x, v_y)} \sum_{x \in R_x} \sum_{y \in R_y} (I_{j-1}^L(x, y) - I_i^L(x + d_x^L, y + d_y^L))^2 \tag{6.2}$$

其中,$(x,y) \in R = \{R_x, R_y\}$,区域 R 是一个以 (u_x^L, u_y^L) 为中心的区域,且以 (r_x, r_y) 为区域半径,所以区域 R 表示为 $R_x \in [u_x^L - r_x, u_x^L + r_x]$,$R_y \in [u_y^L - r_y, u_y^L + r_y]$;而且 $[d_x^L, d_y^L] = [d_x^{L+1} + v_x^L, d_y^{L+1} + v_y^L]$,$[d_y^{L+1}, d_x^{L+1}]$ 表示由第 $L+1$ 层传递给第 L 层的光流信息,$[v_x^L, v_y^L]$ 为第 L 层上的剩余光流向量。由此,令 $\bar{v}^L = [v_x^L, v_y^L]^T$,求解当前层上的剩余光流向量:

$$f(\bar{v}^L) \sum_{x \in R_x} \sum_{y \in R_y} (I_{j-1}^L(x,y) - I_i^L(x + v_x^L, y + v_y^L))^2 \tag{6.3}$$

对 $\bar{v}^L$ 求导,可知:

$$\frac{\partial f(\bar{v}^L)}{\partial \bar{v}^L} = -2 \sum_{x = u_x^L - r_x}^{u_x^L + r} \sum_{y = u_y^L - r_y}^{u_y^L + r_y} (A \cdot B) \tag{6.4}$$

其中,$A = (I_{j-1}^L(x,y) - I_j^L(x + v_x^L, y + v_y^L))$,$B = \left[\dfrac{\partial I_j^L}{\partial (x + v_x^L)}, \dfrac{\partial I_j^L}{\partial (x + v_x^L)} \right]$.

令 $\left[\dfrac{\partial I_j^L}{\partial (x + v_x^L)}, \dfrac{\partial I_j^L}{\partial (x + v_x^L)} \right] = \partial J$,在 $[0, 0]$ 处用泰勒展开式代替 ∂J,可以得到:

$$\frac{\partial f(\bar{v}^L)}{\partial \bar{v}^L} \approx -2 \sum_{x = u_x^L - r_x}^{u_x^L + r} \sum_{y = u_y^L - r_y}^{u_y^L + r_y} (I_{j-1}^L(x,y) - I_j^L(x,y) - \partial J \cdot \bar{v}^L) \cdot \partial J \tag{6.5}$$

根据 I_{j-1} 在 (x,y) 处的梯度,可以求得:

$$\frac{1}{2} \left[\frac{\partial f(\bar{v}^L)}{\partial \bar{v}^L} \right] \approx \sum_{x = u_x^L - r_x}^{u_x^L + r} \sum_{y = u_y^L - r_y}^{u_y^L + r_y} \left(\begin{pmatrix} (I_x^L)^2 & I_x^L I_y^L \\ I_x^L I_y^L & (I_y^L)^2 \end{pmatrix} \cdot \bar{v}^L - \begin{pmatrix} \delta I_k I_x^L \\ \delta I_k I_x^L \end{pmatrix} \right) \tag{6.6}$$

其中,k 为求解过程中的迭代次数,由此得到剩余光流向量的解:

$$\frac{1}{2} \left[\frac{\partial f(\bar{v}^L)}{\partial \bar{v}^L} \right] \Big|_{opt} = \sum_{x = u_x^L - r_x}^{u_x^L + r} \sum_{y = u_y^L - r_y}^{u_y^L + r_y} \left(\begin{pmatrix} (I_x^L)^2 & I_x^L I_y^L \\ I_x^L I_y^L & (I_y^L)^2 \end{pmatrix} \cdot \bar{v}^L - \begin{pmatrix} \delta I_k I_x^L \\ \delta I_k I_x^L \end{pmatrix} \right) \tag{6.7}$$

得到传递给下一层的向量:

$$[d_x^{L-1}, d_y^{L-1}] = 2[d_x^L + v_x^L, d_y^L + v_y^L] \tag{6.8}$$

得到最底层的方向向量为:

$$d = d^1 + v^1 \tag{6.9}$$

$$d = \sum_{L=1}^{3} 2^L v^L \tag{6.10}$$

通过构建三层的金字塔,可以推算出能够计算的最大位移为 15 个像素。通过 d,可以找到其在视频帧 I_j 中对应的像素点,从而得到方向向量与视频帧 I_j 像素点之间的权值映射矩阵 $\boldsymbol{E}$,而每一个像素点对应一个采样片。

已知初始的采样片集合为 $\boldsymbol{Y} = \{y_1, y_2, \cdots, y_n\}$,令 $\boldsymbol{G} = \{g_1, \cdots, g_l\} \in \boldsymbol{\Omega}^{d \times l}$ 权值映射矩阵对应 $\boldsymbol{E}$ 对应的采样片,则:

$$\boldsymbol{G} = \boldsymbol{G}_I \bigcup \boldsymbol{G}_O, \text{且 } \boldsymbol{G}_I \bigcap \boldsymbol{G}_O = \varnothing \tag{6.11}$$

其中,$\boldsymbol{G}_I = \{g_e \in \boldsymbol{Y}\}$,$e = 1, 2, \cdots, l$,而 $\boldsymbol{G}_O = \{g_c \notin \boldsymbol{Y}\}$,$c = 1, 2, \cdots, l$ 且 $c \neq e$。对于 $\boldsymbol{G}_I$,在运动估计过程中将其权值增加;对于 $\boldsymbol{G}_O$,则将其添加到初始粒子样本集 $\boldsymbol{Y}$ 中,这一过程可以由式(6.12)描述:

$$\hat{\boldsymbol{Y}} = \boldsymbol{Y} \bigcup (\boldsymbol{G}_O \bigcap \boldsymbol{Y}) \tag{6.12}$$

其中,$\hat{\boldsymbol{Y}}$ 表示新的候选集合,$\hat{\boldsymbol{Y}} = \{\hat{y}_1, \hat{y}_2, \cdots, \hat{y}_n\}$。利用方向向量对初始粒子样本进行补偿的过程如图 6.2 所示。

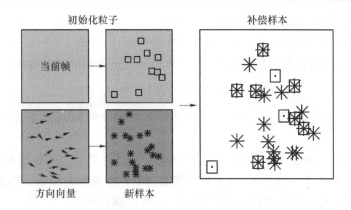

图 6.2　利用方向向量对初始粒子样本进行补偿的过程

候选样本 $\hat{Y}$ 包含了足够的信息用于重构运动目标,则式(6.1)可以写为:

$$w_i^* = \arg \min_{w_i} \| \hat{y}_i - \boldsymbol{D} w_i \|_2^2 + \lambda \| w_i \|_1 \tag{6.13}$$

其中,w_i^* 表示样本片 $\hat{y}_i$ 经过稀疏编码得到的稀疏向量,$\boldsymbol{W}^* = \{w_1^*, w_2^*, \cdots, w_n^*\}$ 为所有样本片的稀疏向量构成的稀疏矩阵。

为了将局部最优和全局平均信息都考虑在内,结合两种池化方法,提出了一种最大平均池化方法对稀疏矩阵中的特征进行筛选:

$$\bar{w}_i = \frac{\max\{w_{i1}^*, w_{i2}^*, \cdots, w_{ij}^*, \cdots, w_{in}^*\}}{\sum w_{i1}^*}, j = 1, 2, \cdots, n \tag{6.14}$$

其中,$\bar{w}_i$ 表示第 i 个池化结果,即由最大平均池化方法产生的最终结果。式(6.14)中的池化方法分为两步:最大化向量 w_i^* 和平均化。$\max\{w_{i1}^*, w_{i2}^*, \cdots, w_{ij}^*, \cdots, w_{in}^*\}$ 代表计算最大权值的过程,而 $\sum w_{i1}^*$ 表示第 i 行向量的和,用来求解平均池化结果。表 6.1 为提出的 DPF 算法实现步骤。

表 6.1　基于方向向量与最大平均池化的特征提取算法

算法:基于方向向量与最大平均池化的特征提取算法
输入:视频序列帧 I_j,采样片大小 $t \times t$,粒子个数 N,λ
输出:当前帧 I_j 的池化后的稀疏特征
(1) 在初始帧目标位置的周围采集 N 个粒子,使其符合正态分布
(2) 初始化采样片集合 $Y = \{y_1, y_2, \cdots, y_n\}$,其中 $y_i \in \boldsymbol{R}^p$,$k = t \times t$
(3) 利用前 10 帧的跟踪结果初始化字典
(4) 对 I_j 和 I_{j-1} 分别构建尺度金字塔 $\{I_j^L\}$ 和 $\{I_{j-1}^L\}$,其中 $L = 1, 2, 3$
(5) 计算金字塔光流向量
(6) FOR 迭代误差小于阈值
(a)利用式(6.7)计算剩余光流向量
(b)利用式(6.8)得到传递给下一层的光流向量
(c)判断是否是最后一层,如果不是,返回(a),否则,根据式(6.10)计算当前帧 I_j 的光流向量
(7) 构建与光流向量对应的映射矩阵,找到对应的采样点
(8) 根据式(6.12)补偿初始化采样的采样片,得到新的采样片集合 $\hat{Y}$
(9) 根据式(6.13)计算当前帧 I_j 的稀疏矩阵
(10) 利用提出的最大平均池化方法,根据式(6.14)得到池化后的稀疏特征

2. 基于权值选择的运动目标跟踪算法的提出

利用贝叶斯运动估计框架对运动目标的位置进行估计,假设 $z_{1:t} = \{z_1, z_2, \cdots, z_t\}$ 为 1 到 t 帧的观测样本集合,运动目标的最优化状态 $\tilde{x}_t$ 可以通过最大后验概率得到:

$$\tilde{x} = \arg \max_{x_t^i} \ p(z_t^i | x_t^i) p(x_t^i | x_{t-1}) \tag{6.15}$$

其中,x_t^i 表示第 i 个样本的状态,$p(x_t^i | x_{t-1})$ 表示连续两帧的运动模型,$p(z_t^i | x_t^i)$ 表示观测模型。

对于每一个与前一状态对应的观测值,观测概率可以由每一个被观测的采样片的重建误差来衡量。当目标形状发生改变时,重建误差将会导致严重的跟踪错误。因此,误差参数 $e_i = y_i - D\bar{w}_i$ 作为一个重要的避免遮挡影响的因素,如式(6.16)所示:

$$p(z_i | x_i) = \exp(-\|y_i - D\bar{w}_i\|_2^2 + \sum(1 - \bar{w}_i)) \tag{6.16}$$

其中,$\bar{w}_i$ 是一个与 e_i 对应的向量。如果 e_i 的第 j 个元素为零,那么 $\bar{w}_i$ 的第 j 个元素为 1,否则 $\bar{w}_i$ 的第 j 个元素为 0。通过第二项对被遮挡的像素点进行惩罚,而第一项则表示没有被遮挡的部分。

$G_I = \{g_e \in Y\}$,$e = 1, 2, \cdots, l$ 中的像素点可以通过计算方向向量找到,这些点与其他候选点相比,更加接近运动目标的真实位置,因此它们的观测概率更大。

设置参数 β_i,$i = 1, 2, \cdots, k$ 为方向权值,k 为 G_I 中的元素个数,以保证 G_I 中像素点对应的观测样本概率更大,如式(6.17)所示:

$$p(z_i | x_i) = \frac{1}{\beta_i} \cdot \exp(-\|y_i - D\alpha_i\|_2^2 + \sum(1 - \alpha_i)) \tag{6.17}$$

其中,$1/\beta_i$ 代表方向权值的倒数。如果 $y_i \in G_I$,β_i 的值是介于 $(0,1)$ 之间的随机数,否则值为 1。对于 G_I 中的像素点,在当前帧中它们有相同的 β_i 值,这就使得具有较高权值的观测样本的概率对应 G_I 中的像素,拥有最大概率的观测粒子被选为最终的跟踪结果。

由于引入了重构误差,在跟踪的过程中出现了"跳变"的现象,即突然的漂移现象的产生。为避免"跳变"偏移对跟踪结果的影响,提出了权值选择策略。假设 δ 为尺度因子,修正稀疏编码产生误差的权值,如果稀疏结果与上一帧的跟踪结果相似,那么取当前稀疏结果为最终的跟踪结果,否则利用式(6.18)求取最终的跟踪结果:

$$\text{result} = \delta \times \text{sp} + (1 - \delta) p \tag{6.18}$$

其中,sp 表示稀疏编码方法求取的跟踪结果,p 表示运动估计后求取的跟踪结果,根据经验设 δ 的值为 0.3。式(6.18)并不是直接用运动估计求取的跟踪结果代替稀疏编码的结果。本章采取了一种折中的办法来提高跟踪的准确性,而不增加算法的计算复杂度。当运动目标发生变形时,被选中的权值能够抑制漂移现象的产生,同时增强了跟踪结果的准确性。

通过 K-SVD 方法,对当前帧 I_j 的前 10 帧 $\{I_{j-1}, I_{j-2}, \cdots, I_{j-10}\}$ 的跟踪结果进行学习,从而完成在跟踪过程中对字典的更新。稀疏编码被用来重构源模板,利用得到的稀疏向量重建模板,如式(6.19)所示:

$$\min \sum_{i=1}^h \|b_i - D\bar{w}_i\|_2^2 \tag{6.19}$$

其中,$B = \{b_1, b_2, \cdots, b_{10}\}$ 表示通过 K-SVD 算法学习得到的结果,$\bar{w}_i$ 为稀疏向量,最大重建误差对应的模板由新模板替换掉。这一过程维持了与目标最相似的特征,降低了噪声的影响以及模板退化现象。

3. DPF-WT 算法实现步骤

基于方向向量与权值选择的运动目标跨尺度跟踪算法（DPF-WT）的实现步骤如表 6.2 所示，包括了基于方向向量与最大平均池化的特征提取和基于权值选择的运动目标跟踪两部分。

表 6.2　基于方向向量与权值选择的运动目标跨尺度跟踪算法

算法：基于方向向量与权值选择的运动目标跨尺度跟踪算法

输入：视频序列帧 I_j，采样片大小 $t \times t$，粒子个数 N, λ，计算光流向量时迭代误差的阈值 θ

输出：当前帧 I_j 的跟踪结果 result

(1) 在初始帧目标位置的周围采集 N 个粒子，使其符合正态分布

(2) 初始化采样片集合 $\boldsymbol{Y} = \{y_1, y_2, \cdots, y_n\}$，其中 $y_i \in \boldsymbol{R}^p, k = t \times t$

(3) 利用前 10 帧的跟踪结果初始化字典

(4) 对 I_j 和 I_{j-1} 分别构建尺度金字塔 $\{I_j^L\}$ 和 $\{I_{j-1}^L\}$，其中 $L = 1, 2, 3$

(5) 计算金字塔光流向量

(6) 迭代误差小于阈值 θ 时，利用式 (6.7) 计算剩余光流向量，利用式 (6.8) 得到传递给下一层的光流向量判断是否是最后一层，如果不是，迭代次数加 1，否则，根据式 (6.10) 计算当前帧 I_j 的光流向量

(7) 构建与光流向量对应的映射矩阵，找到对应的采样点

(8) 根据式 (6.12) 补偿初始化采样的采样片，得到新的采样片集合 $\hat{\boldsymbol{Y}}$

(9) 根据式 (6.13) 计算当前帧 I_j 的稀疏矩阵

(10) 利用提出的最大平均池化方法，由式 (6.14) 得到池化后的稀疏特征

(11) 利用式 (6.17) 计算各个观测样本的概率，并取概率最大的样本

(12) 利用式 (6.18) 计算最终的跟踪结果

(13) 利用式 (6.19)，更新字典

6.3　DPF-WT 算法实验结果与分析

为了评价提出的 DPF-WT 算法的性能，在 15 个视频序列上与目前流行的 10 种跟踪算法，在光照变化、形状变化、遮挡以及背景杂波等不同尺度下进行了对比分析。评价指标包括中心点误差、平均中心点误差覆盖率、平均覆盖率和成功率，并利用不同颜色的矩形框将提出的 DPF-WT 算法和对比算法的跟踪结果显示出来，进行更加直观的分析和评价。实验结果表明，提出的 DPF-WT 算法能够更加准确地跟踪到运动目标。

6.3.1　数据集、对比算法与评价指标

（1）数据集

实验使用的视频序列主要来源于已有研究者的工作[36,37]、CAVIAR 数据集[38]以及我们拍摄得到的视频序列。如表 6.3 所示，显示了视频序列及其帧数和特征，包括：bjbus 序列、car11 序列、trellis70 序列、caviar2 序列、singer1 序列、car4 序列、threepastshop2cor 序列、car2 序列、faceocc1 序列、suv 序列、twinnings 序列、freeman1 序列、man 序列、singer2 序列、dog1 序列，共 15 个视频序列。bjbus 序列为我们拍摄得到的视频序列。其中，"很强"表示该视频序列在该特征上具有很强的挑战性，"强"表示该视频序列在该特征上具有较强的挑战性，"一般"表示该视频序列在该特征上具有一般的挑战性，"无"表示该视频序列上不具有该特征。

表 6.3　视频序列及其特征

序列名称	帧数	视频序列的特征			
		光照变化	形状	遮挡	背景杂波
bjbus	448	很强	很强	无	很强
car11	393	很强	一般	无	很强
trellis70	568	强	很强	强	强
caviar2	500	一般	一般	很强	一般
singer1	350	很强	强	无	一般
car4	659	很强	一般	无	一般
threepastshop2cor	350	无	一般	很强	一般
car2	913	强	很强	无	无
faceocc1	892	无	一般	很强	无
suv	945	无	强	很强	一般
twinnings	472	一般	很强	无	很强
freeman1	326	无	很强	无	无
man	134	很强	强	无	无
singer2	366	强	很强	无	一般
dog1	950	无	很强	强	无

（2）对比算法

将提出的 DPF-WT 算法与现有的流行算法进行了对比，包括利用稀疏表示进行跟踪的方法：IVT(Incremental learning for tracking)[39]、L1APG(L1_accelerated proximal gradient)[8]、LSST(Least soft-threshold squares tracking)[40]、CSK(Circulant structure with kernels tracker)[41]、CT(Compressive tracker)[42]、MTT(Multi-task sparse learning tracker)[43] 以及没有使用稀疏表示的其他流行方法：LOT(Locally orderless tracker)[35]、DFT(Distribution field tracker)[44]、TLD(Tracking-learning-detection)[45]，另外还有不包含 DPF 特征的运动目标跟踪方法 Pwod(proposed without direction vectors)。为了使对比结果更加真实可靠，在所有的视频序列中使用了相同的参数值，例如，每一帧的初始粒子个数为 300，每一序列第一帧的目标状态利用真值进行初始化。

（3）评价指标

跟踪结果通常使用能够代表目标整体大小和位置的矩形框来表示。视觉跟踪领域常用的客观评价指标主要包括中心点误差、平均中心点误差、覆盖率、平均覆盖率以及成功率，而这些评价指标就是基于能够表示运动目标大小和位置的矩形框来进行计算的。

中心点误差利用运动目标大小和位置的矩形框的中心点，与真值之间的欧氏距离来表示，计算方法如式（6.20）所示：

$$\text{error} = \frac{1}{N} \sum_{i=1}^{N} \sqrt{(x_{M,i} - x_{gt,i})^2 + (y_{M,i} - y_{gt,i})^2} \tag{6.20}$$

其中，error 表示算法的跟踪结果$(x_{M,i}, y_{M,i})$和真实值$(x_{gt,i}, y_{gt,i})$之间的相对位置误差，M 表示跟踪算法 M，N 表示测试序列的帧的总数，i 表示第 i 帧。

覆盖率同样用来对跟踪算法的性能进行评价，它是由 PASCAL VOC[46] 标准进行定义的。由于该方法同时考虑了运动目标的位置和大小，能够体现算法的稳定性。假设 R_T 表示每一帧的跟踪结果，R_G 表示对应的真实值，那么可以得到覆盖率：

$$\text{score} = \frac{\text{area}(R_T \bigcap R_G)}{\text{area}(R_T \bigcup R_G)} \tag{6.21}$$

成功率则是在覆盖率的基础上进行定义的，对于每一帧，如果其覆盖率 score≥0.5，那么认为跟踪算法在该视频帧上的跟踪结果是准确的，并将其成功的可能性记为 1，否则记为 0，最后对跟踪成功的视频帧进行统计，并计算其占所有视频帧数量的比例，即为成功率，可以表示为：

$$\text{success} = \frac{\sum (\text{score} \geqslant 0.5)}{\text{number of frames}} \tag{6.22}$$

成功率的取值范围是 0～1，取值越接近 1，表示算法越稳定，跟踪效果越好。

提出的 DPF-WT 算法运行效率为约 1.5 帧/s(1.5 fps)。其中，利用六参数仿射变换模拟两个连续帧之间目标的运动。稀疏编码问题通过 SPAMS 库[47] 和 VLFeat 开源库[48] 来辅助完成。权值选择策略中的 δ 设置为 0.3。对比算法与提出的 DPF-WT 算法的其他参数设置为统一的参数，在条件一样的情况下对比结果更加真实可靠。

6.3.2　DPF-WT 算法实验结果与分析

1. 实验一：DPF-WT 算法与不同采样数的 Pwod 算法对比的实验

通过提出的 DPF-WT 算法与不同采样数的 Pwod 算法的对比，评价提出的 DPF-WT 算法中方向向量的重要性。

由于提出的 DPF 特征主要是通过构建方向向量及其对应像素点之间的映射关系，对具有不同映射关系的样本集合进行补偿或者惩罚，因此，对 Pwod 方法设置不同的采样数，将得到的跟踪结果与提出的 DPF-WT 算法进行对比，以判断方向向量在提出的 DPF-WT 算法中的重要性。

对 Pwod 算法的采样数分别设置为 300、600、900，对应的 Pwod 算法可以分别表示为 Pwod300 算法、Pwod600 算法和 Pwod900 算法，对提出的 DPF-WT 算法的采样数设置为 300。Pwod300 算法、Pwod600 算法、Pwod900 算法和提出的 DPF-WT 算法在 15 个视频序列上的平均中心点误差和平均重叠率的对比结果如图 6.3、图 6.4 所示。

在图 6.3 中，红色折线表示提出的 DPF-WT 算法的结果，绿色表示采样数为 300 时 Pwod 方法的结果，浅蓝色表示采样数为 600 时 Pwod 方法的结果，深蓝色表示采样数为 900 时 Pwod 方法的结果。随着采样数的不断增大，同一个视频序列上的平均中心点误差不断降低，其中当采样数为 900 时的平均中心点误差与提出的 DPF-WT 算法的平均中心点误差一样，而对于 caviar2 序列、colorcar11 序列、trellis70 序列、threepastshop2cor 序列、faceocc 序列、twinnings 序列以及 freeman1 序列，提出的 DPF-WT 算法的平均中心点误差较低，说明提出的 DPF-WT 算法的准确率更高，而对于采样数为 300 和 600 时，对比算法的平均中心点误差都比提出的 DPF-WT 算法高，准确率较低。

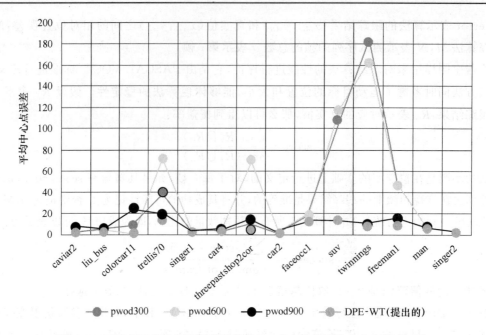

图 6.3　DPF-WT 算法与不同采样数的 Pwod 方法的平均中心点误差对比

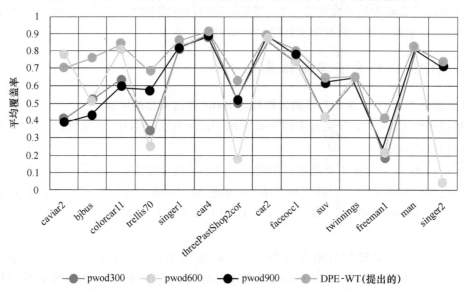

图 6.4　DPF-WT 算法与不同采样数的 Pwod 方法的平均覆盖率对比

对于平均覆盖率,覆盖率的值越高说明算法的稳定性越好。图 6.4 中,对于大部分视频序列,提出的 DPF-WT 算法的平均覆盖率都较高。而在 bjbus 序列、car11 序列、trellis70 序列、threepastshop2cor 序列和 freeman1 序列上,无论采样数为 300、600 或者 900,Pwod 方法的平均覆盖率都低于提出的 DPF-WT 算法,说明 DPF 方法在提取特征时,不是简单地增加了采样数,而是将运动目标的方向信息考虑进来,利用方向向量对观测样本是否是更接近真值的可能性进行了修正,使得具有较高光流向量的观测样本权值更高,从而提高预测的准确性。

2. 实验二:DPF-WT 算法与对比算法在中心点误差上的实验

(1) DPF-WT 算法与对比算法在中心点误差上的结果与分析

为了更加清晰地观察提出的 DPF-WT 算法的性能,对提出的 DPF-WT 算法与对比算法在各个视频序列上的中心点误差进行对比分析。DPF-WT 算法与对比算法在不同视频序列各帧上的中心点误差如图 6.5 和图 6.6 所示。

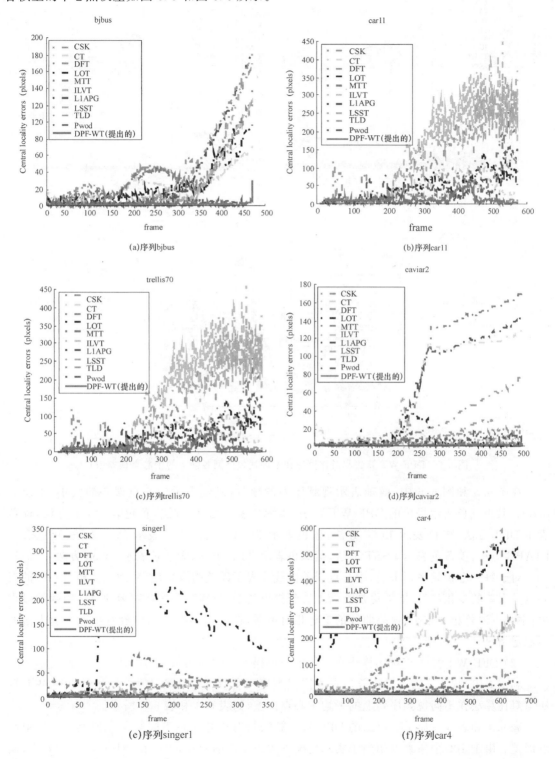

(a)序列bjbus

(b)序列car11

(c)序列trellis70

(d)序列caviar2

(e)序列singer1

(f)序列car4

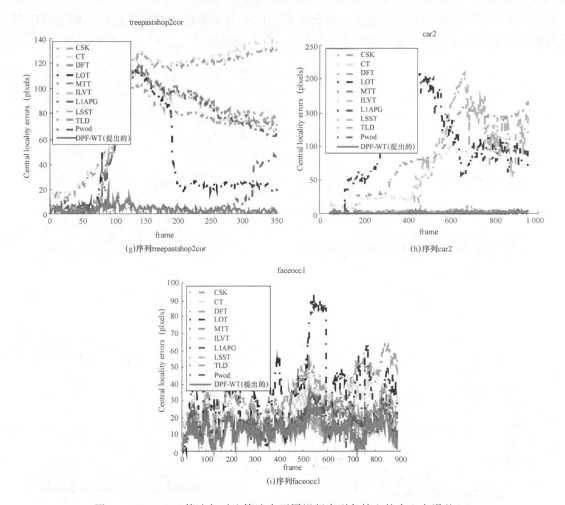

(g)序列treepastshop2cor (h)序列car2

(i)序列faceocc1

图 6.5　DPF-WT 算法与对比算法在不同视频序列各帧上的中心点误差(1)

在图 6.5 和图 6.6 中,横轴表示视频序列的帧数,纵轴表示中心点误差的大小,单位为 pixel。其中红色表示提出的 DPF-WT 算法,浅绿色表示 CSK 方法,黄色表示 CT 方法,棕色表示 DFT 方法,黑色表示 LOT 方法,蓝色表示 MTT 方法,紫色表示 IVT 方法,灰色表示 L1APG 方法,姜黄色表示 LSST 方法,蓝绿色表示 TLD 方法,天蓝色表示 Pwod 方法。

对于每一个视频序列来说,中心点误差曲线代表了误差的变化趋势,通过分析每一帧的误差以及误差的变化趋势,能够更加清晰地看到提出的 DPF-WT 算法在对运动目标跟踪的过程中,中心点误差相对较小,误差曲线的走势相对平缓,在绝大多数序列中没有出现大起大落的不稳定情况。

(2) DPF-WT 算法与对比算法在平均中心点误差上的结果与分析

利用 DPF-WT 算法与对比算法在不同视频序列各帧上的中心点误差,得到 DPF-WT 算法与对比算法在不同视频序列上的平均中心点误差,如表 6.4 和表 6.5 所示。

表 6.4 和表 6.5 显示了提出的 DPF-WT 算法与对比算法在不同视频序列上的平均中心点误差。由于 100 个像素点相当于实际情况下大约 4 米的距离,因此在平均中心点误差中,误差大于 100 个像素点的情况表示在跟踪过程中出现了较大程度的漂移现象,将对应方法在该视频序列上的误差设为 NAN。

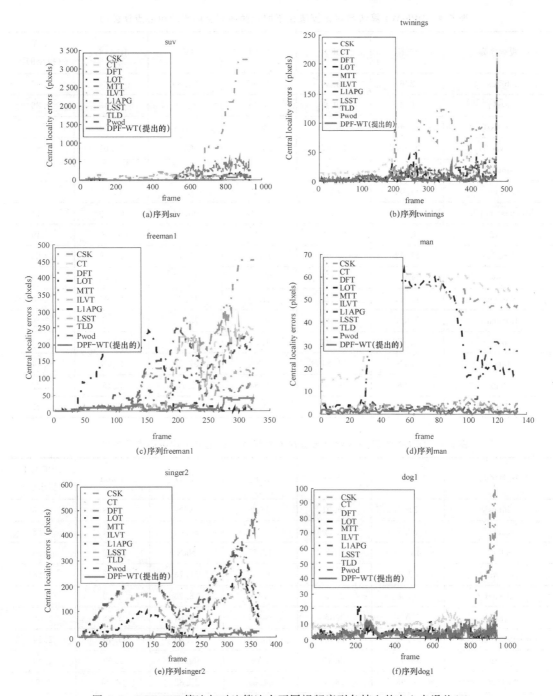

图 6.6　DPF-WT 算法与对比算法在不同视频序列各帧上的中心点误差(2)

　　对比算法中大多数方法都会出现不同程度的平均中心点误差大于 100 个像素点的情况，即出现漂移的现象，而提出的 DPF-WT 算法没有出现漂移现象，而且能够以较低的平均中心点误差对不同情况下的运动目标进行跟踪。提出的 DPF-WT 算法与对比算法 CSK、MTT、IVT、L1APG、CT、LSST、LOT、DFT、TLD 和 Pwod 相比，在所有视频序列上的平均中心点误差分别降低了 23.65、32.77、29.37、23.90、18.35、39.85、15.41、28.20、27.78、6.26 个像素点，平均降低了 24.56 个像素点。

表 6.4 DPF-WT 算法与对比算法在不同视频序列上的平均中心点误差（1）

视频序列	CSK	DFT	MTT	IVT	L1APG	DPF-WT（提出的）
bjbus	32.64	43.33	34.45	21.89	33.9	1.96
car11	5.6	59.6	3.46	2.31	15.48	0.86
trellis70	18.46	45.47	56.88	NAN	25.38	12.8
caviar2	9.68	24.47	74.54	4.52	64.01	1.86
singer1	15.43	20.78	31.14	7.12	4.02	2.16
car4	44.08	NAN	22.32	3.51	6.42	2.89
threepastshop2cor	68.27	94.5	69.27	65.34	65.49	2.14
car2	2.53	87.68	1.49	1.99	1.63	1.49
faceocc1	11.93	23.58	19.04	15.77	15.79	12.72
suv	NAN	NAN	95.35	86.92	7.83	8.08
twinnings	10.44	12.6	11.98	15.36	13.95	5.06
freeman1	NAN	10.43	59.85	79.94	64.8	13.00
man	1.77	39.93	1.54	2.75	7.93	1.38
singer2	NAN	21.84	NAN	97.39	NAN	8.44
dog1	3.26	9.49	2.83	2.70	3.18	3.27
AVERAGE	28.86	37.98	34.58	29.11	23.56	5.21

表 6.5 DPF-WT 算法与对比算法在不同视频序列上的平均中心点误差（2）

视频序列	CT	LSST	LOT	TLD	Pwod	DPF-WT（提出的）
bjbus	21.4	26.01	23.9	NaN	4.18	1.96
car11	30.5	1.43	30.59	23.08	8.94	0.86
trellis70	43.86	NAN	47.77	NaN	39.2	12.8
caviar2	62.8	3.44	6.99	11.73	6.02	1.86
singer1	16.4	2.93	NAN	18.76	2.49	2.16
car4	NAN	3.55	NAN	99.64	3.28	2.89
threepastshop2cor	97.23	2.48	43.05	62.83	9.45	2.14
car2	58.46	69.19	NAN	NaN	1.59	1.49
faceocc1	26.93	13.8	34.61	27.82	16.14	12.72
suv	56.21	28.23	7.60	NaN	46.05	8.08
twinnings	14.68	5.96	8.6	39.14	6.06	5.06
freeman1	98.18	30.77	86.11	39.6	NAN	13.00
man	49.30	2.38	32.69	3.67	1.97	1.38
singer2	167.2	95.33	75.32	NaN	NAN	8.44
dog1	9.84	3.15	3.62	3.64	3.69	3.27
AVERAGE	45.06	20.62	33.40	32.99	11.47	5.21

3. 实验三：DPF-WT 算法与对比算法在平均覆盖率上的实验

DPF-WT 算法与对比算法在不同视频序列上的平均覆盖率对比结果如表 6.6 和表 6.7 所示。提出的 DPF-WT 算法与对比算法 CSK、IVT、L1APG、CT、LOT、DFT 和 Pwod 相比，在所有视频序列上的平均覆盖率分别提升了 57%、59%、38%、42%、16%、86%、31%，平均提升了 36.5%。

表 6.6　DPF-WT 算法与对比算法在不同视频序列上平均覆盖率（1）

视频序列	CSK	MTT	IVT	L1APG	CT	DPF-WT（提出的）
bjbus	0.20	0.26	0.50	0.47	0.20	0.76
car11	0.55	0.64	0.83	0.59	0.12	0.84
trellis70	0.50	0.30	0.28	0.34	0.32	0.73
caviar2	0.54	0.36	0.56	0.34	0.23	0.71
singer1	0.39	0.41	0.71	0.83	0.39	0.87
car4	0.31	0.44	0.91	0.85	0.06	0.91
threepastshop2cor	0.19	0.19	0.19	0.20	0.12	0.62
car2	0.69	0.89	0.85	0.87	0.19	0.90
faceocc1	0.79	0.68	0.75	0.74	0.60	0.80
suv	0.52	0.47	0.12	0.50	0.22	0.65
twinnings	0.51	0.50	0.44	0.45	0.46	0.65
freeman1	0.23	0.20	0.26	0.15	0.19	0.40
man	0.88	0.85	0.78	0.64	0.06	0.83
singer2	0.04	0.04	0.19	0.038	0.038	0.75
dog1	0.55	0.72	0.66	0.81	0.45	0.65
AVERAGE	0.47	0.46	0.54	0.52	0.24	0.74

表 6.7　DPF-WT 算法与对比算法在不同视频序列上平均覆盖率（2）

视频序列	LSST	LOT	DFT	TLD	Pwod	DPF-WT（提出的）
bjbus	0.57	0.43	0.20	0.02	0.52	0.76
car11	0.85	0.35	0.29	0.04	0.63	0.84
trellis70	0.29	0.30	0.37	0.06	0.33	0.73
caviar2	0.76	0.65	0.41	0.09	0.41	0.71
singer1	0.85	0.16	0.39	0.14	0.83	0.87
car4	0.90	0.50	0.04	0.10	0.88	0.91
threepastshop2cor	0.87	0.26	0.15	0.09	0.50	0.62
car2	0.41	0.08	0.15	0.11	0.86	0.90
faceocc1	0.78	0.41	0.68	0.36	0.76	0.80

续表

视频序列	LSST	LOT	DFT	TLD	Pwod	DPF-WT（提出的）
suv	0.53	0.65	0.08	0.10	0.42	0.65
twinnings	0.66	0.68	0.48	0.06	0.65	0.65
freeman1	0.36	0.19	0.39	0.04	0.18	0.40
man	0.78	0.19	0.20	0.09	0.83	0.83
singer2	0.23	0.26	0.63	0.002	0.04	0.75
dog1	0.69	0.83	0.44	0.11	0.60	0.65
AVERAGE	0.64	0.40	0.33	0.09	0.56	0.74

在对比算法中，IVT 方法、L1APG 方法、LSST 方法、CSK 方法、CT 方法以及 MTT 方法都是基于稀疏表示的方法。与这些方法对比，提出的 DPF-WT 算法表现了良好的性能。在 caviar2 序列和 threepastshop2cor 序列上的平均覆盖率不如 LSST 方法，在 suv 序列上没有 LOT 方法的平均覆盖率高，这是由于这两个序列中存在严重的部分遮挡情况，甚至是全部遮挡的情况，提出的 DPF-WT 算法主要对运动过程中的方向向量进行了提取，并补偿了与其对应的采样片，当出现全部遮挡时，提取的方向向量较易产生误差，即速度较大的像素点不一定是被跟踪的运动目标的像素点，出现了过分关注像素底层运动信息，而忽略了运动目标的外观特征的问题。虽然提出的 DPF-WT 算法在出现遮挡情况时并不能以最准确、稳定的方式跟踪到运动目标，却没有出现漂移现象，与剩余其他对比算法相比，提出的 DPF-WT 算法还是能够较准确地跟踪到运动目标的。

提出的 DPF-WT 算法在所有序列上的表现较好，平均覆盖率在 0.74 附近浮动，最高达到 0.90，最低 0.62，整体性能比较稳定，没有出现漂移现象，能够在所有视频序列上稳定地对运动目标进行跟踪，其原因除了 DPF 特征的优势之外，还由于权值选择策略和字典动态更新使算法性能得到提升。

4. 实验四：DPF-WT 算法与对比算法在不同尺度下的实验

利用提出的 DPF-WT 算法与对比算法在视频序列帧上不同尺度下的跟踪结果，对提出的 DPF-WT 算法作进一步的分析。对运动目标的跟踪结果通过不同颜色的矩形框标识出来，并将部分视频帧的结果显示在图 6.7 至图 6.20 中。其中，提出的 DPF-WT 算法用红色矩形框表示，其他不同颜色代表不同的对比算法的跟踪结果，CSK 方法为绿色，DFT 方法为棕色，MTT 方法为浅蓝色，IVT 方法为粉色，L1APG 方法为灰色，CT 方法为黄色，LSST 方法为姜黄色，LOT 方法为黑色，TLD 方法为天蓝色，Pwod 方法为蓝色。

通过视频帧中矩形框的大小和位置，能够更加清晰地看到提出的 DPF-WT 算法在有效性和鲁棒性上的优势。在不同的视频序列中，运动目标受到了光照变化、形状变化、遮挡或背景杂波等情况的影响。

（1）在光照变化情况下 DPF-WT 算法与对比算法的跟踪结果与分析

光照变化主要表现为运动目标受到的光照明暗、阴影、夜间灯光闪烁等的变化情况。光照变化主要造成运动目标外观颜色、纹理等发生强烈的变化，对算法在提取运动目标相关特征时造成一定的影响。其中，car4 序列、bjbus 序列、car11 序列、man 序列以及 singer1 序列在光照变化上表现最为突出，而且也包含有形状大小的变化，如图 6.7 至图 6.11 所示。

在图 6.7 至图 6.11 中，无论光照变亮或者变暗，提出的 DPF-WT 算法与 10 种对比算法相比,都能够较好地跟踪到运动目标。在 car4 序列上,存在突然出现的阴影对运动目标的影响,当阴影出现时(♯202),多数对比算法都出现了运动目标的偏移,例如 CSK 方法、MTT 方法、CT 方法等,这些方法在特征提取阶段都只考虑了运动目标的外观特征,而在阴影出现的时候,运动目标的外观也随着发生了变化,导致对比算法不能够准确地获取阴影出现后的特征。在 bjbus 序列和 car11 序列上,运动目标都处于夜晚光线暗淡的环境中,而且存在由近到远的距离变化,从而造成运动目标大小尺度的变化,增加了跟踪的难度。

(a)#5　　　　(b)#202　　　　(c)#342　　　　(d)#521　　　　(e)#659

图 6.7　DPF-WT 算法与对比算法在视频序列 car4 上的跟踪结果

(a)#1　　　　(b)#151　　　　(c)#256　　　　(d)#373　　　　(e)#469

图 6.8　DPF-WT 算法与对比算法在视频序列 bjbus 上的跟踪结果

(a)#1　　　　(b)#105　　　　(c)#156　　　　(d)#277　　　　(e)#392

图 6.9　DPF-WT 算法与对比算法在视频序列 car11 上的跟踪结果

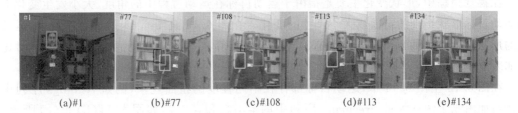

(a)#1　　　　(b)#77　　　　(c)#108　　　　(d)#113　　　　(e)#134

图 6.10　DPF-WT 算法与对比算法在视频序列 man 上的跟踪结果

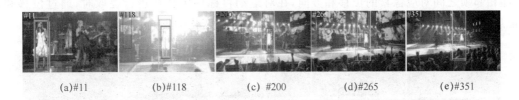

(a)#11　　　　(b)#118　　　　(c) #200　　　　(d)#265　　　　(e)#351

图 6.11　DPF-WT 算法与对比算法在视频序列 singer1 上的跟踪结果

在整个跟踪过程中,提出的 DPF-WT 算法始终能够跟踪到运动目标。在图 6.7 和图

6.11 中,光照变化属于突发性的,在运动目标跟踪过程中,突然的光照变化会造成模板无法得到及时更新,导致对比算法出现漂移现象。如图 6.10 所示,在 man 序列上,提出的 DPF-WT 算法能够准确地对运动目标进行跟踪,当环境中的光照由暗突然变亮时(♯71),对比算法出现了不同程度的漂移现象。在 singer1 序列上,提出的 DPF-WT 算法与对比算法都能够相对准确地跟踪到运动目标,但随着光照亮度不断增强,CSK 方法和 CT 方法开始出现了漂移,最终失去了运动目标。

DPF-WT 算法与对比算法在光照变化情况下的成功率对比结果如表 6.8 所示。在光照发生变化的情况下,提出的 DPF-WT 算法能够以 100% 的准确率跟踪到运动目标,算法在此情况下最为稳定。

表 6.8 DPF-WT 算法与对比算法在光照变化情况下的成功率对比结果

对比算法	car4	Bjbus	car11	man	singer1
CSK	0.00	0.56	0.56	1.00	0.34
MTT	1.00	1.00	1.00	1.00	1.00
IVT	1.00	1.00	1.00	1.00	0.34
L1APG	0.00	1.00	1.00	1.00	0.39
CT	0.00	0.56	0.56	1.00	0.34
LSST	1.00	1.00	1.00	1.00	1.00
LOT	1.00	1.00	1.00	1.00	1.00
DFT	0.00	0.56	0.56	1.00	0.34
TLD	1.00	1.00	1.00	1.00	1.00
Pwod	1.00	1.00	1.00	1.00	1.00
DPF-WT(提出的)	1.00	1.00	1.00	1.00	1.00

(2) 在形状变化情况下 DPF-WT 算法与对比算法的跟踪结果与分析

在视觉跟踪中,形状变化主要是指由于运动目标在运动过程中的角度、大小发生变化造成的运动目标形状出现的扭曲或大小尺寸的变化。在图 6.12 至图 6.14 的视频序列中,运动目标的形状变化情况最为明显。DPF-WT 算法与对比算法在形状变化情况下的成功率对比结果如表 6.9 所示。

在图 6.12 至图 6.14 中,运动目标都存在不同程度的扭曲现象,例如 twinings 序列中的♯104,如图 6.12(c)所示,freeman1 序列中的♯105 和♯217,如图 6.14(b)和(e)所示,而图 6.13 中的运动目标大小变化明显。提出的 DPF-WT 算法由于考虑了运动目标的方向向量,即相邻帧之间对应像素的位移和方向,在对运动目标周围特征进行提取时,通过位移和方向信息可以更加有效的获取目标的变化情况,不受形状变化的影响。

(a)#1   (b)#140   (c)#266   (d)#410   (e)#472

图 6.12 DPF-WT 算法与对比算法在视频序列 twinings 上的跟踪结果

|(a)#1|(b)#200|(c)#560|(d)#720|(e)#913|

图 6.13　DPF-WT 算法与对比算法在视频序列 car2 上的跟踪结果

|(a) #1|(b) #105|(c) #191|(d) #239|(e) #271|

图 6.14　DPF-WT 算法与对比算法在视频序列 freeman1 上的跟踪结果

在表 6.9 中,对于 car2 序列,提出的 DPF-WT 算法的成功率达到了 100%,而在 freeman1 序列上成功率只有 46%,但相比对比算法却有所提高;对于 twinnings 序列,提出的 DPF-WT 算法的成功率为 100%,与对比算法 Pwod 算法相同,而其他对比算法的成功率则较低。

表 6.9　DPF-WT 算法与对比算法在形状变化情况下的成功率对比结果

对比算法	twinnings	freeman1	car2
CSK	0.36	0.14	1.00
MTT	0.99	0.36	1.00
IVT	0.97	0.29	1.00
L1APG	0.97	0.29	1.00
CT	0.58	0.14	1.00
LSST	0.97	0.29	1.00
LOT	0.97	0.29	1.00
DFT	0.60	0.21	1.00
TLD	0.99	0.36	1.00
Pwod	1.00	0.36	1.00
DPF-WT(提出的)	1.00	0.46	1.00

(3) 在背景杂波情况下 DPF-WT 算法与对比算法的跟踪结果与分析

背景杂波是指运动目标在运动的过程中受到背景的影响,外观越来越模糊,甚至很难与背景区分。图 6.15 和图 6.16 分别显示了在 trellis70 序列和 singer2 序列上提出的 DPF-WT 算法和对比算法的跟踪结果。DPF-WT 算法与对比算法在光照变化情况下的成功率对比结果如表 6.10 所示。

在 trellis70 序列上,运动目标出现了多次扭曲,如图 6.15(b)♯138、(c)♯385、(d)♯435 等,在这种情况下,单纯使用目标的外观特征很难准确跟踪到运动目标,例如 Pwod 方法在 ♯138 处出现了漂移现象,其他对比算法也出现了不同程度的误差,而在 ♯435 处,提出的 DPF-WT 算法也对目标产生了较大的误差;但在后续的跟踪中,又跟踪到了运动目标,这是由于方向量和权值选择策略不仅补偿了采样样本，而且对观测样本的概率进行了修正。其中，提出的 DPF-WT 算法在两个视频序列上的成功率均为 100%，而对比算法的成功率则各不相同，说明对比算法在背景杂波的情况下，能够对两个视频序列进行稳定跟踪。

(a)#1　　　　(b)#138　　　　(c)#385　　　　(d)#435　　　　(e)#569

图 6.15　DPF-WT 算法与对比算法在视频序列 trellis70 上的跟踪结果

(a)#1　　　　(b)#98　　　　(c)#236　　　　(d)#281　　　　(e)#366

图 6.16　DPF-WT 算法与对比算法在视频序列 singer2 上的跟踪结果

表 6.10　DPF-WT 算法与对比算法在背景杂波变化情况下的成功率对比结果

对比算法	trellis70	singer2	对比算法	trellis70	singer2
CSK	0.83	0.04	LOT	1.00	0.78
MTT	1.00	0.78	DFT	0.84	0.70
IVT	0.85	0.78	TLD	1.00	0.78
L1APG	1.00	0.78	Pwod	1.00	0.78
CT	0.83	0.04	DPF-WT(提出的)	1.00	1.00
LSST	1.00	0.78			

（4）在遮挡情况下 DPF-WT 算法与对比算法的跟踪结果与分析

遮挡情况是指由于干扰物体的存在，造成的运动目标部分消失或者全部消失在可视窗口中的现象。这一特征往往对运动目标跟踪算法具有极大的挑战，如图 6.17、图 6.18、图 6.19 及图 6.20 中都存在部分遮挡甚至全部遮挡的情况。

在图 6.17 的 faceocc1 序列中，由于视频序列的背景简单，干扰物与目标区别较大，提出的 DPF-WT 算法和对比算法均能够准确地跟踪到运动目标。在 suv 序列中，不仅存在遮挡，而且存在相似物体的干扰。在初始阶段，出现相似的车辆时，部分对比算法开始丢失运动目标，例如 DFT 算法、IVT 算法和 CT 算法。当遮挡物出现时，运动目标几乎消失在可视窗口中，如图 6.18(c)♯513 以及图 6.18(d)♯547 所示，提出的 DPF-WT 算法能够在遮挡物存在的情况下，提取运动目标的方向向量，弥补初始化样本的不足，准确跟踪到运动目标。

在 caviar2 序列和 threepastshop2cor 序列上，相似物的干扰更加明显，如图 6.19 和图 6.20 所示，在这两个视频序列上更能够说明方向向量在提出的 DPF-WT 算法中起到了较好的效果。

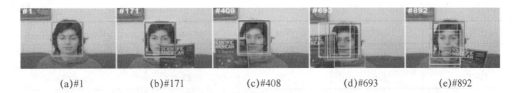

(a)#1　　　(b)#171　　　(c)#408　　　(d)#693　　　(e)#892

图 6.17　DPF-WT 算法与对比算法在视频序列 faceocc1 上的跟踪结果

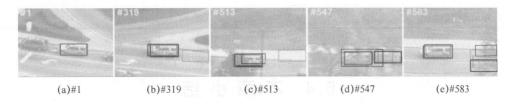

(a)#1　　　(b)#319　　　(c)#513　　　(d)#547　　　(e)#583

图 6.18　DPF-WT 算法与对比算法在视频序列 suv 上的跟踪结果

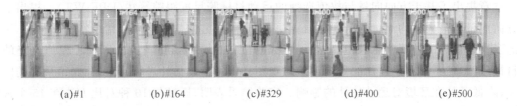

(a)#1　　　(b)#164　　　(c)#329　　　(d)#400　　　(e)#500

图 6.19　DPF-WT 算法与对比算法在视频序列 caviar2 上的跟踪结果

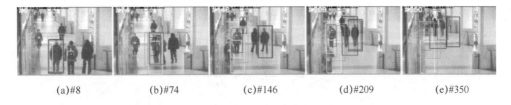

(a)#8　　　(b)#74　　　(c)#146　　　(d)#209　　　(e)#350

图 6.20　DPF-WT 算法与对比算法在视频序列 threepastshop2cor 上的跟踪结果

　　DPF-WT 算法与对比算法在光照变化情况下的成功率对比结果如表 6.11 所示，在 faceocc1 序列、suv 序列、caviar2 序列和 threepastshop2cor 序列上，提出的 DPF-WT 算法均以比对比算法较高的成功率对运动目标进行了跟踪，说明提出的 DPF-WT 算法在遮挡存在的情况下，仍然能够对运动目标进行稳定跟踪。

表 6.11　DPF-WT 算法与对比算法在遮挡情况下的成功率对比结果

对比算法	faceocc1	Suv	caviar2	threepastshop2cor
CSK	1.00	0.57	0.70	0.23
MTT	1.00	0.83	0.82	0.99
IVT	1.00	0.82	0.82	0.23
L1APG	1.00	0.82	0.82	0.23
CT	1.00	0.60	0.71	0.23
LSST	1.00	0.83	0.82	0.23

续表

对比算法	faceocc1	Suv	caviar2	threepastshop2cor
LOT	1.00	0.82	0.82	0.23
DFT	1.00	0.60	0.81	0.23
TLD	1.00	0.83	0.82	0.99
Pwod	1.00	0.83	0.83	1.00
DPF-WT(提出的)	1.00	0.86	0.90	1.00

6.4 本 章 小 结

本章提出了基于方向向量与权值选择的运动目标跨尺度跟踪算法(DPF-WT)。提出了基于方向向量与最大平均池化的特征提取算法,将全局的方向信息与局部稀疏特征相结合,不仅考虑了运动目标的外观信息,而且融合了目标的位移和方向信息。提出了基于权值选择的运动目标跟踪算法,利用采样片的重构误差对观测样本的运动估计进行修正,并获得最终的跟踪结果,降低了外在环境对运动估计的影响。实验结果表明,通过与 10 种对比方法在 15 个视频序列上进行对比,提出的 DPF-WT 算法能够更加准确地在光照变化、形状变化、背景杂波以及遮挡等不同尺度下对运动目标进行跟踪,其中,中心点误差和平均中心点误差均有明显下降,平均降低了 24.56 个像素点;覆盖率和平均覆盖率均有较大幅度提升,平均提升了 36.5%。

参 考 文 献

[1] Li H, Li Y, F. Porikli. Robust online Visual Tracking with a Single Convolutional Neural Network[C]. Asian Conference on Computer Vision. Springer International Publishing, 2014:194-209.

[2] A. Grossmann, J. Morlet. Decomposition of Hardy Functions into Square Integrable Wavelets of Constant Shape[J]. SIAM Journal on Mathematical Analysis, 1984, 15(4): 723-736.

[3] Wang X, E. Türetken, F. Fleuret, et al. Tracking Interacting Objects Optimally Using Integer Programming [C]. Proceedings of Computer Vision-ECCV 2014. Springer International Publishing, 2014:17-32.

[4] He S, Yang Q, Lau R W H, et al. Visual Tracking via Locality Sensitive Histograms[C]. Proceedings of 2013 IEEE Conference on Computer Vision and Pattern Recognition, Portland, 2013:2427-2434.

[5] D. Comaniciu, P. Meer. Mean Shift: A Robust Approach Toward Feature Space Analysis [J]. IEEE Transactions on Pattern Analysis and Machine Intelligence, 2002, 24(5):603-619.

[6] D. Comaniciu, V. Ramesh, P. Meer. Real-time Tracking of Non-Rigid Objects Using Mean Shift[C]. Proceedings of 2000 IEEE Conference on Computer Vision and Pattern Recognition, Hilton Head Island, SC, 2000, 2:142-149.

[7] Li B, Xiong W, Hu W, et al. Illumination Estimation Based on Bilayer Sparse Coding[C]. Proceedings of the IEEE Conference on Computer Vision and Pattern Recognition, 2013: 1423-1429.

[8] Bao C, Wu Y, Ling H, et al. Real Time Robust L1 Tracker Using Accelerated Proximal Gradient Approach[C]. Proceedings of 2012 IEEE Conference on Computer Vision and Pattern Recognition (CVPR), 2012:1830-1837.

[9] Liu H P, Sun F C. Fusion Tracking in Color and Infrared Images Using Joint Sparse Representation[J]. Science China Information Sciences, 2012, 55(3):590-599.

[10] J. C. Sanmiguel, A. Cavallaro. Temporal Validation of Particle Filters for Video Tracking[J]. Computer Vision and Image Understanding, 2015, 131:42-55.

[11] Wang Y, Wang X, Wan W. Object Tracking with Sparse Representation and Annealed Particle Filter[J]. Signal, Image and Video Processing, 2014, 8(6):1059-1068.

[12] K. Jarrett, K. Kavukcuoglu, M. Ranzato, et al. What Is the Best Multi-Stage Architecture for Object Recognition [C]. Proceedings of 2009 IEEE 12th International Conference on Computer Vision, Kyoto, 2009:2146-2153.

[13] Y. L. Boureau, J. Ponce, Y. Lecun. A theoretical Analysis of Feature Pooling in Visual Recognition [C]. Proceedings of the 27th International Conference on Machine Learning, Haifa, 2010:111-118.

[14] Ge T, Lu Y. Multiple Kernel Boosting Based Tracking Using Pooling Features[C]. Proceedings of 2015 IEEE International Conference on Image Processing (ICIP), 2015:3210-3214.

[15] Yu X, Yang J, Wang T, et al. Key Point Detection by Max Pooling for Tracking[J]. IEEE Transactions on Cybernetics, 2015, 45(3):430-438.

[16] Ma B, Shen J, Liu Y, et al. Visual Tracking Using Strong Classifier and Structural Local Sparse Descriptors [J]. IEEE Transactions on Multimedia, 2015, 17 (10): 1818-1828.

[17] Huang K, Wang L, Tan T, et al. A Real-Time Object Detecting and Tracking System for Outdoor Night Surveillance[J]. Pattern Recognition, 2008, 41(1):432-444.

[18] Wang D, Lu H, Xiao Z, et al. Fast and Effective Color-based Object Tracking by Boosted Color Distribution [J]. Pattern Analysis and Applications, 2013, 16 (4): 647-661.

[19] Jiang Z, Lin Z, L. S. Davis. Learning A Discriminative Dictionary for Sparse Coding via Label Consistent K-SVD[C]. Proceedings of 2011 IEEE Conference on Computer Vision and Pattern Recognition (CVPR), 2011:1697-1704.

[20] Y. L. Boureau, F. Bach, Y. Lecun, et al. Learning Mid-Level Features for Recognition [C]. Proceedings of 2010 IEEE Conference on Computer Vision and Pattern Recognition, San Francisco, CA, 2010:2559-2566.

[21] M. Danelljan, K. F. Shahbaz, M. Felsberg, et al. Adaptive Color Attributes for Real-Time Visual Tracking[C]. Processing of IEEE Conference on Computer Vision and Pattern Recognition (CVPR), Columbus, Ohio, USA, June 2014:24-27.

[22] A. Kale, Jaynes, C. A Joint Illumination and Shape Model for Visual Tracking[C]. Processing of IEEE Conference on Computer Vision and Pattern Recognition (CVPR), Jun. 2006, 1:602-609.

[23] Chang J, J. W. Fisher. Topology-constrained Layered Tracking with Latent Flow[C]. Processing of IEEE International Conference on Computer Vision, Sydney, Australia, Dec. 2013:161-168.

[24] P. Sundberg, T. Brox, M. Maire, et al. Occlusion Boundary Detection and Figure/Ground Assignment from Optical Flow [C]. Processing of IEEE Conference on Computer Vision and Pattern Recognition (CVPR), 2011:2233-2240.

[25] J. Santner, C. Leistner, A. Saffari, et al. Prost: Parallel Robust Online Simple Tracking [C]. Processing of IEEE Conference on Computer Vision and Pattern Recognition (CVPR), San Francisco, CA, USA, Jun. 2010:723-730.

[26] V. Spruyt, L. Alessandro, P. Wilfried. Sparse Optical Flow Regularization for Real-time Visual Tracking [C]. Proceedings of IEEE International Conference on Multimedia and Expo (ICME), San Jose, California, USA, 2013:1-6.

[27] Yilmaz, A. Object Trackingby Asymmetric Kernel Mean Shift with Automatic Scale and Orientation Selection[C]. Processing of IEEE Conference on Computer Vision and Pattern Recognition, USA, Jun. 2007:1-6.

[28] Zhou H, Gao Y, Yuan G, et al. Adaptive Multiple Cues Integration for Particle Filter Tracking[C]. IET International Radar Conference, 2015, 1:6, DOI: 10.1049/Cp. 2015.1049.

[29] L. Mihaylova, A. Y. Carmi, F. Septier, et al. Overview of Bayesian Sequential Monte CarloMethods for Group and Extended Object Tracking[J]. Digital Signal Processing, 2014, 25:1-16.

[30] Ning J, Zhang L, Zhang D, et al. Robust Mean-Shift Tracking with Corrected BackGround-weighted Histogram[J]. IET Computer Vision, 2012, 6(1):62-69.

[31] T. Brox, J. Malik. Large Displacement Optical Flow: Descriptor Matching in Variational Motion Estimation [J]. IEEE Transactions on Pattern Analysis and Machine Intelligence, 2011, 33(3):500-513.

[32] B. D. Lucas, T. Kanade. An Iterative Image Registration Technique withan Application to Stereo Vision [C]. Proceedings of the 7th International Joint Conference on Artificial Intelligence, 1981, 81:674-679.

[33] P. Sarkar. Sequential Monte Carlo Methods in Practice[J]. Technometrics, 2003, 45 (1):106-106.

[34] P. Ghosh, B. S. Manjunath. Robust Simultaneous Registration and Segmentation with Sparse Error Reconstruction[J]. IEEE Transactions on Pattern Analysis and Machine Intelligence, 2013, 35(2):425-436.

［35］ S. Oron，A. Bar-Hillel，D. Levi，et al. Locally Orderless Tracking［J］. International Journal of Computer Vision，2015，111(2)：213-228.

［36］ Wu Y，J. Lim，Yang M H. Online Object Tracking：a Benchmark［C］. Processing of IEEE Conference on Computer Vision and Pattern Recognition，Portland，USA，Jun. 2013：2411-2418.

［37］ Li X，Hu W，Shen C，et al. A Survey of Appearance Models in Visual Object Tracking［J］. ACM Transaction on Intelligent Systems and Technology，2013，4(4)：1-38.

［38］ CAVIAR［DB/OL］. http：. groups. inf. ed. ac. uk/vision/caviar/caviardata1/.

［39］ D. A. Ross，J. Lim，Lin R S，et al. Incremental Learning for Robust Visual Tracking ［J］. International Journal of Computer Vision，2008，77(1-3)：125-141.

［40］ Wang D，Lu H，Yang M H. Least Soft-threshold Squares Tracking［C］. Proceedings of IEEE Conference on Computer Vision and Pattern Recognition (CVPR 2013). 2013：2371-2378.

［41］ J. F. Henriques，R. Caseiro，P. Martins，et al. Exploiting the Circulant Structure of Tracking-by-detection with Kernels［C］. Proceedings of 12th European Conference Computer Vision，Firenze，Italy，2012：702-715.

［42］ Zhang K，Zhang L，Yang M H. Real-Time Compressive Tracking［C］. Processing of 12th European Conference on Computer Vision，Firenze，Italy，2012：864-877.

［43］ Zhang T，B. Ghanem，S. Liu，et al. Robust Visual Tracking via Multi-Task Sparse Learning［C］. Processing of IEEE Conference on Computer Vision and Pattern Recognition，Providence，Rhode Island，2012：2042-2049.

［44］ S. L. Laura，L. M. Erik. Distribution Fields for Tracking［C］. Processing of IEEE Conference on Computer Vision and Pattern Recognition，Providence，Rhode Island，2012：1910-1917.

［45］ Z. Kalal，K. Mikolajczyk，J. Matas. Tracking-learning-detection［J］. IEEE Transactions on Pattern Analysis and Machine Intelligence，2012，34(7)：1409-1422.

［46］ PASCAL VOC. Pattern Analysis，Analysis Modelling and Computational Learning Visual Object Classes［EB/OL］. http://pascallin. ecs. soton. ac. uk/challenges/voc/2010.

［47］ J. Mairal，F. Bach，J. Ponce，et al. Online Learning for Matrix Factorization and Sparse Coding［J］. Journal of Machine Learning Research，2009，11(1)：19-60.

［48］ VLFEAT库［EB/OL］：http://www. vlfeat. org/.

第7章 基于重采样粒子滤波的运动目标跟踪方法研究

7.1 引 言

现有的运动目标跟踪算法只能处理单通道的运动目标,对于 3D 多通道运动目标一般的方法是分别处理不同的颜色通道,用这种方法求解复杂较高,准确性也不甚理想[1]。基于"Quaternions"理念,研究人员已经实现了计算运动目标跨尺度特征的方法,这种基于"Quaternions"的方法可以准确地解决运动目标序列中的运动目标估计问题[2],但考虑到频率域固有的单一特性和运动估计结果的粗糙性,研究人员需要借助其他方法才能实现准确的运动目标跟踪。Harwood 和 Davis 等人提出可以结合运动目标底层物理信息,实现运动目标的检测和跟踪[3],这种方法利用了运动目标像素级的特征,因为像素级特征的数据量较大,所以该方法对硬件的要求较高。

Kurugollu 等人提出了一种基于跨尺度特征相似性比较的运动目标跟踪方法[4],该方法在 HSI 彩色空间定义了目标跟踪特征区域,利用不同尺度间的特征集合进行相似性测算,该方法可以应用在监控视频的目标检测和跟踪领域。但是对于光照不稳定、色彩变化较大的空间运动目标,该方法的跟踪效果不佳。Lee 等人提出的运动分层模型[5]可以将彩色图像的 RGB 通道映射到跨尺度分析域,但在处理 RGB 通道时,该算法提出的阈值模型存在一定的数学歧义,最后的跟踪结果也与图像质量、色彩分层等因素关联性较大,跟踪算法不具有普适性。对于要求高鲁棒性的运动目标跟踪,具有自适应性的运动目标特征检测机制是必须的,Ristic 和 Arulampalam 提出的运动目标跟踪算法,在运动目标形状确定和图像背景分离方面具有一定的优势[6],但在不稳定环境下,例如光照变化、动态阴影、摄像机抖动等,该算法无法准确跟踪移动速度变化较快的运动目标,当两个或多个运动目标交互时,不同的运动目标经常会被作为同一目标检测出来[7]。

本章提出了一种基于重采样粒子滤波的运动目标目标跟踪算法(Particle Filter Object Tracking,PFOT),PFOT 算法利用 3D Quaternionic Fourier 变换,在 3D 彩色 Fourier 域融合色彩调和与信号处理,利用 3D Quaternionic Fourier 变换做主线处理图像本身的信号参数,对运动目标进行初步分割。在运动目标目标跟踪过程中,PFOT 算法利用重采样粒子滤波(RS-PF)添加自适应的多维信号处理,这种处理方式可以从邻近的运动粒子聚簇中挖掘出新的多样性运动粒子,保证运动目标目标跟踪结果不受采样位置、运动目标速率等因素变化的影响。

7.2 基于重采样粒子滤波的运动目标跟踪算法（PFOT）的提出

7.2.1 PFOT 算法研究动机

在运动目标目标跟踪中,现有的粒子滤波算法只是利用"粒子"进行运动目标估计,它们无法做到很好地兼容运动目标色彩信息。现有粒子滤波算法缺少对粒子间关联性的"自适应"挖掘,最终的目标跟踪结果在不同帧间普遍缺少跟踪连续性。现有的基于粒子滤波的目标跟踪方法最后的跟踪结果受图像质量、目标运动轨迹等因素影响较大,跟踪算法普遍不具有很好的普适性,对于要求高鲁棒性的空间运动目标跟踪,具有自适应性的运动目标跟踪算法是研究的重点。

本章提出了基于重采样粒子滤波（Re-Sampling Particle Filter,RS-PF）的运动目标跟踪算法（Particle Filter Object Tracking,PFOT）,PFOT 算法利用重采样粒子滤波（RS-PF）,融合色彩调和与信号处理,在运动目标目标跟踪中添加了自适应的多维信号处理,可以从邻近的粒子聚簇中挖掘新的多样性运动粒子,提高运动目标目标跟踪的准确度。

7.2.2 PFOT 算法描述

PFOT 算法共包括三个部分:预测阶段、更新阶段、滤波阶段。PFOT 算法流程如图 7.1 所示。

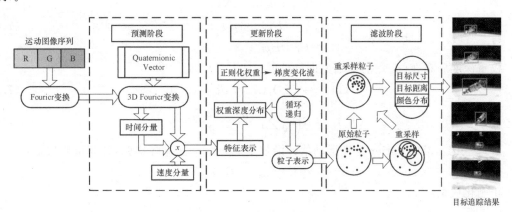

图 7.1 PFOT 算法流程

（1）预测阶段

在预测阶段,PFOT 算法使用色彩分层表示运动目标特征,色彩分层是一种基于 Fourier 变换和分层模型的运动目标特征表示方法[8]。

假设尺寸为 $N_x \times N_y$,长度为 N 的彩色图像序列,对每一帧使用 Quaternionic Vector 分解,可以得到:

$$f(x;y) = r(x;y)i + g(x;y)j + b(x;y)z, x \in \boldsymbol{X}, y \in \boldsymbol{Y}$$
$$\boldsymbol{X} = \{0, \cdots, N_x - 1\} \times \{0, \cdots, N_y - 1\}, \boldsymbol{Y} = \{0, \cdots, N - 1\}$$

(7.1)

每一帧图像都是由 M 层分解后的图像构成,对每一层 $m \in \{1, \cdots, M\}$,分解构成主要包括图像"实区"分解 $Z_m(x)$、实值 Alpha 部分 $a_m(x) \in [0,1]$、即时速度分量 $v_m(t) = (v_{mx}(t), v_{my}(t))^{\mathrm{T}}$。对每一个时间间隔 t,色彩分层算法的模板为 $(u_x, u_y, w_m(t))$,时间分量可以表示为 $v_m(t) = (v_{mx}(t), v_{my}(t))^{\mathrm{T}}$,色彩分层算法使用扩展的复合 Fourier 变换,将图像分解映射到 3D 方向坐标,色彩分层算法在图像序列 $f(x;t)$ 上可以表示为:

$$F^{+L}(u;w) = \frac{1}{\sqrt{N_x N_y N}} \sum_{i=1}^{k} |\Delta u_i| \, \mathrm{d}x = \frac{1}{\sqrt{N_x N_y N}} \sum_{t \in T} \sum_{x \in X} \mathrm{e}^{-u(u^{\mathrm{T}}x + ut)} f(x;t)$$
$$= \frac{1}{\sqrt{N}} \sum_{t \in T} \rho_1 + r\rho_2 \, \mathrm{d}x \tag{7.2}$$

其中,$w = 2\prod k_t / N$ 是正则化的空间域值,相关的 $2\prod$ 时间频率域与 w 的交叉可以定义 3D Fourier 变换,扩展的 3D Fourier 变换是可分离的,针对每一时空频率 u,3D Fourier 变换在 2D Fourier 变换的基础上,沿时间分量应用 1D Quaternionic Fourier 变换,2D Quaternionic Fourier 变换的属性会自动延伸到 3D Quaternionic Fourier 变换上:

$$F_{m\parallel}^{+L}(u;w) = \left(\frac{1}{\sqrt{N}} \sum_{t \in T} \mathrm{e}^{-uwt} \, \mathrm{e}^{-u_t^{\mathrm{T}} v_m t} \right) C_{m\parallel}^{+L}(u)$$
$$\tag{7.3}$$
$$F_{m\perp}^{+L}(u;w) = \left(\frac{1}{\sqrt{N}} \sum_{t \in T} \mathrm{e}^{-uwt} \, \mathrm{e}^{-u_t^{\mathrm{T}} v_m t} \right) C_{m\perp}^{+L}(u)$$

（2）更新阶段

在更新阶段,PFOT 算法应用 3D Fourier 变换得到运动目标的连续运动估计[9],具体的实现过程如下:

使用 N 维特征,$\{Ni\,t\}_{i=1,\cdots,N}$ 关于 X_{t-1} 的表示如下:

$$\rho_t^i = \rho_{t-1}^i + u_t, \quad u_t \subset N(0, \sigma_u^2)$$
$$(d_p)_t^i = (D_p)_{t-1}(\rho_t^i) \tag{7.4}$$
$$C_t^i = C_{t-1} + \rho_t^i$$

权重深度分布在 $(d_p)_t^i$ 的基础上进行扩展:

$$(D_w)_t = (f_w)_t (d_{i,j}^k - d_{i-v_x, j-v_y}^{k-1}) \tag{7.5}$$

$$(f_w)_t = N\left(\frac{1}{N} \sum_{i=1}^{N} \frac{|d_{i,j}^k - d_{i-p, j-q}^{k-1}|}{\delta} \right) \tag{7.6}$$

对每一 $d_{i,j}^k$,3D Fourier 变换运动估计沿权重地图做 x 次循环递归,计算重要权重:

$$w_t^i = \exp\{-E_{\mathrm{image}}((D_w)_t, X_t^i)\} \tag{7.7}$$

正则化权重:

$$w_t^i = \frac{1}{N_x N_y} \sum_{i=1}^{N_x} \sum_{j=1}^{N_y} (d_{i,j}^k - d_{i-v_x, j-v_y}^{k-1})^2 \tag{7.8}$$

跟踪目标的后验概率分布通过一组"权重因子"表示:

$$p(X_t \mid Y_{1:t}) = \sum_{i=1}^{N} w_t^i \delta(X_t^i) \tag{7.9}$$

使用后验概率计算 $\{X_t^i, 1/N\}_{i=1}^{N}$,根据 $p(X_t \mid Y_{1:t})$ 筛选运动估计特征。

（3）滤波阶段

PFOT 算法使用重采样粒子滤波（RS-PF）完成滤波阶段,"运动粒子"是从初始状态向量 $(\Delta x, \Delta y, h, l, d)_0^{\mathrm{T}}$ 中衍化得到,"运动粒子"通过动态模型 $x_k = \Phi x_{k-1} + v_k$ 进行衍生,其中 Φ 代

表的是运动目标动态特征的变换矩阵，$v_k = (v_{\Delta x}, v_{\Delta y}, v_h, v_t, v_d)_k^{\mathrm{T}}$ 是经过零均值高斯白噪声处理的特征向量，相关的协方差关系为 $Q: E[v_k v T j] = Q\delta_{jk}$，其中：

$$Q = \begin{pmatrix} \sigma_{\Delta x}^2 & 0 & 0 & 0 & 0 \\ 0 & \sigma_{\Delta y}^2 & 0 & 0 & 0 \\ 0 & 0 & \sigma_h^2 & 0 & 0 \\ 0 & 0 & 0 & \sigma_l^2 & 0 \\ 0 & 0 & 0 & 0 & \sigma_d^2 \end{pmatrix} \tag{7.10}$$

$\sigma_{\Delta x}$ 是与状态向量 $\boldsymbol{X}$ 的 Δx 元素标准差，对于其他变量的标准差，这个定义同样适用。

重采样粒子滤波(RS-PF)对颜色分布和目标距离的测算会分开执行，每一个"运动粒子"的权重会通过这两组数据的乘积得到，颜色分布模型的构建是通过比较"运动粒子"模型和参考模型在相关运动目标区域的平均颜色分布完成的，"运动粒子"模型和参考模型之间的区分度越小，相关"运动粒子"为真实运动目标的可能性越大，颜色分布模型中，对 i-th"运动粒子"的表述如下：

$$p_{\text{color\_k}}^i = p(r_{f\_k}, g_{f\_k}, b_{f\_k} | (\overline{r_k^i}, \overline{g_k^i}, \overline{b_k^i})) \tag{7.11}$$

其中，$(\overline{r_k^i}, \overline{g_k^i}, \overline{b_k^i})$ 代表在第 i-th"运动粒子"中的平均颜色像素分布。

目标跟踪过程中，运动目标的尺寸可能会发生较大的变化，为了解决这个问题，重采样粒子滤波(RS-PF)对每个"运动粒子"的像素周边使用高斯颜色模型计算，"运动粒子"的尺寸会基于像素的颜色进化完成自动裁剪，第 i-th"运动粒子"在时间点 k 的第 j-th 颜色表示为 $\{r_{p\_k}^{i,j}, g_{p\_k}^{i,j}, b_{p\_k}^{i,j}\}$，第 i-th"运动粒子"在第 j-th 像素的权重 $w_{p\_k}^{i,j}$ 可以被表示为：

$$\begin{aligned} w_{p\_k}^{i,j} &= P_k H^{\mathrm{T}} [HP_k H^{\mathrm{T}} + R\sigma_r^2]^{-1} + [I - P_k H\sigma_g^2 - P_k H\sigma_b^2] \\ &= N(|r_{p\_k}^{i,j} + g_{p\_k}^{i,j} + b_{p\_k}^{i,j}|; 0, \sigma_b^2) \end{aligned} \tag{7.12}$$

其中，N 代表的是高斯分布，σ_r^2、σ_g^2、σ_b^2 代表的是变量 $r_{p\_k}^{i,j}$、$g_{p\_k}^{i,j}$、$b_{p\_k}^{i,j}$ 的方差，使用广义方差计算方法，σ_r^2、σ_g^2、σ_b^2 会依据彩色运动目标中的初始运动目标区域像素计算。从式(7.12)可以得到，$w_{p\_k}^{i,j}$ 会有正值，候选像素色彩与目标像素色彩的差别越小，权值 $w_{p\_k}^{i,j}$ 越大。

重采样粒子滤波(RS-PF)设定阈值 T_{pixel} 对像素进行排序，像素权值大于 T_{pixel} 的可以保留为"真实"像素，其他的会被清除。阈值 T_{pixel} 的选择存在一定的妥协性，如果太大，会导致"真实"像素的流失；如果太小，会错误地把"虚假"像素划为"真实"像素。在重采样粒子滤波(RS-PF)中，设定相关阈值为 0.637，实验中超过阈值 T_{pixel} 的像素点会被保留标记，并且划入实验的矩形窗口中，(h_k^i, l_k^i) 会被第 i-th"运动粒子"替换。

"运动粒子"的排序是通过与前一时间点的物体估计尺寸 (h_{k-1}^i, l_{k-1}^i) 比较完成，其中，$T_{\Delta h}$ 和 $T_{\Delta l}$ 是连续两幅视频图像帧中目标尺寸差别的阈值：

$$\begin{cases} T_{\Delta h} = 0.1 \times d_k \times \dfrac{h_{k-1}}{k} \\ T_{\Delta l} = 0.1 \times d_k \times \dfrac{l_{k-1}}{k} \end{cases} \tag{7.13}$$

颜色分布模型可以表示为：

$$p_{\text{color\_k}}^i = \begin{cases} \dfrac{1}{M_{p\_k}^i} \sum_{j=1}^{M_{p\_k}^i} w_{p\_k}^{i,j}, & \text{if ith particle-object is retained} \\ 0, & \text{if ith particle-object is subtracted} \end{cases} \tag{7.14}$$

其中，$M_{p\_k}^i$ 表示的是在时间结点 k，第 i-th"运动粒子"中保留的"粒子"数，被裁剪粒子的 $p_{color\_k}^i$ 会被设定为零，这样做可以保证重采样粒子滤波不会出现重复计算。

通过预测阶段、更新阶段和滤波阶段，"运动粒子"、运动目标区域和运动目标活动中心都可以直观地在运动目标序列上展示出来，PFOT 算法描述如表 7.1 所示。

表 7.1　PFOT 算法描述

算法：基于重采样粒子滤波的运动目标目标跟踪算法（PFOT）

输入：$m \times n$ 分辨率运动目标序列

输出：$m \times n$ 分辨率运动目标目标跟踪结果

（1）预测阶段使用色彩分层表示运动目标特征，每一帧使用 3D Fourier Quaternionic Vector 分解，获得图像"实区"分解 $Z_m(x)$，实值 Alpha 部分和即时速度分量

（2）更新阶段应用 3D Fourier 变换得到运动目标的连续运动估计，使用式（7.4）的 N 维特征，对每一 $d_{i,j}^k$，3D Fourier 变换运动估计沿权重地图做 x 次循环递归，根据式（7.7）计算重要权重，根据式（7.8）正则化权重，跟踪目标的后验概率分布通过式（7.9）表示，使用后验概率计算 $\{X_t^i, 1/N\}_{i=1}^n$，根据 $p(X_t|Y_{1:t})$ 筛选运动估计特征

（3）滤波阶段使用重采样粒子滤波完成目标跟踪

（a）"运动粒子"从初始状态向量 $[\Delta x, \Delta y, h, l, d]$ 中衍化得到，"运动粒子"通过动态模型 $x_k = \Phi x_{k-1} + v_k$ 进行衍生

（b）通过比较"运动粒子"模型和参考模型在相关运动目标区域的平均颜色分布，完成颜色分布比较

（c）重采样粒子滤波对每个"运动粒子"的像素周边使用高斯颜色模型计算，完成运动目标尺寸估计

（d）设定阈值 T_{pixel} 对像素进行排序，像素权值大于 T_{pixel} 的可以保留为"真实"像素，其他的会被清除

7.3　运动目标目标跟踪实验结果及分析

7.3.1　粒子滤波对比实验

本节通过真实的运动目标序列验证 PFOT 算法的粒子滤波性能，实验集选用三组不同的运动目标序列：空间卫星运动目标序列、空间飞行器运动目标序列、行人运动目标序列，三组图像序列来自数据库[PETS2000]。空间卫星运动目标序列中，空间卫星的运动轨迹由近及远，黑暗背景的强度较大，彩色场景主要是空间卫星和地球大气层背景，空间卫星的运动速度较快，面积变换也较大，每帧空间卫星大约运动 50 个像素左右，图像序列噪声程度中等。空间飞行器运动目标序列中，地球大气层背景对空间飞行器的检测和跟踪有较大干扰，空间飞行器图像序列的背景干扰强度较大，其中可测背景是地球近大气层环境，物体目标速度较慢，每帧运动大约 10 个像素左右。行人运动目标序列中，跟踪目标为运动行人，跟踪过程中，行人会与遮挡物出现一定程度的交互重叠，这对跟踪算法的干扰比较大。

粒子滤波对比实验结果如图 7.2 至图 7.4 所示，其中，蓝色交叉代表"运动粒子"，红色矩形框代表运动目标区域，红色圆点代表运动目标活动中心。空间卫星运动目标序列中，空间卫星首先自远及近逼近，后又自近及远运动，在整个跟踪过程中，RS-PF 算法基本锁定运动目标中心，相关"运动粒子"集中在空间卫星本身；空间飞行器运动目标序列中，PFOT 算法可以保证对运动区域的始终锁定，不会出现跟踪丢失现象；行人运动目标序列运动行人移动速率较快，跟踪效果在不同帧之间的过渡略有偏差，当行人运动到障碍物（白色木板）后，PFOT 算法的跟踪目标中心也不会丢失。

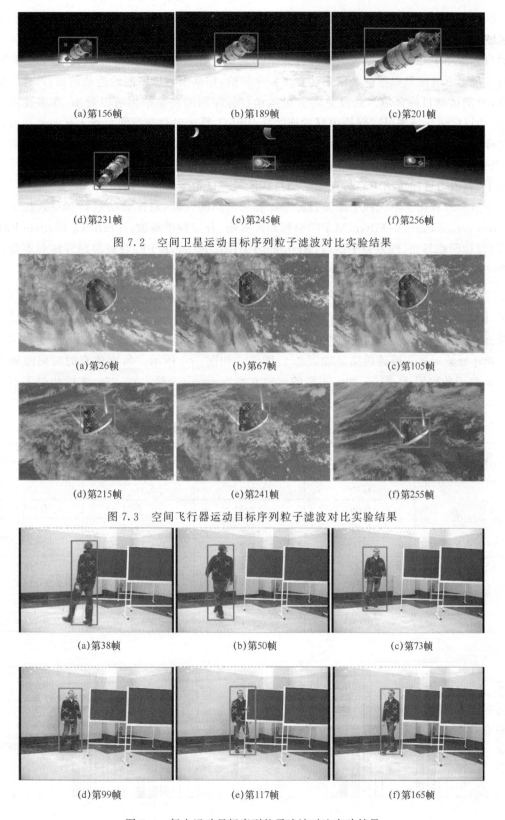

(a)第156帧　　　　　　(b)第189帧　　　　　　(c)第201帧

(d)第231帧　　　　　　(e)第245帧　　　　　　(f)第256帧

图 7.2　空间卫星运动目标序列粒子滤波对比实验结果

(a)第26帧　　　　　　(b)第67帧　　　　　　(c)第105帧

(d)第215帧　　　　　　(e)第241帧　　　　　　(f)第255帧

图 7.3　空间飞行器运动目标序列粒子滤波对比实验结果

(a)第38帧　　　　　　(b)第50帧　　　　　　(c)第73帧

(d)第99帧　　　　　　(e)第117帧　　　　　　(f)第165帧

图 7.4　行人运动目标序列粒子滤波对比实验结果

综合三组运动目标序列的实验结果，PFOT 算法可以保证"运动粒子"基本分布在运动目标区域，在连续帧之间，PFOT 算法可以实现跟踪结果的平滑过渡，最终实现运动目标区域和运动目标活动中心的准确定位。空间背景下的运动目标跟踪会产生许多次亮点，PFOT 算法对每一尺度下的前景似然融合信息建立了一个阈值，根据不同尺度间的连通信息，筛选过滤次亮点，分割运动目标区域。通过空间卫星运动目标序列的实验结果可以看出，在多视角环境下，运动目标估计结果可以保持很好的连续性，PFOT 算法对存在空间背景干扰的运动目标跟踪同样有效，空间飞行器运动目标序列的实验结果表明，在复杂空间背景信息干扰存在的情况下，PFOT 算法可以根据上一帧的目标跟踪结果，对当前帧的运动目标轨迹进行准确估计，"运动粒子"和运动目标活动中心与真实运动目标区域可以始终保持一致。

本节实验对比了不同粒子滤波目标跟踪算法之间的性能，对比算法包括多项式粒子滤波（Multinominal Particle Filter，M-PF）目标跟踪算法、分层粒子滤波（Stratified Particle Filter，S-PF）目标跟踪算法、残差粒子滤波（Residual Particle Filter，R-PF）目标跟踪算法和本章提出的 PFOT 算法，采用残差重采样均值（Residual Means，RM）作为评估指标：

$$RM = (1/N) \sum_{i=1}^{N} (x_k^i - x_{\mathrm{mean}}) \tag{7.15}$$

其中，RM 代表的是采样粒子的残差均值，x_{mean} 代表的是残差平均值，x_k^i 代表的是"运动粒子"活动值，RM 值越小，粒子滤波的性能越接近真实值。

粒子滤波对比实验评价结果如表 7.2、图 7.5 和图 7.6 所示。每次仿真的时间间隔为 $T = 60$ s，粒子数取用 $N = 100$、200，不同的评价方差为 $\sigma = 0.05$ 和 $\sigma = 0.075$，实验比较了不同评价方差下的 RM 以及不同粒子滤波过程的平均运行时间。

表 7.2　粒子滤波对比实验评价结果

评价方差	滤波算法	RM		平均运行时间/s
		$N = 100$	$N = 200$	
$\sigma = 0.05$	M-PF	0.125 6	0.135 8	0.456 1
	S-PF	0.2641	0.2874	1.987 4
	R-PF	0.158 6	0.194 5	0.864 7
	PFOT	0.112 6	0.123 3	0.654 7
$\sigma = 0.075$	M-PF	0.195 4	0.223 5	0.566 7
	S-PF	0.298 7	0.324 4	2.015 4
	R-PF	0.186 5	0.199 3	0.998 7
	PFOT	0.134 4	0.152 4	0.754 6

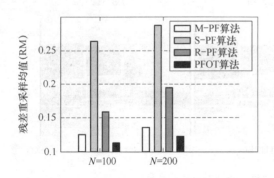 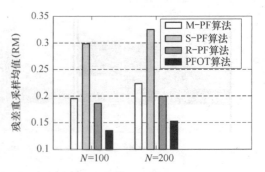

图 7.5　粒子滤波对比实验评价结果（$\sigma = 0.05$）　　图 7.6　粒子滤波对比实验评价结果（$\sigma = 0.075$）

实验结果表明,在不同评价方差下,PFOT 算法的采样滤波准确性均有所提高。与 M-PF 滤波算法相比,PFOT 算法可以提高采样准确性 10.35%;与 S-PF 滤波算法相比,PFOT 算法可以提高 27.36%;与 R-PF 滤波算法相比,PFOT 算法可以提高 29.05%。在时间效率方面,与 S-PF 滤波算法相比,PFOT 算法可以缩短运行时间 67.06%;与 R-PF 滤波算法相比,PFOT 算法可以缩短运行时间 24.29%;与 M-PF 滤波算法相比,PFOT 算法的运行时间略有提高,这主要是因为在重采样粒子滤波(RS-PF)中,"粒子"的循环筛选会花费一定的时间,但具体的时间代价在跟踪算法的允许范围之内,不会影响到最终的目标跟踪效果。

7.3.2　PFOT 算法实验

在本节实验中,对本章提出的基于重采样粒子滤波(RS-PF)的运动目标目标跟踪算法(PFOT)与现有的运动目标跟踪算法 Studentized Dynamical System for Robust Object Tracking(SDSROT)算法[10] 和 Incremental Learning for Robust Visual Tracking(ILRVT)算法[11]进行比较。

图 7.7、图 7.8、图 7.9 展示了在三组运动目标序列上的目标跟踪实验结果。其中,红色矩形代表的是本章提出的 PFOT 算法实验结果,蓝色矩形代表的是 SDSROT 算法实验结果,绿色矩形代表的是 ILRVT 算法实验结果。

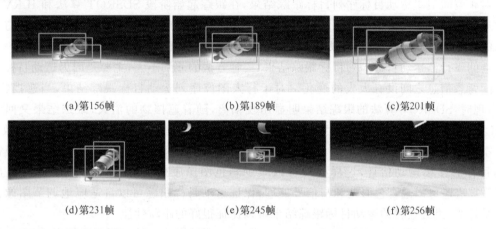

(a)第156帧　　　　　　(b)第189帧　　　　　　(c)第201帧

(d)第231帧　　　　　　(e)第245帧　　　　　　(f)第256帧

图 7.7　空间卫星运动目标序列目标跟踪结果

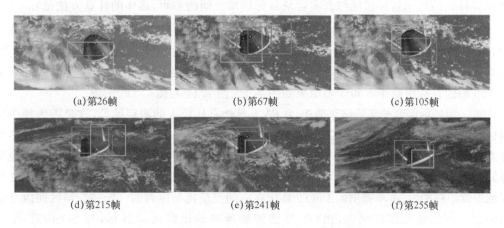

(a)第26帧　　　　　　(b)第67帧　　　　　　(c)第105帧

(d)第215帧　　　　　　(e)第241帧　　　　　　(f)第255帧

图 7.8　空间飞行器运动目标序列目标跟踪结果

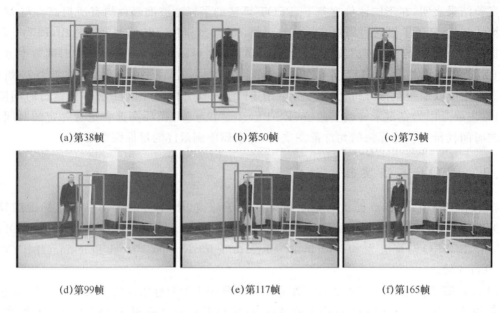

| (a)第38帧 | (b)第50帧 | (c)第73帧 |

| (d)第99帧 | (e)第117帧 | (f)第165帧 |

图 7.9　行人运动目标序列目标跟踪结果

　　对于空间卫星运动目标序列目标跟踪结果,在跟踪起始阶段 SDSROT 算法和 ILRVT 算法对运动目标的跟踪都会出现偏差,跟踪结果不甚理想,150 帧以后目标跟踪结果逐渐与运动目标的真实运动轨迹一致,本章提出的 PFOT 算法可以始终保持跟踪结果与运动目标一致。对于空间飞行器运动目标序列目标跟踪结果,三种方法的差别不大,主要是因为运动目标形状和空间背景信息之间没有太大的变化。对于行人图像序列运动目标跟踪结果,当遮挡物(白板)出现时,SDSROT 算法的跟踪结果明显出现偏离,随着遮挡物的消失,跟踪结果又回归正常,ILRVT 算法和 PFOT 算法的跟踪结果可以始终保证与真实运动目标的运动轨迹一致。

　　本章提出的 PFOT 算法使用色彩分层算法表示运动目标特征,应用 3D Fourier 变换得到运动目标的连续运动估计,这样处理可以减少彩色图像序列背景信息的干扰,本章提出的 PFOT 算法还可以融合色彩调和与信号处理,保证运动目标跟踪可以自适应地调节图像色彩和背景环境,最终获得的运动目标跟踪结果可以保证很好的跟踪性能。

　　本节实验使用平方和误差(Sum Squared Error,SSE)评价运动目标跟踪结果,平方和误差计算实验得到的运动目标区域与真实运动目标区域之间的差距,具体的计算方法是:

$$\mathrm{SSE}=\sqrt{(x_i^A-x_i^{\mathrm{GT}})^2+(y_i^A-y_i^A)^2},i=1,2,\cdots,N \tag{7.16}$$

其中,(x_i^A,y_i^A),$(x_i^{\mathrm{GT}},y_i^{\mathrm{GT}})$ 分别是实验得到运动目标区域的和真实运动目标区域的中心点,N 是视频序列的帧总数,空间卫星运动目标序列、空间飞行器运动目标序列、行人运动目标序列中前 100 帧的目标跟踪平方和误差结果如图 7.10、图 7.11 和图 7.12 所示。

　　三组运动目标序列的实验结果表明,ILRVT 算法有比较大的跟踪偏差,这是因为较多与运动目标区域相连的背景像素 ILRVT 算法没有进行过滤,并且在运动目标区域内部存在较多的背景像素;SDSROT 算法的跟踪性能比 ILRVT 算法要好,但是 SDSROT 算法的颜色空间模型会在部分帧间产生空洞,在某些运动帧之间会出现断点,相比之下,ILRVT 算法比 SDSROT 算法具有更好地连续跟踪能力;本章提出的 PFOT 算法在空间卫星视频序列的[67~82]帧区间内有部分偏离偏差。在其他图像序列内,PFOT 算法能够准确地跟踪运动目标,与 SDSROT 算法和 ILRVT 算法相比,PFOT 算法可以缩减跟踪平方和误差(SSE)超过 31.21% 和 45.78%。

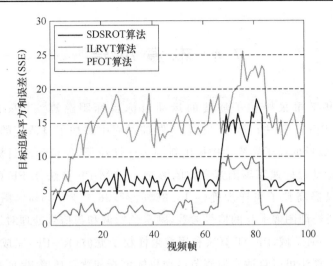

图 7.10 空间卫星运动目标序列目标跟踪评价结果

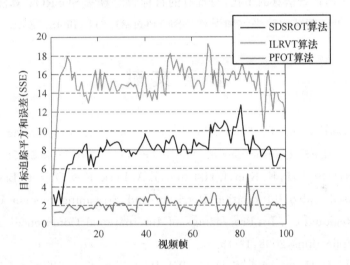

图 7.11 空间飞行器运动目标序列目标跟踪评价结果

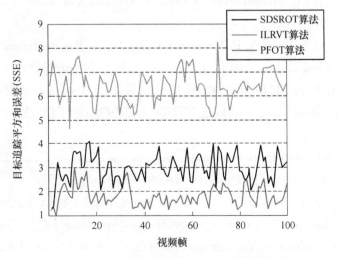

图 7.12 行人运动目标序列目标跟踪评价结果

7.4 本章小结

本章提出了基于重采样粒子滤波的运动目标目标跟踪算法（Particle Filter Object Tracking,PFOT）,PFOT 算法在运动目标目标跟踪过程中添加了自适应的多维信号处理,这种处理方式可以从邻近的粒子聚簇中挖掘出新的多样性粒子,保证运动目标目标跟踪结果不受粒子采样位置、运动目标速率等因素变化的影响。与 M-PF 算法、S-PF 算法、R-PF 算法相比,PFOT 算法可以提高粒子采样准确性 10.35％、27.36％、29.05％。PFOT 算法利用 3D Fourier 变换做主线处理图像本身的信号参数,融合色彩调和与信号处理对运动目标进行初步分割,在 3D 彩色 Fourier 域,PFOT 算法利用重采样粒子滤波(RS-PF)完成运动目标跟踪,实验结果表明,PFOT 算法可以自适应地调节运动目标色彩和背景环境,保证目标跟踪的结果不会受到运动目标序列背景信息的干扰,与现有的目标跟踪算法 SDSROT 算法和 ILRVT 算法相比,PFOT 算法可以缩减跟踪平方和误差(SSE)超过 31.21％和 45.78％。

参 考 文 献

[1] K. Hariharakrishnan, D. Schonfeld. Fast Object Tracking Using Adaptive Block Matching[J]. IEEE Transactions on Multimedia,2005,10(7):853-859.

[2] W. Rasheed,J. Beak,P. K. Kim,J. H. Chun,J. A. Park. Key Objects Based Profile for A Content-Based Video Information Retrieval and Streaming System Using Viewpoint Invariant Regions[C]. In:Proceedings of International Conference on Computational Science,Applications,2008:14-18.

[3] I. Haritaoglu,D. Harwood,L. S. Davis. W4:Real-Time Surveillance of People and Their Activities[J]. IEEE Transactions on Pattern Analysis and Machine Intelligence,2000, 22(8):809-830.

[4] F. Kurugollu,B. Sankur,A. E. Harmanci. Color Image Segmentation Using Histogram Multithresholding and Fusion[J]. Image and vision computing,2001,19(13):915-928.

[5] S. W. Lee,J. Kang,J. Shin,J. Paik. Hierarchical Active Shape Model with Motion Prediction for Real-Time Tracking of Non-Rigid Objects[J]. IET Computer Vision, 2007,1(1):17-24.

[6] B. Ristic,S. Arulampalam,N. Gordon. Beyond the Kalman Filter:Particle Filters for Tracking Applications[D]. Norwood,MA:Artech House,2004.

[7] Li L Y,Huang W M,Gu Y H I,et al. Foreground Object Detection in Changing Background Based on Color Co-Occurrence Statistics [C]. In:Proceedings of International Conference Applications,Computer Vision,Florida,USA,2002:269-274.

[8] Wang J Y A,E. H. Adelson. Representing Moving Images with Layers[J]. IEEE

Transactions on Image Processing,2012,3(9):625-638.

[9]　B. Ristic,S. Arulampalam,N. Gordon. Beyond the Kalman Filter:Particle Filters for Tracking Applications[D]. Norwood,MA:Artech House,2004.

[10]　J. D. Gai,R. L. Stevenson. Studentized Dynamical System for Robust Object Tracking [J]. IEEE Transactions on Image Processing,2011,20(1):186-199.

[11]　D. A. Ross,J. W. Lim,Lin R S,Yang M H. Incremental Learning for Robust Visual Tracking[J]. International Journal of Computer Vision,2008,77(1-3):125-141.

第8章 基于目标形状活动轮廓的运动目标跟踪方法研究

8.1 引 言

基于运动目标形状轮廓的目标跟踪是一个比较复杂的过程，主要包括处理图像表征的变化、完成图像形状的进阶演化以及建立形变估计的模型。相关的目标跟踪算法可以用在视频监控的行人目标跟踪，还可以用在视角变化的 3-D 运动目标跟踪。顾鑫、王海涛等人提出了通过建立自组织学习模型识别运动目标轮廓[1]，建立监督和半监督的学习机制完善学习模型，这种处理方式提高了对跟踪异常事件的检测，但是不适用于需要进行滤波处理的空间运动目标跟踪。

Chaumete 提出背景轮廓差分跟踪方法[2]，跟踪之前建立背景的估计模型，使用混合概率分类模型获取运动目标区域的准确估值，对运动区域与背景信息进行高阶差分处理，最终获得准确的运动目标跟踪结果。这种基于背景建模的方法也存在一定的局限性，当背景信息中含有的运动像素点较多时，跟踪获得的结果会在二阶微分模拟时出现偏差。

Morris 提出可以利用跨尺度的形状模板与多分辨率分析结合的技术[3]，实现强滤波环境下的跨尺度运动目标跟踪，这种方法通过滤波技术来检测运动目标的具体形变和位移，但该方法对快速移动的运动目标进行跟踪时会出现较大偏差。Parzen 提出基于欧式距离的自适应轮廓检测目标跟踪算法[4]，该算法通过计算欧式距离，描述运动目标状态的真实后验概率与估计概率之间的差距，该方法的缺点是需要对运动估计的概率分布函数进行离散近似，在运动目标形状细节的处理上存在不准确现象。

Velastin 提出多模型融合的跟踪算法[5]，这种方法将视频序列中不同尺度的目标特征信息融合，可以自适应地改变运动目标形状，比较适合运动目标形状平稳变化的跟踪环境，当运动目标的形状出现突变时，该算法的跟踪性能下降比较明显。Besag 提出自适应外观模型跟踪算法[6]，自适应外观模型采用空间表达建立运动目标的外观模型，可以在目标外观形状发生突变时依旧保持较强的跟踪鲁棒性，因为该模型的自适应更新频率太快，对硬件处理器的要求很高，不适用对实时性要求较高的运动目标跟踪场景。

本章提出了一种基于目标形状活动轮廓的运动目标跟踪算法（Active Contour Object Tracking，ACOT），该算法可以根据运动目标形状轮廓进行目标跟踪的自适应性调整，实现特征点及其邻接区域的实时更新，对突然变动的运动目标形状及其特征保持高鲁棒性检测。ACOT 算法结合了图像背景和目标形状的界限信息，克服现有轮廓检测跟踪算法的拓扑结构限制，可以更好地标识运动目标的活动轮廓，提高运动目标跟踪准确度。基于目标形状活动轮廓的运动目标跟踪算法（ACOT）流程如图 8.1 所示。

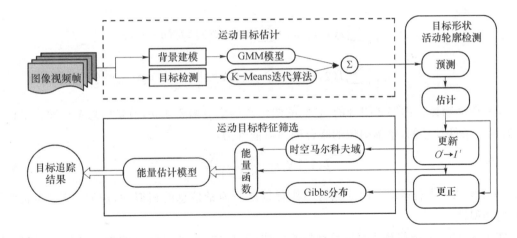

图 8.1　基于目标形状活动轮廓的运动目标跟踪算法(ACOT)流程

8.2　基于目标形状活动轮廓的运动目标跟踪算法(ACOT)的提出

8.2.1　ACOT 算法研究动机

现有的目标形状轮廓运动目标跟踪方法利用运动目标的先验形状轮廓特征进行运动目标跟踪,根据不同视频帧之间的先验形状轮廓特征,将运动目标区域从背景中分离出来,这样的处理方式对跟踪目标本身的特征信息要求较高,如果跟踪目标的特征信息与图像背景信息的相似性较高,最终的跟踪结果会受到明显影响。此外,当运动目标的移动速度有较大变动时,现有的目标形状轮廓运动目标跟踪方法也会出现明显的偏差。

本章提出的基于目标形状活动轮廓的运动目标目标跟踪算法(Active Contour Object Tracking,ACOT)可以根据运动目标形状轮廓进行目标跟踪的自适应性调整,实现特征点及其邻接区域的实时更新,对突然变动的运动目标形状及其特征保持高鲁棒性检测。

8.2.2　ACOT 算法描述

ACOT 算法的实现由三部分组成:运动目标估计、目标形状活动轮廓检测、运动目标特征筛选。

(1) 运动目标估计

在运动目标估计阶段,ACOT 算法将背景建模与目标检测整合在跟踪系统中,背景建模使用 GMM 模型,在运动目标区域与图像背景之间挖掘关联信息,假设 b_j 和 σ_j 是 HSV 通道在像素位置 x_j 的均值和协方差,在时间点 t 导入的图像序列帧 I,在像素点 x_j 的背景概率为:

$$p_b(I_j) = p_b(b_j) \propto \max\left\{ \exp\left(-\left(\frac{b_j - \bar{b}_j}{\sigma_j} \right)^2 \right), \varepsilon \right\} \tag{8.1}$$

其中,ε 是一个微观常量,可以提高目标估计的鲁棒性,参数 b_j 和 σ_j 会保持更新状态,全部像素的可能性计算完成后,图像帧 I 可以根据阈值分解成不同的前景信息 Y_t^{fg} 和背景信息 Y_t^{bg}。

$$xj \in \begin{cases} \left| \sum_{x=1}^{m} I(1,Y_t^{fg}) - \sum_{x=1}^{m} I(2,Y_t^{fg}) \right|, p_b(b_j) < \tau_{fb} \\ \left| \sum_{x=1}^{m} I(2,Y_t^{bg}) - \sum_{x=1}^{m} I(4,Y_t^{bg}) \right|, p_b(b_j) > \tau_{fb} \end{cases} \tag{8.2}$$

如果运动物体是内部高闭合的,它们的图像观察值会偏离独立,前景信息 Y_t^{fg} 和背景信息 Y_t^{bg} 假设为条件独立的,整幅图像的联合概率可能性为:

$$p(Y_t|X_t) = \frac{p(Y_t^{fg}|X_t)}{p(Y_t^{bg}|X_t)} \tag{8.3}$$

其中,$p(Y_t^{fg}|X_t)$ 代表运动目标区域与图像背景之间前景信息的相似性,$p(Y_t^{bg}|X_t)$ 代表背景信息的相似性。

使用 K-Means 迭代算法完成目标检测。式(8.1)中,参考目标 y 的位置是前景观察区间 Y_t^{fg} 的中心位置,可能位置 y 并不是运动目标真正的中心位置,在这种情况下,可以通过最大后验估计完成状态的进化和更新,与位置 y 相关的梯度 $p(y)$ 可以表示为:

$$\Delta p(y) = \sum_{l=1}^{d_f} \sum_{k=1}^{d_f} \left[\delta(C_l,C_k) \left(\sum_{y_j \in C_l} \sum_{x_i \in C_k}^{n_k} (|\Delta x_j|^2 + |\Delta y_i|^2) w'_\sigma(\Delta y_j - \Delta x_i) k_h |\Delta I(x+w(x)) - \Delta I(x)| \right) \right] \tag{8.4}$$

其中,$\Delta y_j = (y_j - y)$、$\Delta x_i = (x_i - x^*)$、$w'_\sigma()$ 是衍生操作,当 $\Delta p(y) = 0$ 时,基于可能性的分层分布迭代处理可以规则化为:

$$\mathrm{MS}(y) = \frac{\sum_{l=1}^{d_f} \sum_{k=1}^{d_f} \left[\left(\sum_{y_j \in C_l}^{n'_l} \sum_{x_i \in C_k}^{n_k} (y_j - x_i) w_\sigma(\Delta y_j - \Delta x_i) k_h(v_j - u_i) \right) \right]}{\sum_{l=1}^{d_f} \sum_{k=1}^{d_f} \left[\left(\sum_{y_j \in C_l}^{n'_l} \sum_{x_i \in C_k}^{n_k} w_\sigma(\Delta y_j - \Delta x_i) k_h(v_j - u_i) \right) \right]} + x^* \tag{8.5}$$

参考目标 y 的中心会保持在跟踪的更新状态 $x * i,j$,具体通过迭代操作完成更新,其中,合并和分裂的算法步骤会提前进行,作为在迭代检索中的更新操作。

(2) 目标形状活动轮廓检测

目标形状活动轮廓检测共包括四步:预测、估计、更新和更正,通过这四步可以实现运动目标形状的轮廓检测。

在预测阶段,在当前的目标形状检测下,在形状记忆库中寻找最大化的概率:

$$\max_v \left\{ p\left(q^v \Big| \frac{\mathrm{d}c(t)}{\mathrm{d}t}\right) \right\} \tag{8.6}$$

在形状记忆库中查找一个与现状位置最为接近的位置点,式(8.6)可以被表示为:

$$\max_v \{ p(q^v | P) \} \equiv \max_v \left\{ \exp\left(\frac{1}{2\sigma^2} \int_\Omega \frac{(e_b - e_i)^2}{\sigma_b^2 + \sigma_i^2} \mathrm{d}x \right) \right\} \tag{8.7}$$

其中,$\Phi \cdot A(x)$ 是当前的进化形状与形状 q^v 之间的标定距离,$\Phi_v(x)$ 和 σ 为不同形状之间的变化测量。梯度测算对形状 $A(x)$ 进行优化对齐,其中的负对数域分布主要根据旋转和变换进行优化,不同集中度的尺度信息会同时考虑。

在估计阶段,对形状参数 q^v 进行轮廓演化:

$$\max_p \{ p(P | q^v, I) \} \tag{8.8}$$

使用贝叶斯理论,假设来自图像 I 形状 q^v 的当前粒子信息 P 是条件独立的,$p(I|v,p)p$

$(v,P)=p(I\mid P)p(v,P)$，其中最大化估计值可以通过以下方式得到：

$$p(P\mid q^v,I)\propto p(I\mid P)p(q^v\mid P)p(P) \tag{8.9}$$

其中，部分概率密度分布 $p(P)$ 可以加强部分图像区域的平滑度，使用水平集梯度 $|\Delta\Phi(x)|$ 表示指数分布，水平集 $\delta\cdot\Phi(x)$ 可以沿着尺度边界进行计算：

$$p(P)\propto\exp\left(-\lambda_k\int\left(\Phi(x)H_{x_{m,n}}+\Phi(x)H_{y_{m,n}}\right)\right) \tag{8.10}$$

其中，λ_k 是轮廓长度权重，δ 是迪拉克风险函数，平滑度会在条件概率 $p(P)$ 上统一，个别图像密度 I_x 在图像可能性 $p(I\mid P)$ 上，会与邻近图像密度 $p(I\mid P)=\prod_x p(I_x\mid P)$ 保持概率独立。

在更新阶段，更新形状记忆库：

$$Q^{t+1}=Q^t\bigcup\mathrm{inv}(P^{\mathrm{T}}p)\times P^{\mathrm{T}}b \tag{8.11}$$

每一像素 X 的图像密度分布通过前景信息 $f_x=1$ 和背景信息 $b_x=1$ 得到，独立密度可能性可以被分解为前景项与背景项的乘积，$p(I_x\mid P=\delta\bigcup\beta)=p(I_x\mid\delta)^f p(I_x\mid\beta)^\beta$，图像的整体可能性 $p(I\mid P)$ 可以表示为：

$$p(I\mid P)=\prod_{\forall x}p(I_X\mid P)=\prod_{\forall x}\left(\sum P_{m+k}\Big|\sum_{m+k}p\Big|+\sum I_{m+k}\Big|\sum_{m+k}p\Big|\right) \tag{8.12}$$

在更正阶段，在形状记忆库中更新最低概率形状 q^{n+1}，方法如下：

$$D(\delta^i)=\begin{cases}\text{true if }D(\delta^{-i},\delta^i)>\theta\ \forall\ i,1\leqslant i\leqslant n\\ \text{false otherwise.}\end{cases} \tag{8.13}$$

先验形状 $p(q^v\mid P)$ 需要把当前的形态特征 P 拉入到一个与模型形状相似的形态 q^v 中，这一步可以通过不同形状信息的均方差分布比较实现。不同的形状信息需要统一到一个模板中，具体算法使用 Heaviside 距离函数，计算产生不同的两个二进制标图，其中，$H:R\to\{0,1\}$ 用 Heaviside 距离函数 $H\cdot\Phi(x)=1$ if $\Phi(x)\geqslant 0$ 表示，先验形状可以定义为：

$$p(q^v\mid P)=\prod_{\forall x}\exp(-\lambda_s(G_m-SG_m\cdot A(x))^2) \tag{8.14}$$

其中，λ_s 是形状权重，可以用来控制模型形状信息的分布，这个先验模型已经被证明具有很强的有效性，主要因为在相关水平集中、单一固定变量或者点变量会保持在一个恒定的水平上，即使经过算法的迭代操作，这个性质也不会有变化，其他基于原始水平值的计算变量不会对变化的水平值有固定贡献，在快速的非规则迭代中，变化的水平值会稳定在一个固定水平上。

（3）运动目标特征筛选

ACOT 算法使用能量估计分析模型筛选运动目标特征，完成运动目标跟踪。能量估计分析模型使用时空马尔科夫域模型（Spatio-Temporal Markov Random Fields，ST-MRF）处理有效运动目标估计特征的集合。将每帧图像分割成小块（4×4），包括运动目标的标注为 1，没有运动目标的标注为 0，目标是解决在图像帧 t 的图像块标注 $w^t\in\{0,1\}$，已知在图像帧 $t-1$ 的标注属性 w^{t-1}，观察到的运动估计信息 $k^t=(v^t,\sigma^t)$，运动估计信息 k^t 由来自压缩比特流的 Motion Vectors（MV）组成，具体标记为 $v^t(n)$，块编码模式的分割尺寸为 $o^t(n)$，$n=\{x,y\}$ 表示图像块在视频帧中的位置。"最佳"标注 w^t 的选择标准在于它可以最大化后验概率 $P(w^t\mid w^{t-1},k^t)$。这个问题可以归结为在 Bayesian 概率计算中，如何表示中间帧可能性 $P(w^{t-1}\mid w^t,k^t)$，关于帧可能性 $P(k^t\mid w^t)$ 的 a 先验概率 $P(w^t)$ 可以表示为：

$$P(w^t\mid w^{t-1},k^t)=\frac{2P(w^{t-1}\mid w^t,k^t)\cdot P(k^t\mid w^t)\cdot(2H_{t-k}-1)}{B_{t-1}(I(i,j)-I_F(i,j))} \tag{8.15}$$

因为分母不依赖于 w^t，MAP 解决方案可以最大化分子：

$$w^t = \underset{w \in Z}{\arg\max} \{ P(w^{t-1} | w^t, k^t) \cdot P(k^t | w^t) \cdot P(w) \} \tag{8.16}$$

其中,Z 代表的是对图像帧 t 全部的标注配置集合,式(8.16)中的最大化问题可以通过以下的最小化方式处理解决:

$$w^t = \underset{w \in Z}{\arg\min} \{ -\log P(i,j) \cdot -\log P(k^t | w^t) \cdot -\log P^{t-1}(i,j) \} \tag{8.17}$$

根据 Hammersley-Clifford 理论,式(8.17)中的可能性分布问题可以通过对能量函数 $E(x)$ 做 Gibbs 分布确定,正则化常量 Z 和 $e^{-E(x)}/Z$ 可以重写为:

$$P(w^{t-1} | w^t, k^t) = \frac{1}{Z_1} \exp\left\{ -\frac{1}{\lambda_1} E_1(w; w^{t-1}, k^t) \right\} \tag{8.18}$$

$$P(k^t | w^t) = \frac{1}{Z_2} \exp\left\{ -\frac{1}{\lambda_2} E_2(w; k^t) \right\} \tag{8.19}$$

$$P(w) = \frac{1}{Z_3} \exp\left\{ -\frac{1}{\lambda_3} E_3(w) \right\} \tag{8.20}$$

在以上的推演运算中,三个不同的能量函数 E_1、E_2、E_3 分别代表时空连续域中的非连续度、时空耦合度和影响因子,参数 λ_1、λ_2、λ_3 是能量因子常数,能量估计模型接受和处理的能量可以表示为:

$$
\begin{aligned}
ET_x(l,d) &= E_{\text{Tx-object}}(l,d) + E_{\text{Tx-templet}}(l,d) \\
&= \begin{cases} \arg\min [Ad-b]^2 + l\varepsilon_{fs} d^2, & d < d_0 \\ \arg\min [Ad-b]^2 + l\varepsilon_{mp} d^4, & d \geqslant d_0 \end{cases}
\end{aligned} \tag{8.21}
$$

通过设定 ET_x 的衍生变量,能量估计模型可以找到聚簇的最优化边界长度 s_{opt},在这个过程中能量估计的设定为:

$$
\begin{aligned}
N/K &= (3\sqrt{3}\, s^2/2)(N/M^2) = 3\sqrt{3}\, N s^2/2M^2 \\
h &= (2IL_t H + lE_{\text{DA}})(3\sqrt{3}\, N/M^2) + (5/6) l\varepsilon_{fs} \\
k &= f(w E_{\text{object}} + AV_{t|t-1} \Lambda'_{t-2} + l\varepsilon_{mp} d^4_{\text{toBS}}) \\
t &= k/h
\end{aligned} \tag{8.22}
$$

计算 s_{opt} 作为 $t^{1/4}$,最优边界尺寸会确定运动目标结点,在实验中,最优边界的尺寸也会被干扰因素影响,图像信号的接受处理存在不同程度的延迟,当这些干扰因素出现,能量估计分析模型也能够做出相应的调整。

ACOT 算法描述如表 8.1 所示。

表 8.1　ACOT 算法描述

算法:基于目标形状活动轮廓的运动目标目标跟踪算法(ACOT)

输入:$m \times n$ 分辨率运动目标序列

输出:$m \times n$ 分辨率运动目标目标跟踪结果

(1) 运动目标估计

　　(a)使用 GMM 模型在运动目标区域与图像背景之间挖掘关联信息实现背景建模

　　(b)使用 K-Means 迭代算法完成目标检测

(2) 通过预测、估计、更新和更正四步实现目标形状活动轮廓检测

　　(a)预测阶段:在当前的目标形状检测下,根据式(8.6)在形状记忆库中寻找最大化的概率,并根据式(8.7)在形状记忆库中查找一个与现状位置最为接近的位置点

　　(b)估计阶段:根据式(8.8)对形状参数 q^v 进行轮廓演化,并由式(8.9)得到最大化估计值

　　(c)更新阶段:根据式(8.11)更新形状记忆库,每一像素 X 的图像密度分布通过前景信息 $f_x=1$ 和背景信息 $b_x=1$ 得到

续表

算法:基于目标形状活动轮廓的运动目标目标跟踪算法(ACOT)

（d）更正阶段：根据式（8.13）在形状记忆库中更新最低概率形状 q^{n+1}，先验形状 $p(q^v|P)$ 需要把当前的形态特征 P 拉入到一个与模型形状相似的形态 q^v 中

（3）使用能量估计分析模型筛选运动目标特征，完成运动目标跟踪

　（a）使用时空马尔科夫域模型处理有效运动目标估计特征的集合

　（b）根据 Hammersley-Clifford 理论，可能性分布问题可以通过对能量函数 $E(x)$ 做 Gibbs 分布解决，获得正则化常量 Z 和 $e^{-E(x)}/Z$

　（c）通过设定 ET_x 的衍生变量，找到聚簇的最优化边界长度 s_{opt}

8.3　运动目标跟踪实验结果及分析

8.3.1　目标形状轮廓检测实验

本节实验将 ACOT 算法的目标形状轮廓检测结果与 Real-time Spatio-Temporal Segmentation（RTSTS）[7]算法和 SAP[8]算法的目标形状轮廓检测结果进行对比，实验在三组运动目标序列上进行，具体包括（1）高空滑翔运动目标序列；（2）空间对接运动目标序列；（3）汽车运动目标序列，三组运动目标序列数据来自 OTCBVS Benchmark Dataset[9] 和 CAVIAR Dataset[10]，运动目标序列的采集来自固定的摄像器材，采像标准为 CIF（352 × 288 pixels）和 SIF（352 × 240 pixels），所有运动目标序列的视频帧率为 30 fps，运动目标序列的编码方式使用 H.264/AVC JM v.18.0，使用独立的 GOP 结构和 IPPP 模式。三组运动目标序列中包括了空间、高空、强阴影和弱阴影的不同情况。在实验中，相关算法可以自适应地使用 $P=15$ 和 $p=6.58$ 计算活动轮廓阈值，计算局部能量参数直方图时，$H=P+4$，$W=p+10$，具体的实验结果在图 8.2、图 8.3、图 8.4 中给出。

高空滑翔运动目标序列目标形状轮廓检测结果如图 8.2 所示。其中，RTSTS 算法的运动目标活动区域内会掺入一定的背景像素，目标形状轮廓检测的完整性受到影响；SAP 算法对背景信息可以有效地分割出来，但在分割结果中，运动目标的部分特征区域也被划分到背景一类，这对后续的目标跟踪会有一定的影响；ACOT 算法的预测、估计、更新、更正过程可以很好地区分运动目标区域和运动目标背景信息，与 RTSTS 算法和 SAP 算法相比，ACOT 算法有准确的目标形状轮廓检测结果。

(a)ACOT算法实验结果　　　　　(b)RTSTS算法实验结果　　　　　(c)SAP算法实验结果

图 8.2　高空滑翔运动目标序列目标形状轮廓检测结果

　　空间对接运动目标序列目标形状轮廓检测结果如图 8.3 所示。其中，RTSTS 算法和 SAP 算法的目标形状轮廓检测结果会不同程度地混入背景像素，这主要是因为在空间对接运动目标序列中，运动目标的形状轮廓和背景航天器的形状轮廓相似度很高；ACOT 算法在目标形状活动轮廓检测的更新阶段通过先验形状的形态分离，可以较好地分割运动目标区域，得到准确的目标形状轮廓检测结果。

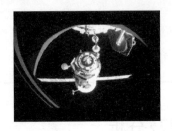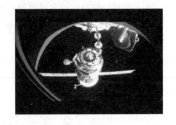

(a)ACOT算法实验结果　　　　　(b)RTSTS算法实验结果　　　　　(c)SAP算法实验结果

图 8.3　空间对接运动目标序列目标形状轮廓检测结果

　　汽车运动目标序列目标形状轮廓检测结果如图 8.4 所示，三种算法的目标形状轮廓检测结果差别不大，因为在汽车运动目标序列中汽车的运动区域较明显，且运动目标特征与背景像素的差别比较大，不同算法的实验结果基本相同。

(a)ACOT算法实验结果　　　　　(b)RTSTS算法实验结果　　　　　(c)SAP算法实验结果

图 8.4　汽车运动目标序列目标形状轮廓检测结果

　　本节实验使用 x、y 坐标的均方根误差（Root Mean Square Error，RMSE）评价 ACOT 算法、RTSTS 算法、SAP 算法的目标形状轮廓检测结果，RMSE 的具体定义如下：

$$\mathrm{RMSE} = \frac{1}{N}\sum_{i=1}^{N}\sqrt{(x_i^C - x_i^M)^2 + (y_i^C - y_i^M)^2} \tag{8.23}$$

其中，(x_i^C, y_i^C)、(x_i^M, y_i^M) 分别是每帧目标形状轮廓检测中心点和运动目标区域中心点，N 是视频序列的帧总数。目标形状轮廓测评实验结果如表 8.2、图 8.5、图 8.6 及图 8.7 所示。

表 8.2　目标形状轮廓检测评价实验结果

运动目标序列	算法	RMSE	
		X-axis	Y-axis
高空滑翔	ACOT	1.254 3	1.589 7
	RTSTS	1.853 3	1.997 4
	SAP	2.124 5	1.874 5

续表

运动目标序列	算法	RMSE	
		X-axis	Y-axis
空间对接	ACOT	1.116 4	1.023 4
	RTSTS	1.897 4	1.687 4
	SAP	1.983 1	1.884 9
汽车	ACOT	1.114 0	1.354 6
	RTSTS	1.687 4	2.355 6
	SAP	1.023 6	1.257 4

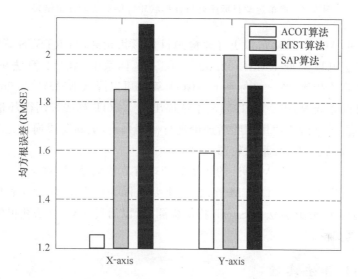

图 8.5　高空滑翔运动目标序列目标形状轮廓检测实验评价结果

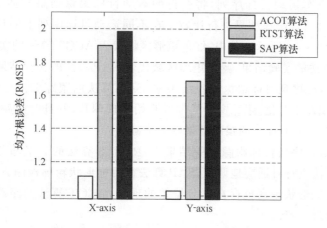

图 8.6　空间对接运动目标序列目标形状轮廓检测实验评价结果

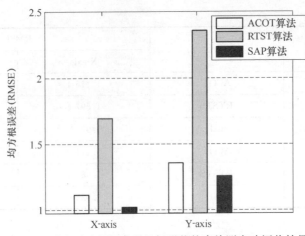

图 8.7　汽车运动目标序列目标形状轮廓检测实验评价结果

实验结果表明,ACOT 算法可以更好地检测目标形状轮廓,与 RTSTS 算法相比,在 x 坐标系上 ACOT 算法可以降低 RMSE 32.32%,在 y 坐标系上 ACOT 算法可以降低 RMSE 20.41%;与 SAP 算法相比,在 x 坐标系上 ACOT 算法可以降低 RMSE 20.96%,在 y 坐标系上 ACOT 算法可以降低 RMSE 15.19%。本章提出的 ACOT 算法采用循环检测的方式估计运动目标形状轮廓,估计阶段使用贝叶斯理论进行概率判定,更新阶段通过先验形状的形态分离,可以更准确地检测运动目标形状轮廓。

在实验结果中也存在 OACM 算法的效率低于现有算法的情况,对于汽车运动目标序列,SAP 算法的实验结果值要优于 OACM 算法,这主要是因为汽车运动目标序列的图像背景特征信息突出,更适用于 SAP 算法的 Sneak 特征检测,所以通过 SAP 算法获得的目标形状轮廓检测结果更接近真实值。

8.3.2　ACOT 算法实验

本节实验将 ACOT 算法应用到运动目标序列:(1)高空滑翔运动目标序列;(2)空间对接运动目标序列;(3)汽车运动目标序列,将获得的运动目标跟踪结果与使用 RTSTS 算法和 SAP 算法获得的运动目标跟踪结果进行比较。在不同运动目标序列上的目标跟踪实验结果如图 8.8、图 8.9 和图 8.10 所示。其中,红色矩形区域代表 ACOT 算法的实验结果,黄色矩形区域代表 RTSTS 算法的实验结果,蓝色矩形区域代表 SAP 算法的实验结果。

高空滑翔运动目标序列目标跟踪实验结果中,SAP 算法的跟踪偏差比较严重,随着高空滑翔运动目标的体积发生变化,跟踪窗口的位置开始出现偏移,并且时间越长,偏差结果越明显。RTSTS 算法和 ACOT 算法的跟踪结果较为准确。

空间对接运动目标序列目标跟踪实验结果中,RTSTS 算法的后半部分跟踪结果存在偏差,目标形状轮廓无法进行自适应地调节,SAP 算法在目标形状轮廓检测方面有提高,当运动目标速度较快时,目标形状轮廓也存在部分偏差的现象,ACOT 算法的跟踪结果可以保证与运动目标轨迹始终保持一致。

汽车运动目标序列目标跟踪实验结果中,ACOT 算法能够始终保持跟踪运动目标不丢失,在运动目标区域没有太多重叠的情况下,ACOT 算法可以较好地解决动态背景对运动目标的干扰,并且能够将运动目标形状的多个特征与背景信息特征结合起来,提高运动目标的区

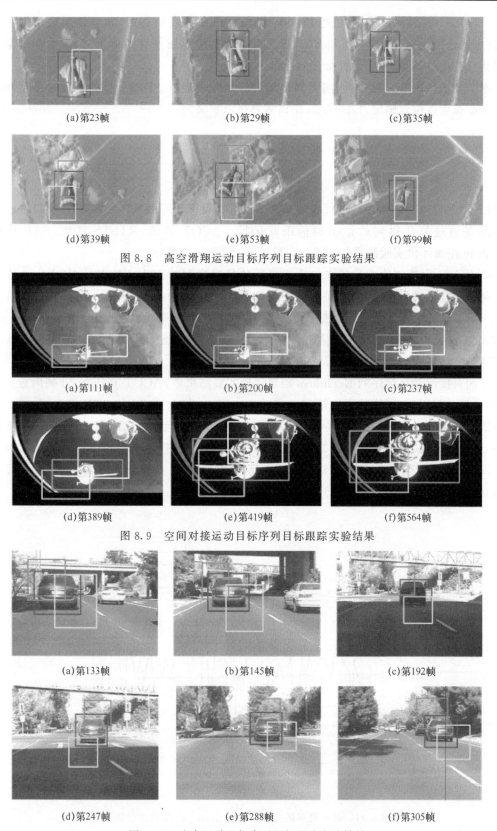

(a)第23帧　　(b)第29帧　　(c)第35帧

(d)第39帧　　(e)第53帧　　(f)第99帧

图 8.8　高空滑翔运动目标序列目标跟踪实验结果

(a)第111帧　　(b)第200帧　　(c)第237帧

(d)第389帧　　(e)第419帧　　(f)第564帧

图 8.9　空间对接运动目标序列目标跟踪实验结果

(a)第133帧　　(b)第145帧　　(c)第192帧

(d)第247帧　　(e)第288帧　　(f)第305帧

图 8.10　汽车运动目标序列目标跟踪实验结果

分度。RTSTS 算法和 SAP 算法也基本准确,但在汽车通过桥洞时,跟踪结果会出现明显偏差,这主要是因为 RTSTS 算法和 SAP 算法没有特别考虑图像背景的干扰,尤其在图像背景出现突然变化时,跟踪的连续性会受到明显干扰。

本节实验使用 Euclidean 距离测算运动目标跟踪准确性,跟踪目标的位置通过运动目标界限中心像素点位置确定,Euclidean 距离测算可以定义为:

$$\frac{1}{\rho} = \frac{1}{\sqrt{(x-x')^2 + (y-y')^2}} \tag{8.24}$$

$$x = \frac{1}{N}\sum_{i=0}^{n-1}x_i, y = \frac{1}{N}\sum_{i=0}^{n-1}y_i, x' = \frac{1}{S}\sum_{j=0}^{s-1}x_j', y' = \frac{1}{S}\sum_{j=0}^{s-1}y_j' \tag{8.25}$$

其中(x_i,y_i), $i=0,1,\cdots,N-1$ 代表的是真实的运动目标跟踪区域,(x_j',y_j'), $j=0,1,\cdots,S-1$ 代表的是通过算法得到的运动目标跟踪区域。ACOT 算法、RTSTS 算法、SAP 算法的 Euclidean 距离评价实验结果如图 8.11、图 8.12 和图 8.13 所示。

Euclidean 距离评价实验结果包括三组运动目标序列的前 100 帧图像 Euclidean 距离测算。高空滑翔运动目标序列 Euclidean 距离评价实验结果中,ACOT 算法的跟踪性能评价明显优于 RTSTS 算法;与 SAP 算法相比,ACOT 算法在 48～67 帧部分跟踪结果存在偏差,其他大多数情况下有明显优势。ACOT 算法与 RTSTS 算法和 SAP 算法相比,可以缩减 Euclidean 距离 32.62% 和 25.36%。

空间对接运动目标序列 Euclidean 距离评价实验结果中,ACOT 算法在 70 帧附近出现跳点,但持续时间很短,很快就可以返回到高精准水平上,与 RTSTS 和 SAP 相比,ACOT 算法可以缩减 Euclidean 距离 21.59% 和 12.36%。汽车运动目标序列 Euclidean 距离评价实验结果中,ACOT 算法在 20 帧附近出现跳点,持续时间很短,在其他大部分区间内,ACOT 算法的目标跟踪准确性与 RTSTS 算法和 SAP 算法相比有明显优势,ACOT 算法可以缩减 Euclidean 距离 10.77% 和 26.05%。

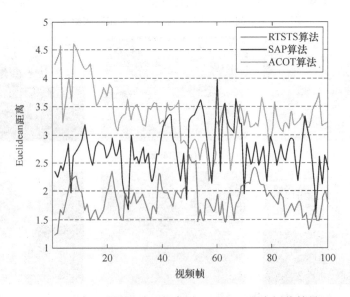

图 8.11　高空滑翔运动目标序列 Euclidean 距离评价结果

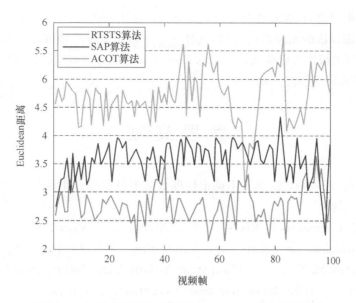

图 8.12 空间对接运动目标序列 Euclidean 距离评价结果

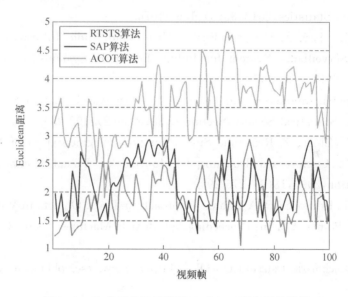

图 8.13 汽车运动目标序列 Euclidean 距离评价结果

8.4 本 章 小 结

本章提出了基于目标形状活动轮廓的运动目标目标跟踪算法（Active Contour Object Tracking，ACOT），ACOT 算法实现了运动目标特征点及其邻接区域的实时更新，对突然变动的运动目标形状及其特征也可以保持高鲁棒性的检测，与 RTSTS 算法相比，在 x 坐标系上 ACOT 算法可以降低目标形状轮廓检测均方根误差（RMSE）32.32%，在 y 坐标系上 ACOT 算法可以降低 RMSE 20.41%；与 SAP 算法相比，在 x 坐标系上 ACOT 算法可以降低 RMSE 20.96%，在 y 坐标系上 ACOT 算法可以降低 RMSE 15.19%。ACOT 算法结合运动目标背景和目标形状界限信息,根据运动目标形状轮廓对目标跟踪进行自适应调整,克服了现有目标形状轮廓检测跟踪算法的拓扑结构限制,提高了运动目标跟踪准确度,实验结果表明,ACOT算法与 RTSTS 算法相比可以缩减目标跟踪 Euclidean 距离 21.67%,与 SAP 算法相比可以缩减目标跟踪 Euclidean 距离 21.26%。

参 考 文 献

[1] 顾鑫,王海涛,汪凌峰,等.基于不确定性度量的多特征融合跟踪[J].自动化学报,2011,37(5):550-559.

[2] B. Spiau, F. Chaumete, P. Rives. A New Approach to Visual Serving in Robots[J]. IEEE Transactions on Robotics and Automation,2012,8(3):313-326.

[3] T. M. Brendan,M. T. Mohan. Contextual Activity Visualization from Long-Term Video Observations[J]. IEEE Intelligent Systems,2010,25(3):50-62.

[4] E. Parzen. On Estimation ofa Probability Density Function and Mode[J]. The Annals of Mathematical Statistics,2012,33(3):1065-1076.

[5] Ping L L,Sun J,S. A. Velastin. Fusing Visual and Audio Information in Distributed Intelligent Surveillance System for Public Transport Systems[J]. Acta Automatica Sinica,2012,29(3):393-407.

[6] B. Julian. Spatial Interaction and The Statistical Analysis of Lattice Systems[J]. Journal of the Royal Statistical Society,Section B,2010,36(2):192-236.

[7] Liu Z,Lu Y,Zhang Z. Real-time Spatio-Temporal Segmentation of Video Objects in The H. 264 Compressed Domain [J]. Journal of Visual Communicaitons Image Representation,2007,18(3):275-290.

[8] G. Valerie,L. Bruno. SAP:A Robust Approach to Track Objects in Video Streams with Snakes and Points[C]. In:Proceedings of British Machine Vision Converence,2004,737-746.

[9] OTCBVS Benchmark Dataset [DB/OL]:http://www. cse. ohio-state. edu/otcbvsbench/ [DB].

[10] CAVIAR DataSet[DB/OL]:http://homepages. inf. ed. ac. uk/rbf/CAVIAR/[DB].

第9章　基于深度神经网络与平均哈希的跨尺度运动目标跟踪方法研究

9.1 引　言

近年来,深度学习的方法[1,2]作为机器学习领域的一个重要分支,越来越受到重视,出现的研究成果如 Google 公司的猫脸识别[3]等。除了公司的研发以外,斯坦福大学主导的 Google Brain 项目[4],构建了深度神经网络的机器学习模型,集合了 16 000 个 CPU Core 的并行计算平台对该模型进行训练。

随着硬件设备的快速发展,以及深度学习方法对图像特征提取方面的日益完善[5,6],利用深度学习方法进行视觉跟踪的研究层出不穷,包括基于卷积神经网络的跟踪方法[7-9]等。2013年,N. Wang 等人[10]提出了利用堆栈式降噪自编码器(SDAE)[11]学习视觉跟踪过程中的目标外观,结合深度网络和粒子滤波对运动目标进行跟踪。这种框架结构(Deep Learning Tracking,DLT)简单,考虑了 4 层的神经网络架构,对于简单的运动目标跟踪效果良好,但是并不适合于复杂环境下的运动目标跟踪。

X. Zhou 等人[12]提出了基于在线 Adaboost 分类器[13]的深度网络视觉跟踪方法,通过对前景和背景进行分类,解决具有复杂背景情况的目标跟踪问题,该方法沿用了 DLT 的基本框架。J. Kuen 等人[14]利用堆栈式卷积自动编码器,提出了一种自学习与暂缓约束原则相结合的跟踪方法,通过线下的学习对网络进行初始化,并在线更新网络权值,最后的运动估计使用了逻辑回归概率估计[15]。虽然该方法的准确性有了一定的提升,但是对于遮挡或部分遮挡等更具挑战性的问题仍然不够鲁棒。

以上的方法都是基于学习的方法,需要根据现有的先验知识对构建的深度网络模型进行学习,线下的训练必不可少。也有研究者认为卷积神经网络具有足够的鲁棒性和自学习能力,不需要线下训练。K. Zhang 等人[16]提出了基于卷积网络的非训练的跟踪方法,从目标区域附近采集一些结构化的采样片作为滤波器构建新的网络。虽然使用了不同类型的深度网络,但是都基于深度网络的思想,通过构建深层的神经网络提取目标的特征,再利用运动估计对运动目标的位置和大小进行最终的预测。

传统的神经网络利用激励函数和神经元权值产生各层的输出,为了最大限度地使采样片具有不同的特征,需要对各个采样片具有特定的区别度。图像哈希方法可以利用简单的信息区分不同的图像块[17],对图像的具体内容比较敏感,而对图像本身的完整性并不敏感。M. Fei等人[18]提出了使用三种基本哈希方法(感知哈希、平均哈希[19]以及差分哈希方法)对运动目标进行跟踪。该方法考虑了三种哈希方法的特性,但同时也增加了算法的复杂度。为了降低算法的复杂性,提高算法的效率,C. Ma等人[20,21]提出了一种二维组合哈希方法作为特征提取的方法,结合贝叶斯运动估计完成对运动目标的跟踪[22]。该方法在部分视频序列上显示出了较好的效果。虽然该方法利用简单的哈希方法对运动目标的特征进行了有效的提取,但该方法并非最优。

针对以上现有的基于深度网络的跟踪方法存在计算复杂度高的问题,结合哈希方法计算简单快捷的优点,本章提出了基于深度神经网络与平均哈希的跨尺度运动目标跟踪算法,不仅利用不同采样片构建的尺度权值对网络偏置项进行了修正,提高了深度网络提取特征的准确性,而且将平均哈希与深度网络相结合,提高了算法的效率。

9.2 基于深度神经网络与平均哈希的运动目标跟踪算法的提出(DNHT)

本章提出了基于深度神经网络与平均哈希的跨尺度运动目标跟踪算法(DNHT)。提出了基于平均哈希的神经网络偏置项修正算法(AHB),计算不同的采样片的哈希特征值,将其与模板的相似度作为尺度特征对神经网络的偏置项进行修正。提出了基于AHB和粒子滤波的运动目标跟踪算法,对每个粒子的概率进行估计,完成对运动目标的跟踪。

9.2.1 DNHT算法研究动机

在视觉跟踪领域中,对深度学习的研究刚刚起步。在视觉跟踪的过程中,深度学习开始作为一种非常重要的方法被研究者们青睐。利用深度学习方法进行跟踪,需要足够多的数据对深度网络的参数进行训练,而这一过程通常在线下完成。虽然利用学习得到的参数能够对部分视频序列中的运动目标进行跟踪,但是这种泛化能力并不能推广到所有的运动目标。尤其当发生光照变化或者剧烈形变时,只使用神经网络提取目标特征,只考虑目标的细节,忽略其整体的结构特征,不能满足准确获取运动目标在动态环境中不断变化的特征的需求。而在提取特征的过程中,不同采样片的特征不同,传统的特征提取方法不能够精确地对不同采样片的细微特征进行区分,而对于不同的观测样本,细微的差别往往会造成跟踪结果巨大的不同。

为了解决以上问题,本章提出了基于深度神经网络与平均哈希的跨尺度运动目标跟踪算法,利用简单的特征提取方法,解决了传统基于深度神经网络的跟踪方法中特征复杂、严重影响算法效率的问题。

9.2.2 DNHT算法描述

基于深度神经网络与平均哈希的跨尺度运动目标跟踪算法(DNHT)不仅考虑了不同采样片之间的尺度信息,而且考虑了深度网络对目标提取的细节信息。

基于深度神经网络与平均哈希的跨尺度运动目标跟踪算法如图9.1所示,提出了基于平均哈希的神经网络偏置项修正算法。在跟踪之前,利用堆栈式降噪自动编码器在线下对网络的参数进行训练学习;在跟踪的过程中,采用平均哈希方法计算各个采样片的哈希值,通过相似性计算求取采样片与上一帧跟踪结果的汉明距离,利用该距离对网络的偏置项进行修正。

通过该网络的特征提取过程,可以获取运动目标的尺度信息和细节信息,利用粒子滤波运动估计对运动目标的位置和大小进行预测,从而最终得出运动目标的跟踪结果。

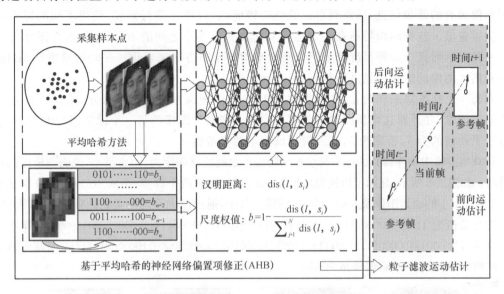

图 9.1 基于深度神经网络与平均哈希的跨尺度运动目标跟踪算法

1. 基于平均哈希的神经网络偏置项修正算法的提出(AHB)

假设 k 表示训练样本的个数,$i=\{1,2,\cdots,k\}$,样本的训练集为 $\{x_1,\cdots,x_i,\cdots,x_k\}$,$\boldsymbol{W}'$ 和 $\boldsymbol{W}$ 分别表示隐藏层的权值和输出层的权值,$\boldsymbol{b}'$ 和 $\boldsymbol{b}$ 表示不同隐藏层的偏置项。由输入样本 x_i 可以得到隐藏层表示 h_i,以及输入的重构 $\hat{x}_i$,如式(9.1)、式(9.2)所示:

$$h_i = f(\boldsymbol{W}'x_i + \boldsymbol{b}') \tag{9.1}$$

$$\hat{x}_i = \text{sigm}(\boldsymbol{W}h_i + \boldsymbol{b}) \tag{9.2}$$

其中,$f(\cdot)$ 表示非线性激励函数,$\text{sigm}(\cdot)$ 表示神经网络的激励函数,如式(9.3)所示:

$$\text{sigm}(y) = \frac{1}{1+\exp(-y)} \tag{9.3}$$

通过学习得到降噪自编码器,如式(9.4)所示:

$$\min_{\boldsymbol{W},\boldsymbol{W}',\boldsymbol{b},\boldsymbol{b}'} \sum_{i=1}^{k} \|x_i - \hat{x}_i\|_2^2 + \gamma(\|\boldsymbol{W}\|_F^2 + \|\boldsymbol{W}'\|_F^2) \tag{9.4}$$

其中,$\|x_i - \hat{x}_i\|_2^2$ 表示经神经网络重构后的损失函数,其第二项是权值惩罚项,利用梯度下降方法完成对较小权值的查找,降低过拟合的可能性;利用参数 γ 对重构误差和权值惩罚项进行平衡。假设式(9.4)可以使用 $E(\vec{w})$ 来表示,那么对 E 求偏导,可知:

$$\frac{\partial E(\vec{w})}{\partial \vec{w}_{ji}} = \frac{\partial E_0(\vec{w})}{\partial \vec{w}_{ji}} + 2\gamma w_{ji} = -\delta_j x_{ji} + 2\gamma w_{ji} \tag{9.5}$$

如果 $E_0(\vec{w}) = \sum_{i=1}^{k} \|x_i - \hat{x}_i\|_2^2$,令 $\dfrac{\partial E(\vec{w})}{\partial \vec{w}_{ji}} = 0$,则:

$$\tilde{w}_{ji} = w_{ji} + \eta(\delta_j x_{ji} - 2\gamma w_{ji}) \tag{9.6}$$

$$\tilde{w}_{ji} = (1 - 2\eta\gamma) w_{ji} + \eta\delta_j x_{ji} \tag{9.7}$$

其中,η 是学习率,δ_j 是误差,x_{ji} 和 w_{ji} 分别表示数据和从第 i 层到第 j 层的权值。

在神经网络中,偏置项通常被设置为固定的值1,也可以通过线下训练网络权值时得到。但是,作为深度网络的一个输入项,它在一定程度上代表了不同样本之间的重要性程度。本章利用图像固有的低频信息,捕获到目标的结构特征,对偏置项进行修复,使得不同的样本对应不同的偏置值。这种结构特征在一定程度上反映了采样片之间的不同尺度,也是图像尺度特征的一种表示形式。这种尺度特征可以通过平均哈希的方法来获得。平均哈希方法(aHash)主要利用了图像的低频信息进行处理。

对每一个样本降采样为8×8大小的新样本,去除图像本身的高频部分,获得一个包含64个像素的图像,并计算这幅新图像的灰度平均值。判断新图像的每一个像素值的大小,大于或者等于平均值的为1,否则为0,最终得到该样本的哈希值。

计算当前帧中采样得到的样本与模板的哈希值之间的汉明距离,距离越小,说明与模板的相似度越高。如图9.2所示,显示了以视频序列"faceocc1"为例的两个样本,图9.2(a)和(b)分别显示了样本i和样本j的原始图像及8×8大小的图像。其中,通过以上平均哈希的计算方法,得到样本i的平均哈希值为1100001000011000011111100111111011111100011110000000000011000000,样本j的平均哈希值为0001110000011111001111110011111100010110000000000011000000111111110。尽管两个样本非常相似,但是平均哈希值却完全不同。

(a)样本i的原始图像及其8×8图像　　　　　　(b)样本j的原始图像及其8×8图像

图9.2　视频序列"faceocc1"中两个样本对比

基于以上的平均哈希方法,对神经网络中的偏置项进行修正。假设当前视频帧为I_t,将前一视频帧I_{t-1}的跟踪结果作为比较对象,计算I_{t-1}上跟踪结果的平均哈希值,并计算其与当前所有样本的平均哈希值之间的汉明距离。每两个哈希值的汉明距离越大,表示两者之间的相似度越小,反之亦然。

假设N表示样本的个数,$S=\{s_1,s_2,\cdots,s_N\}$,$i=1,2,\cdots,N$,$\mathrm{dis}(l,s_i)$表示视频帧I_{t-1}跟踪结果的哈希值l与当前第i个样本s_i的哈希值l_{s_i}之间的汉明距离,可表示为式(9.8):

$$\mathrm{dis}(l,s_i) = \sum_{i=1}^{N} l \otimes l_{s_i} \tag{9.8}$$

其中,$\otimes$表示异或操作。样本s_i对应的新的偏置项如式(9.9):

$$b_i = 1 - \frac{\mathrm{dis}(l,s_i)}{\sum_{t=1}^{N}\mathrm{dis}(l,s_t)} \tag{9.9}$$

其中,b_i表示第i个样本的偏置项。新的偏置项b_i在某种程度上表明了当前样本在所有样本中的重要程度。

2. 基于AHB和粒子滤波的运动目标跟踪

利用本章提出的基于平均哈希的神经网络偏置项修正算法(AHB),结合粒子滤波对运动目标进行跟踪。粒子滤波方法是基于贝叶斯序贯重要性采样技术,对动态系统的状态变量进行后验估计。

粒子滤波的过程是一个迭代的过程,假设 X_t 表示在 t 时刻运动目标的状态变量,那么在初始步骤中,首先在前面粒子集合 X_{t-1} 中,根据粒子的分布成比例的采集 N 个粒子,得到一个新的状态。但是,新产生的粒子通常会受到概率的影响,造成粒子退化的现象,从而导致绝大部分粒子集中于权值较大的粒子周围,而后验概率 $p(x_t|z_{1:t-1})$ 就近似等于具有重要性权值 w_t^i 的 N 个粒子的有限集,如式(9.10)所示:

$$p(x_t \mid z_{1:t-1}) = \int p(x_t \mid x_{t-1}) p(x_{t-1} \mid z_{1:t-1}) \mathrm{d}x_{t-1} \tag{9.10}$$

如果粒子 x_t^i 就是要预测的跟踪结果,那么在其对应的矩形框(跟踪结果由粒子的位置和目标的大小所表现,该位置和大小构成一个矩形框,利用该矩形框直观地在图像上表示目标的位置和大小)中所包含的背景信息将比其他粒子对应的矩形框中的背景信息少,而且该粒子的权值也更大。权值可以从式(9.11)得到:

$$w_{t,j}^i = w_{t-1}^i \frac{p_j(z_t \mid x_t^i) p_j(x_t^i \mid x_{t-1}^i)}{q_j(x_t \mid x_{1:t-1}, z_{1:t})}, i=1,2,\cdots,N, j=1,2 \tag{9.11}$$

其中,$x_{1:t-1}$ 表示构成后验概率分布的随机样本,N 表示样本的个数,$Z_{1:t}$ 表示从开始时刻到时刻 t 的观测值,x_t^i 表示在时刻 t 的第 i 个样本,w_{t-1}^i 表示在时刻 $t-1$(也表示上一帧)的第 i 个权值向量,$q(x_t|x_{1:t-1},z_{1:t}) = p(x_t|x_{t-1})$ 为重要性分布。

3. DNHT 算法实现步骤

基于深度神经网络与平均哈希的跨尺度运动目标跟踪算法(DNHT)如表 9.1 所示,给出了 DNHT 算法的实现步骤。为了降低算法的复杂度,DNHT 算法只利用了采样片的平均哈希值获取不同的尺度特征,并对网络的偏置项进行修正,将不同采样片之间的尺度信息应用在深度特征提取的过程中,提高了对运动目标特征的描述,从而提高跟踪的准确性和稳定性。

表 9.1 基于深度神经网络与平均哈希的跨尺度运动目标跟踪算法(DNHT)

算法:基于深度神经网络与平均哈希的跨尺度运动目标跟踪算法

输入:视频序列 $I=\{I_1,I_2,\cdots,I_k\}$, k 为视序列的帧数,训练数据集 Tr,学习率 η,参数 γ,采样数 N

输出:跟踪结果

(1) 利用堆栈式降噪自编码器进行逐层权值的训练,得到初始化的权值 W,同时构建八层的神经网络

(2) 将第一帧视频帧的真值输入神经网络中,并利用真值及式(9.7),对构建的网络权值进行更新

(3) 从第 2 帧开始,对于每一个输入的视频帧 I_t,执行:

(a) 对当前帧采样,得到初始化样本 $S=\{s_1,s_2,\cdots,s_N\}$, $i=1,2,\cdots,N$

(b) 计算前一帧 I_{t-1} 跟踪结果的哈希值 l

(c) 对每一个样本 s_i,计算 s_i 的平均哈希值 l_{s_i}

(d) 利用式(9.8)计算 l 与每一个样本 s_i 之间的汉明距离

(e) 得到样本 s_i 对应的偏置项

(4) 对于深度网络,从第二层开始:layer=2:8

(a) 利用式(9.1)、式(9.2)逐层计算网络的各层输出

(b) 判断是否是最后一层,如果是,结束循环,否则返回(a)

(5) 判断当前帧中网络输出的置信度是否小于 0.8,如果小于,则利用式(9.7)对网络权值进行更新

(6) 利用式(9.10)对运动目标进行估计

(7) 利用式(9.11)重采样粒子

(8) 结束

9.3 DNHT 算法实验结果与分析

为了评价提出的 DNHT 算法的性能,在 21 个视频序列上,与 10 种跟踪算法在形状变化、遮挡、长时间跟踪、背景杂波以及光照变化等不同尺度下进行了对比。评价指标主要包括中心点误差、平均中心点误差、覆盖率、平均覆盖率和成功率。实验结果表明,提出的 DNHT 算法在不同环境情况下都能够对运动目标进行准确跟踪,表明提出的 DNHT 算法比对比算法的性能更优。

9.3.1 数据集、对比算法与评价指标

（1）数据集

本章利用 21 个具有视频序列,对提出的 DNHT 算法的性能进行了验证,其中 17 个视频序列来源于已有的研究[23],包括:bird2 序列、david3 序列、faceocc1 序列、walking2 序列、human6 序列、faceocc2 序列、sylvester 序列、car24 序列、dudek 序列、twinnings 序列、mountainbike 序列、fleetface 序列、trellis 序列、car4 序列、car11 序列、singer1 序列、suv 序列,另外四个由本课题组独立制作,即 bjbus 序列、1Europe_gai 序列、satellite 序列和 shenzhou 序列。这些视频序列包含了很多具有挑战性的特点,视频序列及其特征如表 9.2 所示。另外,1Europe_gai 序列、satellite 序列和 shenzhou 表现了空间目标物体的运动情况。

表 9.2 视频序列及其特征

序列名称	#帧数	序列的特征			
		光照变化	形状	遮挡	背景杂波
bird2	98	无	很强	很强	无
david3	251	很强	强	很强	强
faceocc1	892	无	一般	很强	无
walking2	499	无	一般	很强	一般
human6	380	一般	很强	很强	无
faceocc2	811	无	无	很强	无
sylvester	1 344	很强	很强	无	一般
car24	3 058	无	很强	无	很强
dudek	1 139	一般	很强	一般	无
twinnings	472	一般	很强	一般	很强
mountainBike	227	无	很强	无	很强
fleetface	270	无	很强	无	无
bjbus	448	很强	很强	无	很强
trellis	568	强	很强	强	强
car4	659	很强	一般	无	一般
car11	393	很强	一般	无	很强

续表

序列名称	＃帧数	序列的特征			
		光照变化	形状	遮挡	背景杂波
singer1	350	很强	强	无	一般
suv	945	无	强	很强	一般
satellite	120	很强	强	无	无
1Europe_gai	97	无	很强	无	无
shenzhou	200	强	强	无	无

其中,"很强"表示该视频序列在该特征上具有很强的挑战性,"强"表示该视频序列在该特征上具有较强的挑战性,"一般"表示该视频序列在该特征上具有一般的挑战性,"无"表示该视频序列不具有该特征。

（2）对比算法

对比算法有 10 个,其中五个生成式跟踪算法,即 CT(Compressive Tracking)[24]算法、ASLA(Adaptive Structural Local Sparse Appearance Model)[25]算法、IVT(Incremental Learning for Tracking)[26]算法、MTT(Multi-task Sparse Learning Tracker)[27]算法以及 L1APG(L1 Accelerated Proximal Gradient)[28]算法；四个分类跟踪算法,主要是 CSK(Circulant Structure with Kernels Tracker)[29]算法、LSST(Least Soft-Threshold Squares Tracking)[30]算法、DFT(Distribution Field Tracker)[31]算法、LOT(Locally Orderless Tracker)[32]算法,另一个是基于深度网络的算法,即 DLT(Deep Learning Tracking)[10]算法。

为了使实验数据更加真实可靠,本章对所有实验的视频序列采用了相同的参数。在当前的硬件配置下,提出的 DNHT 算法的平均运动速率是 2.7 帧/s。实现过程中,使用了六参数的仿射变换,在相邻两帧之间对目标的运动进行建模。对于每一个视频帧初始采样为 1 000 个样本。

（3）评价指标

客观评价指标包括中心点误差、平均中心点误差、覆盖率、平均覆盖率以及成功率。

中心点误差主要对跟踪结果（即预测到的运动目标）中的位置进行评价,误差越小,表示跟踪结果越准确。平均中心点误差指在每个视频序列上所有视频帧上的中心点误差的平均值。

覆盖率最初是由 PASCAL VOC[33]定义的,主要是指 $score = area(R_T \cap R_G)/area(R_T \cup R_G)$,表明了跟踪方法的稳定性。覆盖率越大,跟踪方法越准确,取值范围为[0,1]。平均覆盖率指在每个视频序列上,所有视频帧上的覆盖率的平均值。

成功率则是在覆盖率的基础上进行定义的,对于每一帧,如果其覆盖率 $score \geqslant 0.5$,那么认为跟踪算法在该视频帧上的跟踪结果是准确的,并将其成功的可能性记为 1,否则记为 0,最后对跟踪成功的视频帧进行统计,并计算其占所有视频帧数量的比例,即为成功率,可以表示为 $success = \sum(score \geqslant 0.5)/number\ of\ frames$,取值范围是[0,1],取值越接近 1,表示算法越稳定,跟踪效果越好。

9.3.2　DNHT 算法实验结果与分析

1. 实验一：DNHT 算法与对比算法在中心点误差上的实验

（1）DNHT 算法与对比算法在中心点误差上的结果与分析

为了更加深入地分析提出的 DNHT 算法和对比算法在不同视频序列上的运行情况,对各个序列上每一帧的跟踪结果进行了分析。提出的 DNHT 算法与对比算法在不同视频序列各帧上的中心点误差曲线如图 9.3 和图 9.4 所示。

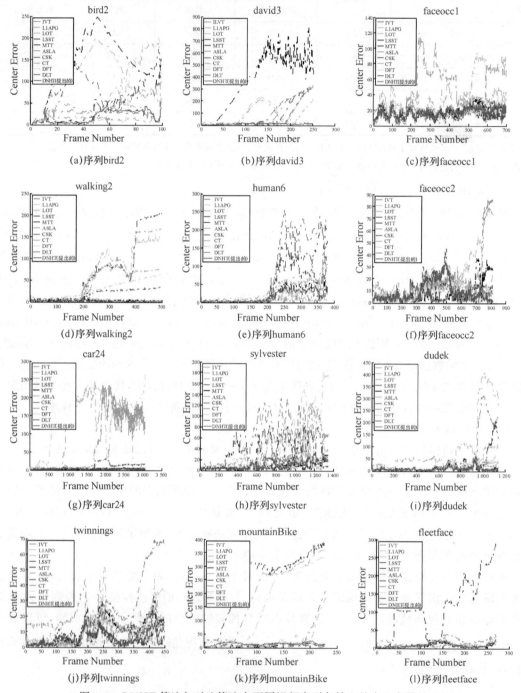

图 9.3　DNHT 算法与对比算法在不同视频序列各帧上的中心点误差(1)

其中,提出的 DNHT 算法用红色曲线表示,其他不同颜色代表不同的对比算法的中心点误差,IVT 方法为浅绿色,L1APG 方法为灰色,LOT 方法为姜黄色,LSST 方法为天蓝色,MTT 方法为黑色,ASLA 方法为浅蓝色,CSK 方法为深绿色,CT 方法为棕色,DFT 方法为黄色,DLT 方法为紫色。

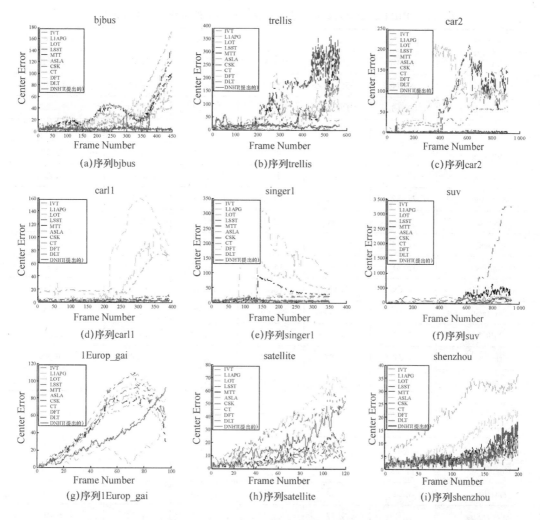

图 9.4　DNHT 算法与对比算法在不同视频序列各帧上的中心点误差(2)

根据 DNHT 算法与对比算法在不同视频序列上各个视频帧的中心点误差曲线图,与对比算法相比,DNHT 算法的中心点误差在所有视频序列上都较小,而且无论在环境干扰剧烈或者平缓的情况,DNHT 算法都能够较稳定地对运动目标进行跟踪,没有出现漂移现象,尤其是在 david3 序列、walking2 序列、car24 序列、dudek 序列、mountainBike 序列、fleetface 序列、bjbus 序列、car2 序列、car11 序列、singer1 序列、suv 序列、sylvester 序列以及空间视频序列 shenzhou 序列上中心点误差始终在 1.5 左右,跟踪结果最为理想。对于空间视频序列 1Europe_gai 序列和 satellite 序列,在跟踪的过程中,虽然出现了较大的中心点误差,但仍然能够跟踪的运动目标。

(2) DNHT 算法与对比算法在平均中心点误差上的结果与分析

根据 DNHT 算法与对比算法在不同视频序列各帧上的中心点误差,得到提出的 DNHT 算法与对比算法在不同视频序列上的平均中心点误差,如表 9.3 和表 9.4 所示。与对比算法相比,提出的 DNHT 算法在大多数视频序列上的平均中心点误差都较小。在平均中心点误差中,设误差大于 100 个像素点的情况为在跟踪过程中出现了较大程度的漂移现象,并将其值设为 NAN。

表 9.3　DNHT 算法与对比算法在不同视频序列上的平均中心点误差(1)

视频序列	ASLA	CSK	CT	DFT	MTT	DNHT(提出的)
bird2	21.07	18.30	24.84	47.78	NAN	18.82
david3	NAN	56.10	NAN	50.93	NAN	11.36
faceocc1	43.18	12.18	24.94	15.74	17.76	17.27
walking2	41.90	17.93	63.98	29.09	3.35	1.83
human6	6.40	55.05	32.19	19.82	21.55	16.13
faceocc2	17.88	7.88	8.82	9.18	8.72	5.92
sylvester	21.62	9.92	19.37	44.88	2.04	7.54
car24	2.42	9.34	72.38	165.6	7.08	2.24
dudek	13.14	13.39	30.54	18.72	11.76	8.14
twinnings	11.68	9.92	14.35	11.89	11.43	6.89
mountainBike	NAN	NAN	15.09	13.67	6.97	6.51
fleetface	9.19	10.90	8.66	8.19	6.44	7.85
bjbus	49.57	37.35	25.47	49.52	30.52	5.07
trellis	5.21	18.82	44.52	44.87	57.47	16.98
car2	1.42	2.53	58.46	87.69	1.46	1.56
colorcar11	1.1	3.2	28.7	58.8	1.16	1.3
singer1	3.2	14.0	15.8	18.8	30.83	7.6
suv	40.6	NAN	73.3	NAN	NAN	48.8
1Europe_gai	44.78	53.73	62.50	56.66	49.73	33.71
satellite	8.21	5.08	13.62	33.40	10.80	19.30
shenzhou	4.89	3.77	22.17	10.21	5.02	5.01
AVERAGE	18.09	18.55	33.02	33.10	14.57	10.63

表 9.4　DNHT 算法与对比算法在不同视频序列上的平均中心点误差(2)

视频序列	DLT	IVT	LSST	LOT	L1APG	DNHT(提出的)
bird2	57.08	41.46	45.18	NAN	61.96	18.82
david3	95.12	81.67	68.90	9.84	86.10	11.36
faceocc1	19.02	15.20	13.34	34.73	17.13	17.27
walking2	2.36	4.16	70.19	64.79	4.67	1.83
human6	80.26	10.35	52.50	15.47	16.54	16.13
faceocc2	7.73	14.68	12.25	17.39	10.00	5.92
sylvester	12.06	2.08	2.82	NAN	1.75	7.54
car24	2.67	55.89	39.32	11.29	25.84	2.24
dudek	8.35	47.63	23.50	84.56	22.93	8.14
twinnings	7.40	21.48	5.49	8.16	10.15	6.89

续表

视频序列	DLT	IVT	LSST	LOT	L1APG	DNHT（提出的）
mountainBike	7.12	25.71	NAN	24.91	8.36	6.51
fleetface	8.44	15.05	NAN	8.35	6.14	7.85
bjbus	6.40	22.96	19.42	20.94	23.42	5.07
trellis	42.56	53.25	NAN	47.93	61.87	16.98
car2	1.32	30.99	69.19	NAN	1.25	1.56
car11	1.3	3.95	3.53	28.49	1.34	1.3
singer1	3.8	7.50	5.26	NAN	54.19	7.6
suv	NAN	NAN	46.59	29.43	92.84	48.8
1Europe_gai	34.30	51.11	57.24	15.85	48.96	33.71
satellite	29.52	5.98	7.35	21.06	10.35	19.30
shenzhou	4.13	3.53	4.66	4.71	4.03	5.01
AVERAGE	21.36	26.71	36.88	34.17	28.14	10.63

对比算法中大多数方法都会出现不同程度的平均中心点误差大于100个像素点的情况，即出现漂移的现象，而对于DNHT算法，则没有出现漂移现象，而且能够以较低的平均中心点误差准确地对不同情况下的运动目标进行跟踪。DNHT算法与对比算法ASLA、CSK、CT、DFT、MTT、DLT、IVT、LSST、LOT以及L1APG相比，在所有视频序列上的平均中心点误差分别降低了7.47、7.93、22.39、22.47、3.94、10.73、16.08、26.25、23.54、17.51个像素点，平均降低了15.83个像素点。

在所有的视频序列中，普遍存在的问题是视频序列中都包含的尺度变化情况。对于大多数视频序列，DNHT算法都能够较好地应对形状变化给跟踪方法带来的干扰，但多数对比算法在运动目标出现强烈的尺度变化时，最终出现了漂移现象，丢失了运动目标，例如在bird2序列上，MTT方法和LOT方法出现了漂移，在david3序列上，ASLA方法、CT方法、MTT方法出现了漂移，在sylvester序列上，LOT方法出现了漂移，在mountainBike方法上，ASLA方法、CSK方法和LSST方法出现了漂移。在这些序列上，运动目标发生形变或尺度变化的频率和程度都较大，对比算法在这些序列上出现漂移，主要在于目标形变造成的外观特征严重变化，不能够根据已有的模板信息计算新的特征，导致跟踪失败情况的产生。另外，在suv序列上，存在的主要挑战是部分遮挡，甚至部分时间段出现了较大程度的全部遮挡现象。CSK方法、DFT方法、MTT方法、DLT方法以及IVT方法都没有在遮挡的情况下持续跟踪到运动目标，而提出的DNHT算法则对尺度变化和遮挡的情况较为鲁棒，能够准确地跟踪到运动目标。

2. 实验二：DNHT算法与对比算法在平均覆盖率上的实验

针对提出的DNHT算法和对比算法的覆盖率也做了相应的评价。提出的DNHT算法与对比算法在不同视频序列上的平均覆盖率如表9.5和表9.6所示。

DNHT算法与对比算法ASLA、CSK、CT、DFT、MTT、DLT、IVT、LSST、LOT以及L1APG相比，在所有视频序列上的平均覆盖率上分别提升了15%、27%、74%、55%、19%、13%、27%、39%、52%、21%，平均提升了34%。DNHT算法在对运动目标跟踪的过程中，平均覆盖率维持在0.69，在car2序列上覆盖率最高，为0.91，而最低覆盖率发生在bird2序列和

suv 序列上。虽然覆盖率并非所有序列均最高,但是在跟踪的过程中,DNHT 算法没有出现漂移的现象,能够较准确地跟踪到运动目标。其中,在空间视频序列 1Europe_gai、satellite 和 shenzhou 上均能够得到较准确的覆盖率,与对比算法相比,DNHT 算法在 shenzhou 序列上覆盖率较高,而在 1Europe_gai 序列和 satellite 序列上覆盖率较低,但仍然在 0.5 以上,能够跟踪到运动目标而没有出现漂移现象。

表 9.5　DNHT 算法与对比算法在不同视频序列上的平均覆盖率(1)

视频序列	ASLA	CSK	CT	DFT	MTT	DNHT(提出的)
bird2	0.52	0.58	0.45	0.60	0.08	0.51
david3	0.33	0.49	0.22	0.56	0.11	0.58
faceocc1	0.54	0.80	0.64	0.76	0.71	0.75
walking2	0.35	0.47	0.24	0.41	0.80	0.79
human6	0.76	0.44	0.39	0.46	0.46	0.49
faceocc2	0.63	0.77	0.75	0.74	0.76	0.78
sylvester	0.59	0.64	0.47	0.38	0.86	0.66
car24	0.78	0.38	0.25	0.08	0.69	0.82
dudek	0.71	0.72	0.62	0.69	0.75	0.81
twinnings	0.53	0.52	0.47	0.49	0.51	0.63
mountainBike	0.12	0.30	0.50	0.56	0.75	0.71
fleetface	0.71	0.70	0.80	0.80	0.76	0.72
bjbus	0.21	0.15	0.15	0.14	0.29	0.72
trellis	0.84	0.49	0.31	0.36	0.30	0.56
car2	0.88	0.69	0.20	0.16	0.90	0.91
car11	0.88	0.75	0.13	0.38	0.84	0.58
singer1	0.84	0.36	0.36	0.36	0.39	0.73
suv	0.62	0.53	0.22	0.08	0.48	0.51
1Europe_gai	0.72	0.54	0.52	0.53	0.59	0.57
satellite	0.71	0.67	0.58	0.37	0.68	0.59
shenzhou	0.88	0.56	0.53	0.57	0.85	0.85
AVERAGE	0.61	0.54	0.39	0.43	0.59	0.69

表 9.6　DNHT 算法与对比算法在不同视频序列上的平均覆盖率(2)

视频序列	DLT	IVT	LSST	LOT	L1APG	DNHT(提出的)
bird2	0.24	0.30	0.41	0.09	0.42	0.51
david3	0.33	0.47	0.47	0.67	0.28	0.58
faceocc1	0.72	0.76	0.79	0.43	0.75	0.75
walking2	0.79	0.73	0.32	0.34	0.78	0.79
human6	0.41	0.66	0.45	0.54	0.42	0.49

续表

视频序列	DLT	IVT	LSST	LOT	L1APG	DNHT(提出的)
faceocc2	0.77	0.68	0.65	0.50	0.68	0.78
sylvester	0.52	0.28	0.25	0.57	0.74	0.66
car24	0.78	0.81	0.64	0.30	0.40	0.82
dudek	0.81	0.67	0.69	0.54	0.69	0.81
twinnings	0.62	0.41	0.67	0.68	0.53	0.63
mountainBike	0.75	0.63	0.04	0.58	0.73	0.71
fleetface	0.75	0.66	0.24	0.82	0.79	0.72
bjbus	0.71	0.48	0.59	0.46	0.31	0.72
trellis	0.41	0.35	0.29	0.31	0.20	0.56
car2	0.92	0.33	0.41	0.09	0.91	0.91
car11	0.52	0.72	0.71	0.43	0.83	0.58
singer1	0.84	0.68	0.79	0.18	0.29	0.73
suv	0.10	0.14	0.54	0.66	0.48	0.51
1Europe_gai	0.57	0.60	0.10	0.75	0.58	0.57
satellite	0.28	0.70	0.90	0.59	0.70	0.59
shenzhou	0.83	0.88	0.85	0.89	0.85	0.85
AVERAGE	0.62	0.56	0.47	0.43	0.57	0.69

3. 实验三：DNHT 算法与对比算法的在不同尺度下的实验

为了更加直观地评价提出的 DNHT 算法在各个视频序列上的跟踪性能,将提出的 DNHT 算法与对比算法在不同尺度下的跟踪结果进行评价,运动目标的跟踪结果通过不同颜色的矩形框在视频序列上标识出来,如图 9.5 至图 9.25 所示显示了部分视频帧的跟踪结果。通过视频帧中矩形框的大小和位置,能够更加清晰地展示跟踪算法在不同情况下对运动目标的跟踪情况。其中,提出的 DNHT 方法用红色曲线表示,其他不同颜色代表不同的对比方法的中心点误差,IVT 方法为浅绿色,L1APG 方法为灰色,LOT 方法为姜黄色,LSST 方法为天蓝色,MTT 方法为黑色,ASLA 方法为浅蓝色,CSK 方法为深绿色,CT 方法为棕色,DFT 方法为黄色,DLT 方法为紫色。

（1）在形状变化情况下 DNHT 算法与对比算法的跟踪结果与分析

对于形状变化,在各个视频序列中都有体现,如图 9.5 至图 9.9 所示。形状的变化通过算法进行提取时,在 DNHT 算法中主要通过平均哈希方法进行体现,轻微的形状变化就能

(a)#1	(b)#25	(c)#70	(d)#78	(e)#98

图 9.5　DNHT 算法与对比算法在视频序列 bird2 上的跟踪结果

够引起平均哈希值的巨大变动,从而导致深度网络中与采样片对应的偏置项发生变化。通过计算各个采样片的平均哈希值,并将其与前一帧的跟踪结果进行相似度匹配,间接地将相邻帧之间的信息进行了关联,使算法对当前帧的预测更加准确,跟踪结果也更准确。而在对比算法中,并没有考虑目标的形状特征对跟踪结果的影响,当形状发生变化时就造成漂移现象的产生。

| (a)#1 | (b)#93 | (c)#171 | (d)#236 | (e)#270 |

图 9.6　DNHT 算法与对比算法在视频序列 fleetface 上的跟踪结果

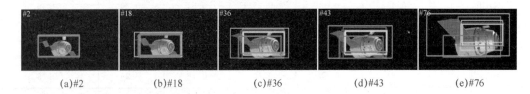

| (a)#2 | (b)#18 | (c)#36 | (d)#43 | (e)#76 |

图 9.7　DNHT 算法与对比算法在视频序列 1Europe_gai 上的跟踪结果

| (a)#2 | (b)#20 | (c)#45 | (d)#65 | (e)#100 |

图 9.8　DNHT 算法与对比算法在视频序列 satellite 上的跟踪结果

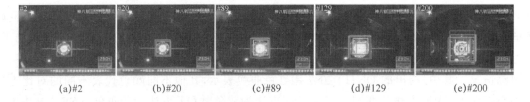

| (a)#2 | (b)#20 | (c)#89 | (d)#129 | (e)#200 |

图 9.9　DNHT 算法与对比算法在视频序列 shenzhou 上的跟踪结果

其中,图 9.7、图 9.8 和图 9.9 分别显示了 DNHT 算法与对比算法在视频序列 1Europe_gai、satellite 和 shenzhou 上的跟踪结果。空间视频序列主要展示了航天器在空间特殊环境中的运动变换情况,通过将 DNHT 算法与对比算法进行对比,能够较明显地分辨出不同算法的跟踪效果。在 satellite 序列和 shenzhou 序列上对运动目标进行跟踪时,在形状发生大小变化和光照发生明暗变化时,DNHT 算法都能够较准确地跟踪到运动目标。

DNHT 算法和对比算法在形状变化情况下的成功率对比如表 9.7 所示。其中,DNHT 算法在视频序列 fleetface 上的平均成功率达到了 100%,在序列 bird2、1Europe_gai、satellite 和 shenzhou 上,虽然成功率没有达到最高,但是仍然大于 0.5,没有出现漂移现象。

表 9.7　DNHT 算法与对比算法在形状变化情况下的成功率对比

视频序列	bird2	fleetface	1Europe_gai	satellite	shenzhou
ASLA	0.56	1	1	1	0.69
CSK	0.53	1	0.46	0.55	0.62
CT	0.55	1	0.44	0.53	0.43
DFT	0.72	1	0.46	0.57	0.5
MTT	0.09	1	0.55	1	0.67
DLT	0.16	1	0.55	0.55	0.15
IVT	0.11	0.99	0.59	0.59	0.92
LSST	0.47	0.26	1	1	0.83
LOT	0.08	0.99	0.94	0.94	0.6
L1APG	0.47	1	0.54	0.54	0.86
DNHT(提出的)	0.56	1	0.55	0.55	0.64

（2）在遮挡情况下 DNHT 算法与对比算法的跟踪结果与分析

视频序列中存在遮挡情况时 DNHT 算法与对比算法的跟踪情况如图 9.10 至图 9.15 所示。

(a)#1　　　　(b)#104　　　　(c)#187　　　　(d)#218　　　　(e)#251

图 9.10　DNHT 算法与对比算法在视频序列 david3 上的跟踪结果

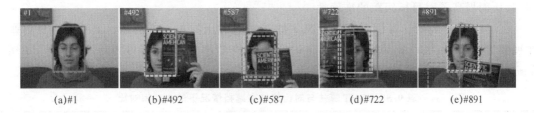

(a)#1　　　　(b)#492　　　　(c)#587　　　　(d)#722　　　　(e)#891

图 9.11　DNHT 算法与对比算法在视频序列 faceocc1 上的跟踪结果

(a)#1　　　　(b)#223　　　　(c)#303　　　　(d)#423　　　　(e)#499

图 9.12　DNHT 算法与对比算法在视频序列 walking2 上的跟踪结果

(a)#1 (b)#223 (c)#308 (d)#358 (e)#380

图 9.13 DNHT 算法与对比算法在视频序列 human6 上的跟踪结果

(a)#1 (b)#401 (c)#504 (d)#583 (e)#811

图 9.14 DNHT 算法与对比算法在视频序列 faceocc2 上的跟踪结果

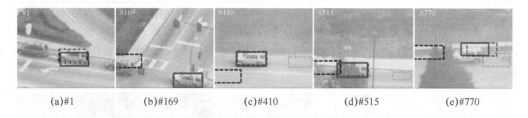

(a)#1 (b)#169 (c)#410 (d)#515 (e)#770

图 9.15 DNHT 算法与对比算法在视频序列 suv 上的跟踪结果

部分遮挡的情况表现在视频序列 david3、faceocc1、walking2、human6、faceocc2 以及 suv 中。CSK 算法在视频序列 faceocc1 上表现较好，ASLA 算法在视频序列 human6 上比其他算法的平均中心点误差和覆盖率都小。而在视频序列 david3 和 walking 上，DNHT 算法的准确性更好。当运动目标的外观发生变化时，DNHT 算法利用深度学习方法对其内部参数进行再训练，从而提高了对目标跟踪的准确性。

DNHT 算法与对比算法在遮挡情况下的成功率对比如表 9.8 所示。其中，DNHT 算法在视频序列 faceocc1、walking2 和 faceocc2 上的成功率均达到了 100%，在序列 david3、human6、suv 上，虽然成功率没有达到最高，但是仍然大于 0.5。

表 9.8 DNHT 算法与对比算法在遮挡情况下的成功率对比

视频序列	david3	faceocc1	walking2	human6	faceocc2	suv
ASLA	0.36	0.54	0.41	0.94	0.86	0.69
CSK	0.63	1	0.4	0.47	1	0.57
CT	0.27	0.92	0.36	0.45	0.9	0.13
DFT	0.75	0.99	0.39	0.44	0.92	0.05
MTT	0.12	0.97	0.97	0.47	0.89	0.53
DLT	0.61	1	1	0.51	1	0.55
IVT	0.62	1	1	0.92	0.88	0.12

续表

视频序列	david3	faceocc1	walking2	human6	faceocc2	suv
LSST	0.6	1	0.39	0.52	0.65	0.6
LOT	0.95	0.34	0.39	0.71	0.43	0.77
L1APG	0.34	1	0.98	0.46	0.87	0.53
DNHT(提出的)	0.61	1	1	0.51	1	0.55

（3）在长时间跟踪情况下 DNHT 算法与对比算法的跟踪结果与分析

本章对于长时间跟踪也进行了实验验证，主要表现在序列 sylvester、car24、dudek 三个序列中，如图 9.16、图 9.17 以及图 9.18 所示。DNHT 算法在这些视频序列上能够较好地跟踪到运动目标，而不出现漂移的现象。

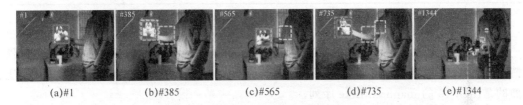

(a)#1　　　　(b)#385　　　　(c)#565　　　　(d)#735　　　　(e)#1344

图 9.16　DNHT 算法与对比算法在视频序列 sylvester 上的跟踪结果

(a)#1　　　　(b)#900　　　　(c)#1648　　　　(d)#2505　　　　(e)#3058

图 9.17　DNHT 算法与对比算法在视频序列 car24 上的跟踪结果

(a)#1　　　　(b)#538　　　　(c)#700　　　　(d)#998　　　　(e)#1139

图 9.18　DNHT 算法与对比算法在视频序列 dudek 上的跟踪结果

相对于对比算法，ALSA 算法、CLK 算法以及 DLT 算法也都表现良好，DNHT 算法与改进前的 DLT 算法相比，算法平均中心点误差有了较大程度的降低。DNHT 算法与对比算法在长时间跟踪情况下的成功率对比结果如表 9.9 所示。当对运动目标进行长时间跟踪时，提出的 DNHT 算法能够以较高的成功率跟踪到运动目标，与对比算法相比更加稳定。

表 9.9　DNHT 算法与对比算法在长时间跟踪情况下的成功率对比结果

视频序列	sylvester	car24	dudek
ASLA	1	0.72	0.85
CSK	0.17	0.74	0.95

视频序列	sylvester	car24	dudek
CT	0.17	0.48	0.81
DFT	0.07	0.8	0.8
MTT	1	0.88	0.94
DLT	1	0.77	0.98
IVT	1	0.32	0.83
LSST	0.76	0.25	0.87
LOT	0.38	0.68	0.61
L1APG	1	0.43	0.79
DNHT(提出的)	1	0.77	0.98

（4）在背景杂波情况下 DNHT 算法与对比算法的跟踪结果与分析

背景杂波主要是指背景的复杂情况使得很难从背景中区分出前景的运动目标，在背景杂波情况下 DNHT 算法与对比算法的跟踪结果与分析如图 9.19、图 9.20 和图 9.21 所示，比较强烈的是图 9.19 的 mauntainBike 序列。

(a)#1　　　　(b)#213　　　　(c)#251　　　　(d)#357　　　　(e)#471

图 9.19　DNHT 算法与对比算法在视频序列 twinnings 上的跟踪结果

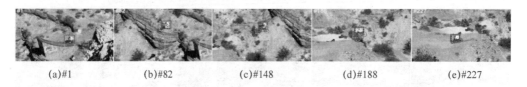

(a)#1　　　　(b)#82　　　　(c)#148　　　　(d)#188　　　　(e)#227

图 9.20　DNHT 算法与对比算法在视频序列 mountainBike 上的跟踪结果

(a)#1　　　　(b)#198　　　　(c)#278　　　　(d)#328　　　　(e)#392

图 9.21　DNHT 算法与对比算法在视频序列 car11 上的跟踪结果

对比算法利用了传统的方法，即通过特定的特征提取方法对目标特征进行提取，从而完成对运动目标的跟踪，例如 MTT 算法等。而提出的 DNHT 算法除了构建的八层网络结构外，只利用了平均哈希方法提取运动目标的简单低频信息，背景杂波对提出的 DNHT 算法具有较大的挑战。而在这些视频序列中，提出的 DNHT 算法能够较为准确地跟踪到运动目标，而且没有出现漂移的现象，表现了良好的性能。在其他视频序列中也存在背景杂波的干扰，提出的

DNHT 算法也都能够准确跟踪。在背景杂波情况下提出的 DNHT 算法与对比算法的成功率对比结果如表 9.10 所示,对于 mountainBike 序列提出的 DNHT 算法的成功率达到了 100%,在另外两个视频序列上也高于 70%,说明提出的算法在背景杂波的情况下跟踪比较稳定。

表 9.10 DNHT 算法与对比算法在背景杂波情况下的成功率对比结果

视频序列	twinnings	mountainBike	car11
DLT	0.42	0.06	0.99
IVT	0.36	0.35	0.99
LSST	0.49	0.42	0
LOT	0.35	0.77	0.34
L1APG	0.35	1	1
DLT	0.75	1	0.72
IVT	0.43	0.83	0.87
LSST	0.79	0	0.99
LOT	0.89	0.7	0.56
L1APG	0.37	0.91	1
DNHT(提出的)	0.75	1	0.72

(5)在光照变化情况下 DNHT 算法与对比算法的跟踪结果与分析

当算法在跟踪运动目标的过程中,运动目标所处的环境中光照情况发生变化,导致目标的外观发生不同程度的变化,例如序列 bjbus、trellis、singer1 以及 car2,如图 9.22 至图 9.25 所示。

(a)#1 (b)#138 (c)#301 (d)#400 (e)#450

图 9.22 DNHT 算法与对比算法在视频序列 bjbus 上的跟踪结果

(a)#1 (b)#227 (c)#395 (d)#483 (e)#568

图 9.23 DNHT 算法与对比算法在视频序列 trellis 上的跟踪结果

(a)#1 (b)#133 (c)#193 (d)#263 (e)#350

图 9.24 DNHT 算法与对比算法在视频序列 singer1 上的跟踪结果

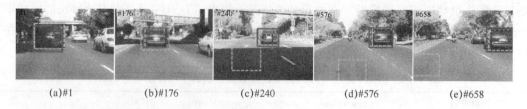

| (a)#1 | (b)#176 | (c)#240 | (d)#576 | (e)#658 |

图 9.25　DNHT 算法与对比算法在视频序列 car2 上的跟踪结果

DNHT 算法与对比算法在在光照变化情况下的成功率对比结果如表 9.11 所示。DNHT 算法在光照变化时,在视频序列 bjbus、trellis、car2 和 singer1 上对运动目标跟踪的成功率均在 80% 以上,在 car2 和 singer1 上的成功率达到了 100%,与 DLT 算法及其他对比算法相比成功率有了一定的提高。这主要是由于当光照发生变化时,影响的主要是运动目标的外观,而 DNHT 算法利用了平均哈希的方法对运动目标的低频信息进行捕捉,从而得到运动目标的轮廓特征,以辅助对运动目标的检测与跟踪。

表 9.11　DNHT 算法与对比算法在光照变化情况下的成功率对比结果

视频序列	bjbus	trellis	car2	singer1
DLT	0.94	0.56	1	1
IVT	0.49	0.42	0.08	0.97
LSST	0.74	0.36	0.43	1
LOT	0.43	0.32	0.08	0.23
L1APG	0.22	0.15	1	0.38
DLT	0.94	0.56	1	1
IVT	0.49	0.42	0.08	0.97
LSST	0.74	0.36	0.43	1
LOT	0.43	0.32	0.08	0.23
L1APG	0.22	0.15	1	0.38
DNHT(提出的)	0.96	0.83	1	1

9.4　本章小结

本章提出了基于深度神经网络与平均哈希的跨尺度运动目标跟踪算法(DNHT)。提出了基于平均哈希的神经网络偏置项修正算法(AHB),提取各个样本的低频信息,构建了表现样本之间区别度的尺度权值,并将其作为神经网络的偏置项输入所构建的跟踪网络中,实现了在线偏置项修正,从而利用样本之间的不同尺度特征提取样本中的特征信息。利用提出的基于 AHB 和粒子滤波得跟踪算法完成对运动目标的跟踪。实验结果表明与对比算法相比,提出的 DNHT 算法能够在形状变化、遮挡、长时间跟踪、背景杂波以及光照变化等不同尺度情况下,准确跟踪到运动目标,在中心点误差、平均中心点误差、覆盖率、平均覆盖率以及成功率等方面相比对比算法都具有更好的表现。其中,在所有视频序列上与对比算法相比,提出的 DNHT 算法平均中心点误差平均降低了 15.83 个像素点,平均覆盖率平均提升了 34%。

参 考 文 献

[1]　G. E. Hinton, S. Osindero, Y. W. Teh. A Fast Learning Algorithm for Deep Belief Nets [J]. Neural Computation, 2006, 18(7): 1527-1554.

[2]　L. Deng, D. Yu. Deep Learning: Methods and Applications[J]. Foundations and Trends in Signal Processing, 2014, 7(3-4): 197-387.

[3]　Google Cat[EB/OL]: http://www. google. cat.

[4]　Google Brain[EB/OL]: https://en. wikipedia. org/wiki/google_brain.

[5]　Y. Jia, E. Shelhamer, Donahue J, et al. Caffe: Convolutional Architecture for Fast Feature Embedding [C]. Proceedings of the ACM International Conference on Multimedia, ACM, 2014: 675-678.

[6]　G. Yuan, M. Xue. Robust Visual Tracking via Principal Component Pursuit[J]. Chinese Journal of Electronics, 2015, 43(3): 417-423.

[7]　Li H., Li Y., F. Porikli. Deeptrack: Learning Discriminative Feature Representations by Convolutional Neural Networks for Visual Tracking[C]. Proceedings of the British Machine Vision Conference, 2014, 1(2): 1-12.

[8]　V. B. Weigel. Deep Learning for a Digital Age: Technology's Untapped Potential to Enrich Higher Education [M]. Jossey-Bass, 989 Market Street, San Francisco, CA 94103-1741, 2002.

[9]　M. Hahn, S. Chen, A. Dehghan. Deep Tracking: Visual Tracking Using Deep Convolutional Networks[J]. Arxiv Preprint Arxiv: 1512. 03993, 2015.

[10]　Wang N, Yeung D Y. Learning a Deep Compact Image Representation for Visual Tracking[C]. Proceeding of Advances in Neural Information Processing Systems, 2013: 809-817.

[11]　P. Vincent, H. Larochelle, Y. Bengio, et al. Extracting and Composing Robust Features with Denoising Autoencoders[C]. Proceedings of the 25th International Conference on Machine Learning, ACM, 2008: 1096-1103.

[12]　Zhou X, Xie L, Zhang P, et al. An Ensemble of Deep Neural Networks for Object Tracking[C]. Proceedings of 2014 IEEE International Conference on Image Processing (ICIP), 2014: 843-847.

[13]　G. Rätsch, T. Onoda, K. R. MÜLler. Soft Margins for Adaboost [J]. Machine Learning, 2001, 42(3): 287-320.

[14]　J. Kuen, K. M. Lim, C. P. Lee. Self-taught Learning of a Deep Invariant Representation for Visual Tracking via Temporal Slowness Principle[J]. Pattern Recognition, 2015, 48(10): 2964-2982.

[15]　P. Peduzzi, J. Concato, E. Kemper, et al. A Simulation Study of the Number of Events

Per Variable in Logistic Regression Analysis[J]. Journal of Clinical Epidemiology, 1996,49(12):1373-1379.

[16] Zhang K, Liu Q, Wu Y, et al. Robust Visual Tracking via Convolutional Networks without Training. IEEE Transactions on Image Processing (TIP), 2016, 25 (4): 1779-1792.

[17] Z. Jie. A Novel Block-DCT and PCA Based Image Perceptual Hashing Algorithm[J]. International Journal of Computer Science Issues,2013,10(3):1-7.

[18] Fei M, Li J, Liu H. Visual Tracking Based on Improved Foreground Detection and Perceptual Hashing[J]. Neurocomputing,2015,152:413-428.

[19] J. Segers. Perceptual Image Hashes[EB/OL]. http://jenssegers. be/index. php/blog/ 61/perceptual-image-hashes,2014-12-14.

[20] Ma C, Liu C, Peng F. Two Dimensional Ensemble Hashing for Visual Tracking[J]. Neurocomputing,2016,171:1387-1400.

[21] Ma C, Liu C, Peng F, et al. Multi-feature Hashing Tracking[J]. Pattern Recognition Letters,2016,69:62-71.

[22] Wu Y, Lim J, Yang M H. Online Object Tracking: a Benchmark[C]. Processing of IEEE Conference on Computer Vision and Pattern Recognition, Portland, USA, Jun. 2013:2411-2418.

[23] Li X, Hu W, Shen C, et al. A Survey of Appearance Models in Visual Object Tracking [J]. ACM Transaction on Intelligent Systems and Technology,2013,4(4):1-38.

[24] Zhang K, Zhang L, Yang M H. Real-Time Compressive Tracking[M]. Processing of 12th European Conference on Computer Vision, Firenze, Italy, 2012:864-877.

[25] Jia X, Lu H, Yang M H. Visual Tracking via Adaptive Structural Local Sparse Appearance Model[C]. Proceedings of IEEE Conference on Computer Vision and Pattern Recognition (CVPR 2012). 2012:1822-1829.

[26] D. A. Ross, J. Lim, R. S. Lin, et al. Incremental Learning for Robust Visual Tracking [J]. International Journal of Computer Vision,2008,77(1-3):125-141.

[27] Zhang T, B. Ghanem, Liu S, et al. Robust Visual Tracking via Multi-Task Sparse Learning [C]. Processing of IEEE Conference on Computer Vision and Pattern Recognition, Providence, Rhode Island, 2012:2042-2049.

[28] Bao C, Wu Y, Ling H, et al. Real Time Robust L1 Tracker Using Accelerated Proximal Gradient Approach[C]. Proceedings of 2012 IEEE Conference on Computer Vision and Pattern Recognition (CVPR),2012:1830-1837.

[29] J. F. Henriques, R. Caseiro, P. Martins, et al. Exploiting the Circulant Structure of Tracking-by-detection with Kernels[C]. Proceedings of 12th European Conference Computer Vision, Firenze, Italy,2012:702-715.

[30] Wang D, Lu H, Yang M H. Least Soft-threshold Squares Tracking[C]. Proceedings of IEEE Conference on Computer Vision and Pattern Recognition (CVPR 2013). 2013:

2371-2378.

[31]　S. L. Laura, L. M. Erik. Distribution Fields for Tracking［C］. Processing of IEEE Conference on Computer Vision and Pattern Recognition, Providence, Rhode Island, 2012:1910-1917.

[32]　S. Oron, A. Bar-Hillel, Levi D, et al. Locally Orderless Tracking［J］. International Journal of Computer Vision, 2015, 111(2):213-228.

[33]　PASCAL VOC. Pattern Analysis, Analysis Modelling and Computational Learning Visual Object Classes［EB/OL］. http://pascallin. ecs. soton. ac. uk/challenges/voc/2010.

第 10 章　基于混合特征的运动目标跟踪方法研究

10.1　引　　言

运动目标所处环境的复杂性及目标本身的不确定性给跟踪问题带来了很大挑战。主流的跟踪算法分为基于区域的跟踪[1]、基于特征的跟踪[2]、基于主动轮廓的跟踪[3]和基于模型的跟踪[4]等。近年来随着深度学习的兴起,如何将深度学习应用于目标跟踪成为本领域的一个热点问题。目标跟踪算法通过深度学习,自动提取目标特征,获得更有效的图像特征表示,从而实现更准确的跟踪。Li 等人[5]利用卷积神经网络线上学习有效的目标特征表示,通过引入截断结构化损失函数来减小跟踪误差累计的风险,提高跟踪的准确度。文献[6]使用卷积神经网络提取目标层次特征,并通过加入时间缓慢约束和域自适应模块来增强所提算法对运动形变以及目标外观变化的鲁棒性。

Ma 等人[7]将卷积神经网络每一层提取的抽象信息结合起来进行目标表示,从而能够更精确地感知目标的位置信息。Wang 等人[8]在线下使用大量的数据训练叠加去噪自编码网络(SDAE)[9],提取图像的高层特征。线上采用粒子滤波进行运动估计,通过神经网络计算粒子置信度,神经网络使用线下训练获得的特征参数进行初始化。然而,由于线上跟踪时只使用第一帧的目标模板与背景模板对神经网络进行微调,对一个特定的视频序列其特有的特征属性并不能被很好地提取出来。

针对以上问题,本章提出了 SoH-DLT 方法,将深度学习获得的高层特征与 SURF 特征结合起来,利用 SURF 特征点映射矩阵,微调神经网络输入层神经元权重,以增强该方法对目标尺度变化的鲁棒性;粒子滤波跟踪过程中,对目标以及各候选样本建立方向直方图,通过衡量各候选样本与目标模板的相似度,为粒子的置信度计算提供参考,进一步提高目标跟踪的准确性。

10.2　SoH-DLT 运动目标跟踪算法描述

SoH-DLT 分为线下训练和线上跟踪两个部分。SoH-DLT 的算法结构如图 10.1 所示。在线下特征学习过程中,使用大量的数据训练 SDAE,获得通用的图像高层特征。在线上跟踪过程中,构建神经网络用于粒子滤波过程中粒子的权重计算,并依据线下训练获得的特征参数对其进行初始化。当新的一帧到来时使用 SURF 特征点映射矩阵对该神经网络进行微调。另外,分别建立目标模板与各候选样本的方向直方图,并计算各候选样本与目标模板的相似度,以此作为各粒子重要性的参考。

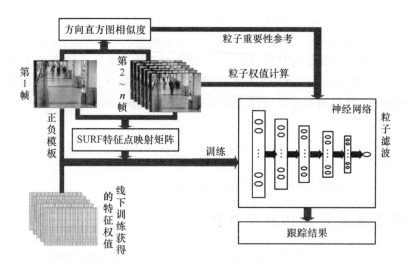

图 10.1　SoH-DLT 算法结构

10.3　SoH-DLT 运动目标跟踪算法实现

SoH-DLT 对于运动目标的特征提取分为两个方面：目标的轮廓特征，采用方向直方图来进行描述；目标的细节特征，包括线下深度学习获得的高层特征和线上提取的 SURF 特征。SoH-DLT 整合这两种特征，得到目标的混合特征，从而在粒子滤波过程中能够更精确地区分目标与背景。

10.3.1　基于方向直方图的特征提取

引入方向直方图来描述图像样本的梯度方向信息，提取轮廓特征，同时计算当前样本与目标模板的相似度，并将其作为后续运动估计过程中粒子重要性的参考。梯度方向是指某像素在 y 方向和 x 方向的梯度形成的角度，对一个大小为 $a \times b$ 的灰度图像，用 $\{\theta_{ij}\}_{i \in [1,a], j \in [1,b]}$ 表示各像素的梯度方向角，可由式（10.1）计算获得：

$$\theta_{ij} = \arctan\left(\frac{\partial g_{ij}/\partial y}{\partial g_{ij}/\partial x}\right) \tag{10.1}$$

其中，g_{ij} 是 (i,j) 像素的灰度值，$\partial g_{ij}/\partial y$ 为 g_{ij} 在 y 方向的梯度，$\partial g_{ij}/\partial x$ 为 g_{ij} 在 x 方向的梯度。

方向直方图通过将梯度方向角划分为不同的区间来确定。用 $\{T_k\}_{k \in [1,n]}$ 表示各区间，$\Delta\theta$ 表示区间间距，其计算如式（10.2）所示。方向直方图即为统计各个方向编码 T_k 在图像中出现的概率。

$$T_k = \lfloor \theta_{ij}/\Delta\theta \rfloor \tag{10.2}$$

为了增大密度估计的鲁棒性，使距离目标中心更近的像素分配更大的权重，距离目标中心较远的像素分配较小的权重，对方向直方图进行加权处理，加权后的方向直方图第 k 个区间出现的概率 p_k 可由式（10.3）获得：

$$p_k(y) = T_h \sum_{i=1}^{n_h} k\left(\left\|\frac{y - x_i}{h}\right\|\right) \delta[b(x_i) - k] \tag{10.3}$$

其中，y 是样本的中心，$\{x_i\}_{i\in[1,n_h]}$ 是样本中各像素的位置，$k(x)$ 是核函数，h 是核函数窗口宽度，$b(x_i)$ 是 x_i 像素的方向编码索引映射，δ 是狄拉克 δ 函数。

对每一帧在各粒子的置信度计算过程中，为每个候选样本建立方向直方图，并计算每个候选样本与目标模板的相似度，以此作为粒子重要性的参考。各候选样本的方向直方图与目标模板的方向直方图之间的相似度采用巴氏系数来衡量。用 $\rho(y)$ 表示相似度，其计算公式如式（10.4）：

$$\rho(y) = \sum_{k=1}^{n} \sqrt{p_k(y)p_k(y_0)} \tag{10.4}$$

其中，$p(y)$ 和 $p(y_0)$ 分别为候选样本和目标模板的方向直方图。

10.3.2　基于深度学习的特征提取

在线下特征学习过程中，构建深度学习模型 SDAE，并对从 Tiny Images[10] 数据集中随机选出的 100 万张图像进行训练，获得通用的图像高层特征。在跟踪过程中，首先初始化一个 6 层的神经网络，各层神经元的权重及相关参数由线下训练获得的特征决定。对第一帧手动标出目标位置，采样得到目标模板和背景模板，并采用这些模板进行训练，得到适用于此视频序列的神经网络。为了使 SoH-DLT 算法进一步适应该特定视频序列，对第一帧完整的真实目标提取其 SURF 特征点集。

当新的一帧到来时，由于相邻帧的目标位置变化不会很大，所以提取当前帧在上一帧的 SURF 特征点集，并将第一帧的 SURF 特征点集与当前帧 SURF 特征点集进行匹配，得到匹配到的 SURF 特征点集。将匹配到的特征点在第一视频帧的位置映射到神经网络的输入层，则输入层神经元的激励函数可用式（10.5）表示：

$$h = \text{sigmoid}((W_o + W_s)x + b) \tag{10.5}$$

其中，h 是输出，x 是输入数据，b 是偏置，W_o 是深度神经网络输入层权重矩阵，W_s 是 SURF 特征点映射矩阵。当某一像素点是 SURF 特征点时，将该点权重设为 0.3，反之，则设为 0。与目标匹配度最高的粒子会获得更大的权重。因为 SURF 特征点具有尺度不变性，所以当目标存在尺度变化时，SoH-DLT 算法也能获得稳定的跟踪效果。

10.3.3　粒子滤波跟踪算法

对每一帧通过粒子滤波得到估计的目标粒子。通过在状态空间中传播随机变量来近似概率分布，根据之前的状态利用概率计算估计下一个最可能的状态。采用仿射变换参数来表示粒子状态。仿射变换参数是一个 6 维的向量，如式（10.6）所示：

$$\text{param} = (x, y, \text{scale}, \text{rotation}, \text{ratio}, \text{scalingangle}) \tag{10.6}$$

其中，x 和 y 分别对应于粒子样本的中心点的纵坐标和横坐标，scale 为粒子样本宽度与采样片宽度的比值，rotation 是粒子样本的旋转角度，ratio 是粒子样本高与宽的比值，scalingangle 是跟踪窗口的倾斜程度。

粒子滤波方法的一个主要思想是重要性重采样。首先，在当前帧以一定的规则放置许多粒子，例如均匀放置，或者在靠近目标的地方多放置粒子，而远离目标的地方少放置粒子。计算这些粒子与目标模板的相似度作为粒子权重，并进行归一化处理，使得所有粒子权重之和等于 1。

在初始帧,n 个粒子样本通过随机采样获得,且粒子权重都设为 $1/n$。假设在 $t-1$ 时刻,用 $\{s_{t-1}^i\}_{i\in[1,n]}$ 表示 n 个粒子的状态,用 $\{w_{t-1}^i\}_{i\in[1,n]}$ 表示这些粒子对应的权重。重采样过程即从粒子集合中根据权重挑选 n 个粒子样本。首先,对权重集合 $\{w_{t-1}^i\}_{i\in[1,n]}$ 计算归一化累计概率集合 $\{c_{t-1}^i\}_{i\in[1,n]}$,如式(10.7)所示:

$$c_{t-1}^i = \sum_{k=1}^{i} w_{t-1}^k \Big/ \sum_{k=1}^{n} w_{t-1}^k \tag{10.7}$$

随机生成 n 个在 $[0,1]$ 之间的均匀分布的随机变量集合 $\{r^i\}_{i\in[1,n]}$。对 r^i,搜索 $\{c_{t-1}^i\}_{i\in[1,n]}$ 获得含有 n 个最小索引的集合 $\{Idx^i\}_{i\in[1,n]}$,使得 $c_{t-1}^{Idx^i} \geqslant r^i$。将 s_{t-1}^i 替换为 $s_{t-1}^{Idx^i}$,完成重采样过程。

粒子集合的更新通过系统状态变化方程来传播。当新的一帧到来时,即在 t 时刻,粒子状态集合根据式(10.8)计算得到:

$$s_t = \boldsymbol{A}s_{t-1} + v_{t-1} \tag{10.8}$$

其中,$\boldsymbol{A}$ 为状态转移矩阵,v_{t-1} 为多元高斯随机变量,在本章中即为根据仿射变换参数生成的随机变量。

SoH-DLT 算法采用神经网络进行粒子权重计算,每个粒子的置信度可以通过式(10.9)获得:

$$\mathrm{conf}(y) = \rho(y)w(y) \tag{10.9}$$

其中,$\mathrm{conf}(y)$ 表示粒子的置信度,$\rho(y)$ 为该候选样本方向直方图与目标模板方向直方图之间的巴氏系数,$w(y)$ 为通过神经网络计算获得的粒子权重。把置信度最大的粒子作为该帧的最终估计结果进行输出。通过这种方式将候选样本的轮廓特征与细节特征结合起来进行考虑,使得与目标最相似的候选样本成为估计的目标位置,提高了跟踪的准确度。

10.3.4　SoH-DLT 算法步骤

SoH-DLT 算法的实现步骤如表 10.1 所示。

表 10.1　基于混合特征的运动目标跟踪算法

算法:基于混合特征的运动目标跟踪算法

输入:视频序列 $\boldsymbol{f} = \{f_1, f_2, \cdots, f_n\}$,采样数 N,仿射变换参数 γ

输出:跟踪结果

(1) 初始化:对第一帧 f_1 采样,得到目标模板和背景模板,结合线下深度学习获得的高层特征训练得到神经网络 nn;建立目标模板的方向直方图 P_0,提取目标模板 SURF 特征点集 S_0

(2) 对于第 $i(i=2,3,\cdots,n)$ 帧 f_i

　　(a) 采样粒子,获得候选样本集

　　(b) 提取 f_i 在 f_{i-1} 目标位置的 SURF 特征点集 S_i,并进行匹配,得到 SURF 特征点映射矩阵 $\boldsymbol{W}_s^i$,根据式(10.5)更新 nn 输入层权重,并将粒子输入 nn 计算每个粒子的权重 w_i

　　(c) 根据式(10.4)计算每个候选样本与目标模板的相似度 ρ_i

　　(d) 根据式(10.9)获得粒子置信度,置信度最大的粒子即为 f_i 的目标位置

(3) 如果满足更新条件,重新采样目标与背景模板训练 nn;如果不满足,则 $i=i+1$,返回执行步骤(2)

(4) 结束

10.4　实验结果与分析

对 5 个视频序列分别采用 DFT[11]、IVT[12]、CT[13]、DLT 以及 SoH-DLT 进行目标跟踪，以中心点误差和成功率[9]来定量评价跟踪效果，并给出视觉上的效果评价。其中，IVT、DLT 和 SoH-DLT 均采用仿射变换参数来表示样本状态。根据对仿射变换的介绍，仿射变换参数的设置根据视频序列的特点而有所不同，会影响式（10.8）中 v_{t-1} 的取值，从而影响粒子集合的更新。

为了使对比实验更有说服力，将三种跟踪方法的仿射变换参数均设为相同值。对 car4 视频序列，目标尺度变化比较大，故仿射变换参数设为（4,4,0.02,0,0.001,0）；car24 和 man 视频序列的尺度变化程度不大，故仿射变换参数设为（4,4,0.005,0,0.001,0）；在 deer 视频序列中，目标运动迅速，相邻帧间目标位置变化较大，故仿射变换参数设为（12,12,0.005,0,0.001,0），surfer 视频序列也存在目标快速运动的情况，但相邻帧间目标位置变化比 deer 小，但尺度变化程度较大，故仿射变换参数设为（8,8,0.01,0,0.001,0）。此外，10.3.4 节算法步骤（3）中的更新条件设置为粒子置信度小于 0.8，或者距离上次神经网络更新已经超过 50 帧。

10.4.1　目标轮廓特征有效性分析

SoH-DLT 利用方向直方图对目标轮廓特征进行描述，将梯度方向分成 36 个区间。不同帧间目标与目标的方向直方图差距较小，即巴氏系数较大，而目标与背景的方向直方图差距较大，即巴氏系数较小。

在第一帧中手动标出目标位置，并建立目标模板的方向直方图。在粒子滤波跟踪过程中，计算每个粒子样本的方向直方图，并对每个粒子样本的方向直方图与目标模板的方向直方图计算巴氏系数，以此作为粒子重要性的参考。由于图像直方图变换易受光照影响，为了验证将方向直方图作为粒子重要性参考的可靠性，本节对 car4 视频序列的第 181～237 帧进行了实验与分析。光照变化情况下不同样本与模板的相似性比较如图 10.2 所示。在该段视频序列中，存在着明显的光照变化。每一帧的目标样本是由该帧目标真值得出的采样片，背景样本是在目标周围随机取样获得的采样片。

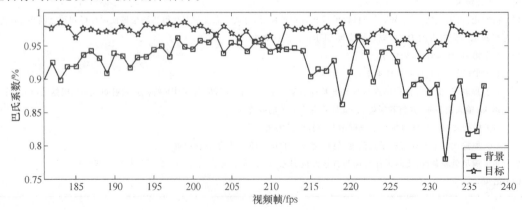

图 10.2　光照变化情况下不同样本与模板的相似性比较

由图 10.2 可知,在光照变化情况下,目标样本方向直方图与目标模板方向直方图之间的巴氏系数总体上高于背景样本方向直方图与目标模板方向直方图之间的巴氏系数,即与目标模板相似的粒子可以获得更高的置信度。有个别相差很小甚至相等的情况,对应于式(10.9)中 $\rho(y)$ 相等,此时粒子的置信度完全依赖于神经网络计算得到的粒子权重 $w(y)$,即考虑采样粒子的细节特征。

为了更加直观地说明目标样本与背景样本的方向直方图之间的差别,抽取 car4 视频序列中的第 181~198 帧,目标与背景的方向直方图对比如图 10.3 所示。待描述部分用黑色方框标出,每张图片右下角的直方图即为该张图片黑色方框区域的方向直方图。由图 10.3 可以看出,不同帧之间的目标样本方向直方图相差不大,而目标样本与背景样本之间的方向直方图则有较大的差距。

图 10.3　目标与背景的方向直方图对比

10.4.2　客观指标分析

采用两个客观指标来定量评价跟踪效果,即中心点误差和成功率[14]。中心点误差是在某一帧用跟踪方法跟踪到的目标框中心点与该帧真实目标框的中心点之间的欧式距离,平均中心点误差则是一个视频序列每一帧的中心点误差之和除以其总帧数;对于某一帧,如果用跟踪方法跟踪到的目标框与真实目标框的重叠率大于 50%,则认为该帧是成功跟踪的,成功率则是一个视频序列中成功跟踪到的帧数占总帧数的比例。

对 5 个视频序列采用不同跟踪方法进行平均中心点误差和成功率对比结果如表 10.2 所示。其中,第一个数字为成功率,括号里的数字为平均中心点误差。

表 10.2　平均中心点误差和成功率对比结果

视频序列	DFT	IVT	CT	DLT	SoH-DLT
car4	25.9(61.9)	100(2.9)	22.6(92.2)	96.5(2.3)	100(2.9)
car24	7.2(165.6)	100(2.6)	15.2(78.6)	98.9(2.6)	100(3.4)
deer	30.1(98.7)	100(6.5)	2.8(237.2)	45.1(20.5)	100(5.2)
surfer	4.0(168.4)	52(11.0)	14.3(25.9)	72.3(7.8)	99.1(4.1)
man	22.4(39.9)	22.4(37.1)	7.5(47.9)	100(1.9)	100(1.3)
AVERAGE	17.9(106.9)	74.9(12.0)	12.5(96.4)	82.6(7.0)	99.8(3.4)

car4 和 car24 视频序列的主要特点是存在明显的尺度和光照变化;deer 视频序列的主要特点是目标运动迅速且存在运动模糊;surfer 视频序列的主要特点是目标运动迅速以及变形;man 视频序列的主要特点是明显的光照变化。由表 10.2 可以看出,SoH-DLT 算法对 5 个视频序列取得了最小的平均中心点误差和最大的平均成功率。其中,对 deer、surfer 和 man 视频序列均取得了最小的平均中心点误差和最大的成功率;对 car4 和 car24 视频序列取得了最大的成功率和次小的中心点误差。SoH-DLT 算法与对比算法 DFT、IVT、CT、DLT 相比取得了更好的跟踪效果。

10.4.3 主观效果分析

以 car4 和 surfer 两个视频序列为例,对 SoH-DLT 和对比算法 DFT、IVT、CT、DLT 的跟踪效果进行分析。其中,car4 视频序列是公路上的车辆行驶视频,被跟踪对象是汽车,在行驶过程中会发生明显的光照和尺度变化;surfer 视频序列是选手冲浪视频,被跟踪对象是选手的头部,在整个过程中会发生明显的旋转及形变。两个视频序列的部分关键帧如图 10.4 和图 10.5 所示。

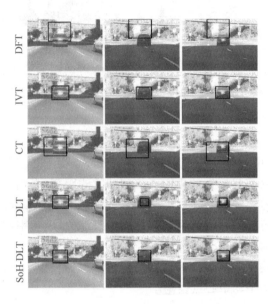

图 10.4　car4 视频序列各跟踪算法结果对比　　　　图 10.5　surfer 视频序列各跟踪算法结果对比

对于图 10.4 的 car4 视频序列,第一列图片是视频序列的第 181 帧,此时的目标与第 1 帧相比尺寸减小,可见 DFT 和 CT 已经发生了漂移,而 IVT、DLT 和 SoH-DLT 能精确地跟踪到目标;第二列图片是第 225 帧,与第 181 帧相比,汽车的光照由亮变暗,SoH-DLT 和 IVT 方法都成功地跟踪到目标,DLT 虽然没有发生漂移,但是覆盖率明显变小,CT 和 DFT 更加偏离目标,跟踪失败;第三列图片是第 233 帧,目标光照由暗变亮,IVT 和 SoH-DLT 都能较好地跟踪到目标,DLT 的覆盖率依然是偏小的,而 CT 和 DFT 跟踪失败。

对于图 10.5 的 surfer 视频序列,第一列图片是视频序列的第 15 帧,与第 1 帧相比,目标发生了旋转,DFT 跟丢目标,CT 发生了轻微的漂移,IVT、DLT 和 SoH-DLT 都能较好地跟踪到目标;第二列图片是第 24 帧,与第一列相比目标发生了一定程度的变形,DFT 更加偏离目标,CT 的漂移更加严重,DLT 也发生了明显的漂移,而 IVT 和 SoH-DLT 都能较精确地跟踪到目标;第三列图片是第 280 帧,与之前相比目标发生了明显的旋转和形变,DFT 和 CT 完全跟丢目标,IVT 发生了轻微的漂移,DLT 和 SoH-DLT 都能定位到目标,但是 DLT 结果框大小明显大于目标,导致 DLT 在该帧的覆盖率减小,而 SoH-DLT 则较精确地跟踪到目标。

通过以上分析可以看出,SoH-DLT 算法当目标有光照变化、尺度变化、形变以及旋转时,与对比方法相比都能获得更好的跟踪效果。

10.5 本 章 小 结

为了应对运动目标跟踪任务中存在的尺度、光照变化以及形变等情况,本章综合考虑运动目标的轮廓特征与细节特征,提出了基于混合特征的运动目标跟踪算法 SoH-DLT。该算法利用方向直方图对尺度和光照变化以及形变的不敏感性,充分描述候选样本的轮廓特征,将SURF 特征与深度学习获得的高层特征相结合,并将其用于网络参数的修正。利用 SURF 特征的尺度不变性,该算法对尺度变化目标跟踪的成功率有了较大提高。

参 考 文 献

[1] He S,Yang Q,Lau R W H,et al. Visual Tracking via Locality Sensitive Histograms [C]. Proceedings of Computer Vision and Pattern Recognition. Portland:IEEE,2013: 2427-2434.

[2] Wang Z,Wang J,Zhang S,et al. Visual Tracking Based on Online Sparse Feature Learning[J]. Image and Vision Computing,2015,38(C):24-32.

[3] Hu W,Zhou X,Li W,et al. Active Contour-Based Visual Tracking by Integrating Colors,Shapes,and Motions[J]. IEEE Transactions on Image Processing,2013,22(5): 1778-92.

[4] Li X,Hu W,Shen C,et al. A Survey of Appearance Models in Visual Object Tracking [J]. ACM Transactions on Intelligent Systems and Technology,2013,4(4):478-488.

[5] Li H,Li Y,F. Porikli. DeepTrack:Learning Discriminative Feature Representations Online for Robust Visual Tracking[J]. IEEE Transactions on Image Processing,2015, 25(4):1834-1848.

[6] Wang L,Liu T,Wang G,et al. Video Tracking Using Learned Hierarchical Features [J]. IEEE Transactions on Image Processing,2015,24(4):1424-1435.

[7] Ma C,Huang J B,Yang X,et al. Hierarchical Convolutional Features for Visual Tracking[C]. Proceedings of International Conference on Computer Vision. Santiago, 2015:3074-3082.

[8] Wang N,D. Y. Yeung. Learning a Deep Compact Image Representation for Visual Tracking[C]. Proceedings of Advances in Neural Information Processing Systems. Nevada:MIT Press,2013:809-817.

[9] P. Vincent,H. Larochelle,I. Lajoie,et al. Stacked Denoising Autoencoders:Learning Useful Representations in a Deep Network with a Local Denoising Criterion[J]. The Journal of Machine Learning Research,2010,11:3371-3408.

[10] A. Torralba,R. Fergus,W. T. Freeman. 80 Million Tiny Images:a Large Data Set for Nonparametric Object and Scene Recognition [J]. IEEE Transactions on Pattern Analysis and Machine Intelligence,2008,30(11):1958-1970.

[11] L. Sevilla-Lara, E. Learned-Miller. Distribution Fields for Tracking[C]. Proceedings of Computer Vision and Pattern Recognition, 2012:1910-1917.

[12] D. A. Ross, J. Lim, R. S. Lin, et al. Incremental Learning for Robust Visual Tracking [J]. International Journal of Computer Vision, 2008, 77(1-3):125-141.

[13] Zhang K, Zhang L, Yang M H. Real-Time Compressive Tracking [C]. European Conference on Computer Vision. Springer Berlin Heidelberg, 2012:864-877.

[14] Wu Y, J. Lim, Yang M H. Online Object Tracking: A Benchmark[C]. Proceedings of Computer Vision and Pattern Recognition, 2013:2411-2418.

第 11 章 基于尺度不变性与深度学习的
运动目标跟踪算法

11.1 引　言

目标跟踪算法通过深度学习自动提取目标特征,获得更有效的图像特征表示,从而实现更准确的跟踪。Wang 等人提出了一种结合深度学习的跟踪方法(DLT)[1]。DLT 分为线下训练和线上跟踪两部分:线下训练对大量数据采用叠加去噪自编码网络(SDAE)[2]进行训练得到深度的图像表示;线上跟踪使用粒子滤波跟踪算法,其粒子置信度计算方法则采用 5 层的神经网络,该神经网络使用线下训练的参数集进行初始化。但是,由于线上跟踪时只使用第一帧的目标模板对神经网络进行微调,对一个特定的视频序列,其特有的特征属性并不能被很好地提取出来。另外,通过粒子滤波算法进行跟踪时,使用神经网络计算每个粒子的置信度,这个置信度的可信性需要被验证。针对以上问题,本章提出了 SM-DLT 方法,主要包括两个方面:将深度学习获得的高层特征与 SURF 特征结合起来,即建立 SURF 特征点映射矩阵,对深度学习获得的神经网络进行微调,以增强该方法对目标尺度变化鲁棒性;跟踪过程中,利用均值漂移跟踪算法对粒子滤波的跟踪结果进行验证和修正,确保目标跟踪结果的准确性。

11.2 SMS-DLT 跟踪算法

SMS-DLT 分为两个阶段:线下训练和在线跟踪。在线下训练过程中,使用 Tiny Images 数据集[3]训练 SDAE 网络,获得图像的高层特征表示。在跟踪过程中,将 SURF 特征与线下训练获得的高层特征结合起来,利用 SURF 特征的尺度不变性,提高所提算法对尺度变化的目标跟踪的准确性。另外,均值漂移跟踪算法也被引入该框架,用于验证和修整粒子滤波的跟踪结果。

SMS-DLT 算法框架如图 11.1 所示。SMS-DLT 与 DLT[1]的主要不同是 SMS-DLT 结合了 SURF 特征与深度学习获得的高层特征。神经网络利用线下训练获得的权重参数集进行初始化,用于计算跟踪过程中每个粒子的权重。提取第一帧中目标真值的 SURF 特征点集,计算其 SURF 特征点映射矩阵。SURF 特征点映射矩阵被变形成一个列向量,用于微调神将网络输入层和第一隐层之间的权重矩阵。

对于第 2~n 帧,当神经网络进行更新时,提取当前帧的 SURF 特征点集,并将其与第一帧的 SURF 特征点集进行匹配,利用匹配到的 SURF 特征点计算 SUFR 特征点映射矩阵,并再次对神经网络进行微调。在粒子滤波过程中,神经网络计算每个粒子的置信度,并将置信度最大的粒子样本作为结果输出。如果当前粒子不是局部最优的,则利用均值漂移使得粒子样本向局部最优点移动,最终获得该帧的目标估计位置。

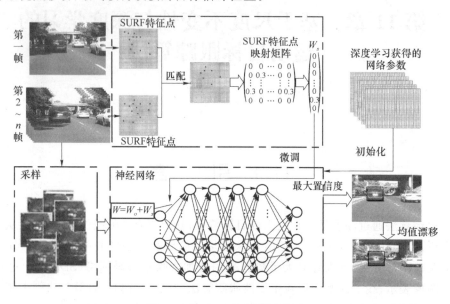

图 11.1　SMS-DLT 算法框架

11.2.1　特征学习

SMS-DLT 整合了深度学习获得的高层特征和 SURF 特征,用于计算粒子置信度的神经网络利用线下深度学习获得的权重参数进行初始化。第一帧中目标通过人工手动标出,采样获得目标样本和背景样本,并用这些模板来对初始化的神经网络进行微调。为了使模板的大小适应于神经网络的输入层,需要对每个样本进行变形后再将其输入到神经网络。SURF 特征点映射过程如图 11.2 所示,图 11.2(a)为第一帧中目标的 SURF 特征点,图 11.2(b)为目标样本经过变形之后 SURF 特征点对应的位置,图 11.2(c)为第一帧中目标的 SURF 特征点集。变形实际是通过插值的方法调整图像片大小的过程,因为所有输入到神经网络的样本都需要进行变形,像素之间的相对位置不会发生变化,所以不会对 SURF 特征点的匹配和跟踪结果造成影响。

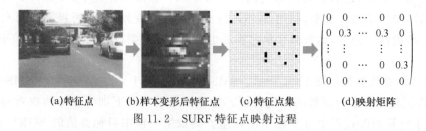

(a)特征点　　(b)样本变形后特征点　　(c)特征点集　　(d)映射矩阵

图 11.2　SURF 特征点映射过程

在跟踪过程中,如果粒子的最大置信度小于阈值,则重新采样背景模板,并使用新的模板集重新训练神经网络。提取当前帧的 SURF 特征点集,并与第一帧的目标 SURF 特征点集进行匹配,将匹配到的 SURF 特征点集计算 SURF 特征点映射矩阵,如图 11.2(d)所示。在 SURF 特征点矩阵中,如果某一点是 SURF 特征点,则把矩阵中对应的元素值设为 0.3,否则设为 0。0.3 这个值是通过实验获得的,与其他值相比可以取得最好的效果。然后,根据 SURF 特征点映射矩阵对神经网络输入层与第一隐层之间的权重进行调整,则第一隐层的激活函数可以表示为如下形式:

$$h = \mathrm{Sigmoid}((W_o + W_s)x + b) \tag{11.1}$$

其中,x 表示第一隐层的输入,h 表示输出,b 为偏置,W_o 为输入层与第一隐层之间的原始权重,W_s 为列向量形式的 SURF 特征点映射矩阵。

通过这种方式,与目标模板最相似的粒子样本可以获得最大的置信度。因为 SURF 特征具有尺度不变性,所以对于尺度变化的目标跟踪 SMS-DLT 也能取得较好的跟踪结果。

11.2.2　SMS-DLT 跟踪过程

粒子滤波跟踪算法是运动目标跟踪领域的主流算法,可以进行非线性、非高斯的目标运动状态估计。通过在状态空间中传播随机变量来近似概率分布,即根据之前的状态通过概率计算估计下一个最可能的状态[4]。假设在 t 时刻,用 s_t 表示需要估计的状态,y_t 表示观测变量,则 t 时刻的状态可以通过式(11.2)得到:

$$s_t = \arg\max p(s_t \mid y_{1:t-1}) = \arg\max \int p(s_t \mid s_{t-1}) p(s_t \mid y_{1:t-1}) \mathrm{d}s_{t-1} \tag{11.2}$$

状态变量的后验概率分布依据贝叶斯规则进行更新:

$$p(s_t \mid y_{1:t}) = \frac{p(y_t \mid s_t) p(s_t \mid y_{1:t-1})}{p(y_t \mid y_{1:t-1})} \tag{11.3}$$

粒子滤波方法的一个主要思想是重要性重采样。首先,在当前帧以一定的规则放置许多粒子,例如均匀放置或者在靠近目标的地方多放置粒子而远离目标的地方少放置粒子。计算这些粒子与目标模板的相似度作为粒子权重。如果粒子权重之和大于阈值,则进行归一化处理,使得所有粒子权重之和等于 1。当新的一帧到来时,用 $\{s_t^i\}_{i=1}^n$ 表示 t 时刻放置的 n 个粒子的状态,用 $\{w_t^i\}_{i=1}^n$ 表示这些粒子对应的权重,则权重更新的式(11.4)所示:

$$w_t^i = w_{t-1}^i \frac{p(y_t \mid x_t^i) p(x_t^i \mid x_{t-1}^i)}{q(x_t \mid x_{1:t-1}, y_{1:t})} \tag{11.4}$$

其中,$q(x_t \mid x_{1:t-1}, y_{1:t})$ 是粒子重要性分布,通常简化成第一马尔可夫过程 $q(x_t \mid x_{t-1})$,这样,权重更新公式则简化成 $w_t^i = w_{t-1}^i p(y_t \mid x_t^i)$。很多目标跟踪方法都采用了粒子滤波,其主要区别即在于 $p(y_t \mid x_t^i)$ 的不同。

均值漂移跟踪算法与粒子滤波相比计算复杂性小,跟踪的实时性较好。基于均值漂移的目标跟踪算法通过计算目标区域和候选区域内像素的特征值概率,得到目标模型和候选模型的描述,然后利用相似函数度量初始帧的目标模型和当前帧的候选模版的相似性,选择使相似函数最大的候选模型,并得到关于目标模型的均值漂移向量,这个向量正是目标由初始位置向正确位置移动的向量。

其关键步骤在于不断迭代计算均值漂移向量的过程,即对目标位置进行搜索的过程。在对目标模型和候选模型计算相似度之后,依据式(11.5)进行迭代,使得候选区域中心向目标真实区域中心移动[5]:

$$Y_{k+1} = Y_k + \frac{\sum_{i=1}^n w_i (Y_k - X_i) g\left(\left\|\frac{Y_k - X_i}{H}\right\|^2\right)}{\sum_{i=1}^n w_i g\left(\left\|\frac{Y_k - X_i}{H}\right\|^2\right)} \tag{11.5}$$

其中，$\boldsymbol{Y}_k$ 和 $\boldsymbol{Y}_{k+1}$ 分别是通过 k 和 $k+1$ 次迭代得到的目标区域的中心，$\boldsymbol{X}_i$ 是目标模型的第 i 个像素的位置，$g(x) = -K'(x)$，$K(x)$ 是核函数，w_i 可根据式(11.6)进行计算：

$$w_i = \sum_{u=1}^{m} \sqrt{\frac{q_u}{p_u(\boldsymbol{Y}_k)}} \delta[b(\boldsymbol{X}_i) - u] \tag{11.6}$$

其中，q_u 和 p_u 分别是目标模型与候选模型的概率密度，$b(\boldsymbol{X}_i)$ 是 $\boldsymbol{X}_i$ 像素的直方图区间，u 是直方图的颜色索引，$\delta[b(\boldsymbol{X}_i) - u]$ 用来判断 $\boldsymbol{X}_i$ 像素是否属于第 u 个单元。

当新的一帧到来时，采样粒子被输入到神经网络中计算置信度。拥有最大置信度的粒子作为粒子滤波的运动估计结果。利用均值漂移检测该粒子样本是否为局部最优的，如果不是，则将该粒子的中心点作为均值漂移的起始中心，迭代计算均值漂移向量，不断将粒子样本向局部最优点移动，最终获得更加精确的跟踪结果。SMS-DLT 算法实现步骤如表 11.1 所示。

表 11.1　SMS-DLT算法实现步骤

算法：基于尺度不变性与深度学习的运动目标跟踪算法

输入：视频序列 $\boldsymbol{f} = \{f_1, f_2, \cdots, f_n\}$，采样数 N，仿射变换参数 γ

输出：跟踪结果

初始化：对第一帧 f_1 进行采样，获得目标模板 tmpl+ 和背景模板 tmpl−，利用线下深度学习获得的权重参数初始化神经网络 nn

(1) 建立 f_1 的目标模板 T_1

(2) 第 2 步：提取 f_1 的 SURF 特征点集 P_1，计算 SURF 特征点映射矩阵，并根据式(11.1)微调 nn

(3) 对第 i 帧 f_i

　　(a)采样粒子

　　(b)使用 nn 计算每个粒子的置信度，输入置信度最大的粒子 $p_i^{\max}$

　　(c)对 $p_i^{\max}$ 进行建模，计算其与 T_1 的相似度，并将 $p_i^{\max}$ 的中心设为起始点，根据式(11.5)进行迭代得到最终结果 r_i

　　(d)将 r_i 作为 f_i 的跟踪结果进行输出

(4) 如果满足更新条件：

(a) 重新采样 tmpl−，更新 tmpl+，使用新模板集 tmpl 重新训练 nn

(b)提取 f_i SURF 特征点集 P_i，匹配 P_i 与 P_1，由式(11.1)更新 nn 权重否则，$i = i+1$，返回(3)

SUFR 特征的引入使得所提算法在尺度变化目标跟踪任务中选择与目标模板最相似的粒子，均值漂移使粒子移动到局部最优点。一方面避免了均值漂移对快速运动和尺度变化跟踪任务效果差的弱点；另一方面保留了均值漂移对局部遮挡、目标旋转、变形的不敏感性，有效地验证和修正了粒子滤波的跟踪结果。

11.3　实验和分析

本节使用来自于基准工作[6,7]的 20 个视频序列评价所提算法 SMS-DLT 的跟踪效果。因为 SURF 特征是尺度不变的，且对旋转、光照和模糊都有很好的适应性，所以根据基准工作[7]将这 20 个视频序列分成 5 类，包括尺度变化(SV)、平面外旋转(OPR)、平面内旋转(IPR)、光照变化(IV)和运动模糊(MB)。同时，这 20 个视频序列还有其他两类主要特点，为快速运动(FM)和遮挡(OCC)，20 个视频序列的挑战因素分类如表 11.2 所示。

表 11.2　20 个视频序列的挑战因素分类

挑战因素	包含该因素的视频序列数	挑战因素	包含该因素的视频序列数
SV	14	MB	5
OPR	13	FM	9
IPR	11	OCC	6
IV	8		

使用 15 个流行的跟踪算法进行对比实验。在这些对比算法中，HCFT[8] 和 DLT[1] 是基于深度学习的跟踪算法；TGPR[9]、KCF[10]、MEEM[11] 和 LSHT[12] 是最近提出的比较优秀的跟踪算法；STRUCK[13]、SCM[14]、ASLA[15]、CSK[16] 和 VTD[17] 是基准工作[7] 验证的跟踪效果最好的前 5 名；IVT[18]、CT[19]、DFT[20]、CXT[21] 是传统的经常用于对比的基础跟踪算法。另外，对比算法还包括 S-DLT 和 MS-DLT。其中，S-DLT 是只将 SURF 特征引入到 DLT 中的跟踪算法，MS-DLT 是只将均值漂移引入到 DLT 中的跟踪算法。为了使结果更有说服力，所提算法与对比算法的参数都设为相同，以减少实验环境造成的影响。

11.3.1　客观评价

采用中心点误差和成功率来定量地评价各算法的跟踪结果。中心点误差是目标真值的中心点与跟踪算法估计的目标中心点之间的欧式距离。平均中心点误差则是整个视频序列中所有视频帧中心点误差的平均值。成功率是跟踪成功的帧数占整个视频序列总帧数的比例。当某一帧中跟踪结果与真值之间的覆盖率大于 50% 时，则认为该帧是跟踪成功的。

1. 整体跟踪效果评价

跟踪算法对每个视频序列的平均中心点误差和成功率如表 11.3 至表 11.6 所示。

表 11.3　跟踪算法对每个视频序列的平均中心点误差（1）

视频序列	IVT	CT	DFT	CSK	VTD	ASLA	CXT	STRUCK	SMS-DLT
blurcar4	41.6	191.7	5.9	9.4	185.3	52.8	8.8	4.9	4.3
boy	22.3	27.7	106.3	20.1	6.4	47.0	3.6	3.3	2.1
car2	31.0	58.5	87.7	2.5	3.9	1.4	2.9	2.4	1.4
car24	2.6	78.6	165.6	9.3	27.1	2.4	3.5	119.7	2.5
car4	2.9	92.2	61.9	19.1	37.0	1.7	58.1	8.7	2.9
cardark	1.1	28.7	58.8	3.2	16.5	1.1	16.5	1.0	1.6
carscale	15.2	75.4	75.8	83.0	38.5	14.6	24.5	36.4	22.4
crossing	3.3	4.3	22.3	9.0	26.1	1.3	23.4	2.8	1.8
dancer	8.9	11.2	7.2	6.8	8.0	6.8	20.0	8.3	9.9
deer	6.5	237.2	98.7	5.0	134.8	147.1	6.7	5.3	4.8
dog1	3.6	6.1	41.2	3.8	11.0	4.8	4.9	5.7	4.4

视频序列	IVT	CT	DFT	CSK	VTD	ASLA	CXT	STRUCK	SMS-DLT
dudek	9.6	33.5	18.6	13.4	10.3	12.3	12.8	11.5	7.2
freeman1	10.4	125.8	10.4	125.5	10.3	105.7	26.8	14.3	9.8
freeman3	6.6	42.8	32.6	53.9	24.0	4.1	3.6	16.8	1.9
human2	45.2	60.4	181.8	683.9	93.8	75.9	81.5	25.1	20.1
man	2.1	2.8	39.9	1.8	22.5	1.3	2.2	1.4	1.0
singer1	8.0	17.2	18.8	14.0	4.2	3.2	11.4	14.5	3.7
surfer	13.7	27.8	180.6	35.9	11.3	41.6	3.1	9.0	4.4
tiger1	97.9	84.6	9.6	73.4	110.8	87.0	59.4	137.4	18.3
walking2	115.6	66.2	29.1	17.9	46.2	41.9	34.7	11.2	2.0
AVERAGE	22.4	63.6	62.6	59.5	41.4	32.7	20.4	22.0	6.3

表 11.4　跟踪算法对每个视频序列的平均中心点误差（2）

视频序列	SCM	KCF	TGPR	MEEM	LSHT	HCFT	DLT	SMS-DLT
blurcar4	63.6	9.9	15.6	10.8	75.0	7.1	6.9	4.3
boy	27.0	2.3	3.0	2.0	9.5	2.6	2.4	2.1
car2	1.2	4.0	120.2	2.9	4.2	3.9	1.3	1.4
car24	1.5	4.1	3.7	4.9	68.3	7.9	2.7	2.5
car4	4.1	9.5	6.5	19.1	16.9	6.9	2.3	2.9
cardark	0.9	5.8	2.7	1.3	26.7	5.4	1.2	1.6
carscale	33.1	16.1	21.4	15.4	27.5	29.3	25.3	22.4
crossing	1.3	2.4	7.4	2.1	30.2	2.7	1.6	1.8
dancer	7.9	6.2	10.4	11.0	8.8	6.6	9.8	9.9
deer	103.5	21.3	6.2	4.7	208.6	5.1	5.4	4.8
dog1	7.1	4.1	6.2	6.0	10.3	4.7	4.7	4.4
dudek	10.6	11.4	17.8	14.6	17.7	10.8	8.3	7.2
freeman1	6.9	94.6	9.5	9.5	10.9	8.0	96.4	9.8
freeman3	2.9	19.6	88.6	4.9	56.1	19.9	4.4	1.9
human2	73.2	106.7	14.8	33.2	113.6	19.8	33.8	20.1
man	1.5	2.3	12.3	2.3	1.8	2.4	1.9	1.0
singer1	3.0	12.6	120.8	29.7	20.9	9.2	4.0	3.7
surfer	14.7	8.7	5.4	7.0	31.9	5.4	4.7	4.4
tiger1	96.4	53.7	81.9	55.3	156.3	51.3	70.1	18.3
walking2	2.1	29.6	6.4	41.6	50.7	9.4	1.9	2.0
AVERAGE	23.1	21.2	28.0	13.9	47.3	10.9	14.5	6.3

表 11.5　跟踪算法对每个视频序列的成功率（1）

视频序列	IVT	CT	DFT	CSK	VTD	ASLA	CXT	STRUCK	SMS-DLT
blurcar4	61.8	3.9	100	100	4.5	43.7	100	100	100
boy	76.1	15.1	48.3	84.2	85.1	43.9	78.5	100	100
car2	7.7	14.1	13.4	100	91.2	100	93.5	100	100
car24	100	15.2	7.2	16.9	26.4	100	100	17.0	97.8
car4	100	22.6	25.9	28.2	35.4	100	30.0	40.7	100
cardark	100	0.2	33.6	99.2	68.4	99.0	69.0	100	84.7
carscale	82.1	44.0	45.6	45.6	48.0	69.4	78.2	43.3	77.0
crossing	53.3	96.7	65.8	33.3	41.7	100	34.2	95.8	97.5
dancer	98.2	85.8	90.2	90.7	100	100	70.7	84.9	98.2
deer	100	2.8	30.9	100	4.2	4.2	93.0	100	100
dog1	90.0	65.3	52.1	65.3	70.6	91.9	99.8	65.3	97.1
dudek	98.9	64.6	80.8	94.6	100	98.2	92.4	97.8	100
freeman1	23.3	12.6	18.7	14.4	22.4	35.3	27.3	21.8	64.7
freeman3	53.5	0.4	35.2	32.6	37.4	75.2	93.7	20.9	99.8
human2	55.9	22.8	9.1	17.8	18.3	34.4	28.6	70.6	80.1
man	100	99.3	22.4	100	28.4	100	98.5	100	100
singer1	82.9	23.6	28.5	29.9	43.3	100	32.5	30.8	100
surfer	48.4	1.3	3.7	6.4	22.3	4.3	96.5	15.7	97.7
tiger1	7.1	0.3	96.3	28.5	4.0	18.5	7.7	4.6	77.8
walking2	9.6	37.0	38.8	40.4	40.2	40.8	39.8	46.0	100
AVERAGE	67.4	31.4	42.3	56.4	44.6	67.9	68.2	62.7	93.6

表 11.6　跟踪算法对每个视频序列的成功率（2）

视频序列	SCM	KCF	TGPR	MEEM	LSHT	HCFT	DLT	SMS-DLT
blurcar4	32.6	100	98.4	100	31.8	100	100	100
boy	70.2	100	100	100	79.5	100	100	100
car2	100	100	7.4	100	98.5	100	100	100
car24	100	16.9	62.5	16.3	17.3	16.9	100	97.8
car4	97.4	37.2	41.3	36.3	27.9	41.1	96.5	100
cardark	99.7	74.6	100	100	61.1	88.0	74.5	84.7
carscale	65.1	44.8	39.3	35.7	45.6	44.8	73.4	77.0
crossing	100	95.0	72.5	99.2	40.0	98.3	93.3	97.5
dancer	99.1	91.6	96.4	82.2	87.6	91.6	99.1	98.2
deer	2.8	81.7	100	100	2.8	100	100	100
dog1	84.5	65.3	70.9	64.9	55.0	65.3	95.2	97.1

视频序列	SCM	KCF	TGPR	MEEM	LSHT	HCFT	DLT	SMS-DLT
dudek	97.9	97.6	88.1	98.2	89.1	97.5	97.3	100
freeman1	78.8	16.3	21.5	22.1	18.7	30.1	45.7	64.7
freeman3	93.3	29.8	6.7	28.7	14.6	28.7	73.5	99.8
human2	55.1	18.4	95.6	47.3	16.7	82.1	18.7	80.1
man	100	100	25.4	100	100	100	100	100
singer1	100	28.5	22.8	28.8	28.5	29.9	100	100
surfer	37.5	37.2	43.9	39.6	2.9	40.2	96.8	97.7
tiger1	9.5	12.9	10.6	12.0	2.0	13.5	28.2	77.8
walking2	100	38.4	79.8	36.2	39.0	43.8	100	100
AVERAGE	76.2	59.3	59.2	62.4	42.9	65.6	84.6	93.6

所提算法 SMS-DLT 获得了最小的平均中心点误差和最大的成功率。就平均中心点误差来说,在这 20 个视频序列中,SMS-DLT 对 10 个序列取得了最好或次好的效果,位居第一;HCFT 是次好的跟踪算法,取得的平均中心点误差小于 DLT;虽然 SCM 取得了最多的最小平均中心点误差,但是其表现不稳定,导致对这 20 个视频序列的平均值偏大,特别是对于序列 deer、human2、blurcar4 和 tiger1。就成功率来说,SMS-DLT 获得了最大的成功率,平均为 93.6%;DLT 获得了第二大的成功率;虽然 HCFT 比 DLT 获得了更小的平均中心点误差,但是其覆盖率不高,导致成功率较小。

2. 基于挑战因素的跟踪效果评价

不同挑战因素下各跟踪算法的平均中心点误差对比如图 11.3 所示,不同挑战因素下各跟踪算法的成功率对比如图 11.4 所示。所提算法 SMS-DLT 在这 7 个挑战因素上跟踪效果均

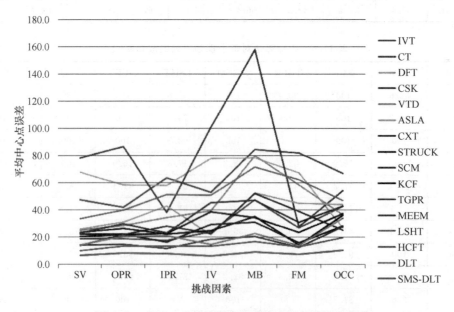

图 11.3 基于 7 个挑战因素的平均中心点误差对比

排第一位,与 DLT 以及其他对比算法相比取得了更好的跟踪效果。HCFT 是另一个基于深度学习的跟踪算法,其跟踪效果在中上水平,这是因为 HCFT 利用多个卷积层进行图像金字塔表示,对具有明显外观变化的跟踪任务比较鲁棒。由以上分析可见,所提算法 SMS-DLT 在适应尺度变化、旋转、光照变化和运动模糊的能力与 DLT 相比有很大的提升,同时也强于其他对比算法,这主要是由于引入了 SURF 特征。

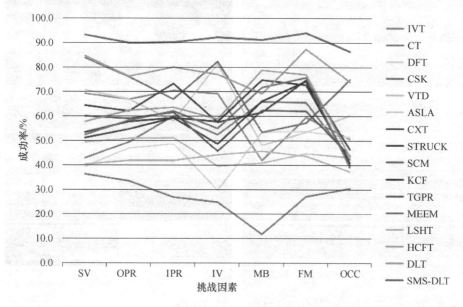

图 11.4　基于 7 个挑战因素的成功率对比

11.3.2　主观评价

20 个视频序列的关键帧跟踪结果如图 11.5 所示,包括取得了前 10 名的对比算法的视觉效果,DLT、SCM、CXT、ASLA、IVT、HCFT、STRUCK、MEEM、KCF、TGPR 以及所提算法 SMS-DLT。基于 7 个挑战因素分析每个跟踪算法的跟踪效果优劣。

(1) 尺度变化:有 14 个视频序列含有尺度变化现象,包括 boy、car24、car4、carscale、crossing、dancer、dog1、dudek、freeman1、freeman3、human2、singer1、surfer 和 walking2。以 dog1 和 carscale 视频序列为例进行分析,dog1 视频序列中是一个玩具狗在前后运动,导致其大小变化很大。从第 810 帧开始,玩具狗的尺寸与开始相比明显减小。TGPR、MEEM、KCF、HCFT 和 STRUCK 不能适应目标尺寸的变化,虽然没有产生漂移,但是这些跟踪算法的覆盖率明显减小,而其他跟踪算法可以适应这种程度的尺度变化。当玩具狗的尺寸再次变大时,如图 11.5 中 dog1 的第 1 023 帧,除了 CXT 和所提算法 SMS-DLT,其他算法的覆盖率都明显减小。

从第 1 070 帧开始,玩具狗再次远离镜头,尺寸变得越来越小,SCM、IVT 和 ALSA 不能适应更小的尺度,而 CXT 和 SMS-DLT 在整个过程中都能较好地跟踪到目标。carscale 视频序列中的被跟踪对象是一辆从远到近的汽车,汽车的尺寸和被拍摄角度变化明显。当汽车靠近时,大多数算法都跟踪失败,包括所提算法 SMS-DLT。因为 SMS-DLT 只使用第一帧微调神经网络,当目标外观变化很大时,SURF 特征点匹配不到,导致跟踪结果不理想。CXT 的表现不稳定,在第 161~175 帧发生了漂移,在第 176~180 帧中又重新定位到目标,但是从 180

帧开始到视频序列结束又跟踪失败。IVT 因为其增量学习机制,在整个过程中能够相对较好地跟踪到目标。

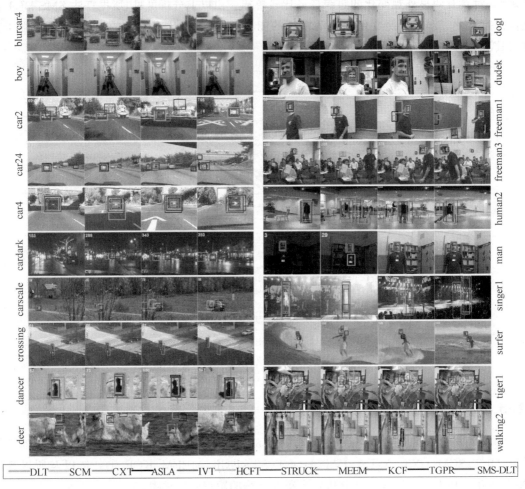

图 11.5　20 个视频序列的关键帧跟踪结果

（2）平面外旋转:有 13 个视频序列含有平面外旋转现象,包括 boy、cardark、carscale、crossing、dancer、dog1、dudek、freeman1、freeman3、human2、singer1、surfer 和 tiger1。以 human2 视频序列为例进行分析,human2 视频序列中被跟踪对象是正在行走的人,存在很多平面外旋转。在第 97 帧,目标由正对镜头变为侧面对镜头。ASLA、SCM 和 CXT 发生了漂移,但是在第 121 帧时又重新定位到目标。在第 178~436 帧中,目标持续移动,由背对镜头转为侧对镜头,最后又转为正对镜头。IVT、KCF、SCM 和 ASLA 由于不能适应这些变化而跟踪失败,MEEM、CXT、STRUCK 和 HCFT 发生了漂移。TGPR 在整个视频序列中跟踪效果良好。

DLT 和所提算法 SMS-DLT 虽然能够定位到目标,但是其覆盖率减小了。这是因为当被跟踪对象是行人时,目标模板中引入了一定的背景信息,而分类器更倾向于选择包含更少背景信息的样本。crossing 视频序列也存在相同的情况。SURF 特征的引入能在一定程度上缓解这种现象,如图 11.5 中 human2 所示,SMS-DLT 的覆盖率大于 DLT。

（3）平面内旋转：有 11 个视频序列含有平面内旋转现象，包括 boy、cardark、carscale、dancer、deer、dog1、dudek、freeman1、freeman3、surfer 和 tiger1。以 freeman3 视频序列为例进行分析，该视频序列中的被跟踪对象是行人头部。TGPR、STRUCK、KCF、MEEM、HCFT 和 IVT 由于尺度变化，在视频序列的开始部分便跟丢目标。从第 375 帧开始，目标有着明显的平面内旋转。ASLA 发生了漂移，跟丢目标。DLT 基本能定位到目标，但是在一些帧中覆盖率较小，导致成功率减小。CXT 和所提算法 SMS-DLT 对大多数视频帧都能成功跟踪到目标。

（4）光照变化：有 8 个视频序列含有光照变化现象，包括 car2、car24、car4、cardark、human2、man、singer1 和 tiger1。以 car4 视频序列为例，被跟踪目标是在公路上行驶的汽车，第 160～245 帧中，目标的光照变化明显。当目标光照由亮到暗时，TGPR、MEEM、KCF、HCFT 和 CXT 不能适应性地把目标从背景中区分出来，导致覆盖率减小。随后，当目标光照由暗到亮时，MEEM 发生漂移跟踪失败，DLT 的覆盖率明显减少。IVT、ASLA、SCM 和所提算法 SMS-DLT 在整个过程中都能成功地跟踪到目标。

（5）运动模糊：有 5 个视频序列含有运动模糊现象，包括 blurcar4、boy、car2、human2 和 tiger1。以 blurcar4 视频序列为例，由于镜头的晃动，在大多数视频帧中目标是模糊的。当目标变模糊时，比如第 59 帧，DLT、IVT 和 SCM 发生漂移。随着视频的继续，ASLA 和 TGPR 也发生了漂移。CXT 在某些帧发生轻微漂移，但是能重新定位到目标。SCF、HCFT、STRUCK、MEEM 和所提算法 SMS-DLT 在整个视频序列中都能成功并稳定地跟踪到目标。

（6）快速运动：有 9 个视频序列含有快速运动现象，包括 blurcar4、boy、car2、carscale、crossing、deer、dudek、surfer 和 tiger1。以 surfer 视频序列为例，被跟踪对象是正在冲浪的人的头部，相邻帧之间的目标位置变化较大。从第 12 帧开始，IVT 和 ASLA 发生了轻微的漂移。在第 18～19 帧，DLT 和 ASLA 发生了严重漂移。DLT 在第 20 帧中又重新定位到目标，但 ASLA 彻底跟丢目标。从第 138 帧开始，SCM、KCF 和 TGPR 开始发生漂移，MEEM、HCFT 和 STRUCK 的覆盖率减小。在第 180 帧，除了 IVT，所有的跟踪算法又重新定位到目标。CXT 和所提算法 SMS-DLT 在大多数视频帧中能较准确地跟踪到目标。

（7）遮挡：有 6 个视频序列含有遮挡现象，包括 carscale、dudek、freeman1、singer1、tiger1 和 walking2。在 tiger1 视频序列中，被跟踪目标是一只玩具老虎，并且有高频率的遮挡发生。在第 20 帧，目标开始被遮挡，SCM、ASLA、IVT 和 CXT 开始发生漂移。当目标继续移动时，大多数跟踪算法都发生了漂移。KCF 和 DLT 在一定程度上能定位到目标。

所提算法 SMS-DLT 在大多数视频帧中跟踪效果良好，但是从第 311 帧开始，当目标被严重遮挡时，SMS-DLT 跟丢目标。这是因为当目标被严重遮挡时，匹配到的 SURF 特征点减少，神经网络需要进行更新。更新机制是使用最近几帧（通常是 10 帧）的目标模板重新训练神经网络，所以当遮挡帧数过多或者遮挡部分过大时，会导致跟踪失败。对 freeman1 视频序列存在相似的情况。在 296～306 帧中，被跟踪目标发生了严重遮挡，SMS-DLT 改为跟踪遮挡物，而在 carscale、dudek、singer1 和 walking2 中，目标都只是发生部分遮挡，所以 SMS-DLT 在这些视频序列上表现良好。

11.3.3　SMS-DLT 实验评价

SURF 特征的引入有利于在尺度变化的跟踪任务中选择与目标模板最相似的粒子，获得高的覆盖率。均值漂移的引入用于将候选粒子移动到局部最优点，从而减小中心点误差。为了使实验结果更加清晰，使用 DLT、S-DLT、MS-DLT 和 SMS-DLT 对 10 个视频序列测试跟踪结果。为了使结果更有说服力,这 10 个视频序列都存在尺度变化。DLT、S-DLT、MS-DLT 和 SMS-DLT 跟踪结果比较如表 11.7 所示。同时为了更加直观,以 freeman3 为例展示了其中心点误差曲线和覆盖率曲线,如图 11.6 所示。

表 11.7　DLT、S-DLT、MS-DLT、SMS-DLT 跟踪结果比较

评价指标	视频序列	DLT	S-DLT	MS-DLT	SMS-DLT
平均中心点误差	singer1	4.0	5.3	3.8	3.7
	dog1	4.7	6.9	4.5	4.4
	car24	2.7	2.8	2.7	2.5
	surfer	4.7	4.5	4.2	4.4
	boy	2.4	2.6	2.7	2.1
	walking2	1.9	1.9	1.8	2.0
	dancer	9.8	9.9	9.8	9.9
	carscale	25.3	25.2	25.5	22.4
	freeman3	4.4	1.7	3.3	1.9
	human2	33.8	23.3	33.5	20.1
	AVERAGE	9.4	8.4	9.2	7.3
成功率	singer1	100	99.7	100	100
	dog1	95.2	100	96.9	97.1
	car24	100.0	100.0	100.0	97.8
	surfer	96.8	97.6	98.4	97.7
	boy	100	100	100	100
	walking2	100	100	100.0	100
	dancer	99.1	96.9	96.4	98.2
	carscale	73.4	77.4	77.8	77.0
	freeman3	73.5	99.3	79.6	99.8
	human2	18.7	51.8	19.1	80.1
	AVERAGE	85.7	92.3	86.8	94.8

由表 11.7 和图 11.6 可以看出,与 DLT 相比,MS-DLT 由于均值漂移的引入获得了更小的平均中心点误差。SMS-DLT 取得了最好的跟踪结果,S-DLT 为次好。因此,SMS-DLT 中,SURF 特征的引入对于跟踪的准确性起到了决定性的作用。

根据以上分析可以得出,对存在尺度变化、旋转、光照变化、运动模糊、快速运动和遮挡的跟踪任务,所提算法 SMS-DLT 与 DLT 及其他对比算法相比,均获得了最好的跟踪效果。然而,SMS-DLT 也有一些局限性。第一,SMS-DLT 只使用第一帧的模板集对神经网络进行微调,当目标外观发生很大变化时,可能会导致跟踪失败。第二,SMS-DLT 是一种判别性的跟踪方法,通过区分目标与背景样本实现跟踪。当初始化的目标模板中包含有太多背景信息时,会给分类器的判别带来困难,导致跟踪成功率减小。第三,当目标被严重遮挡时,由于很难获取正确的目标模板,所以可能跟丢目标。

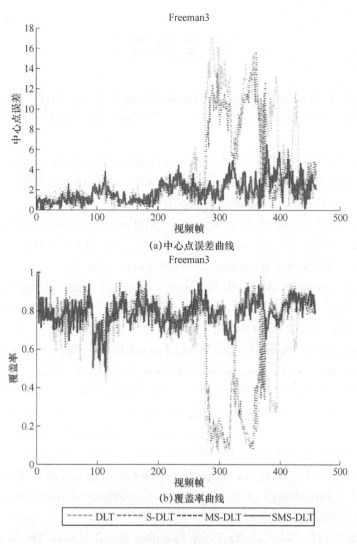

图 11.6　对 freeman3 视频序列的跟踪结果

11.4　本章小结

本章提出了一种基于 SURF 特征与深度神经网络的运动目标跟踪方法。所提算法利用 SDAE 自动学习深度特征,结合具有尺度不变性的 SURF 特征,提高了复杂运动场景下目标跟踪的准确度,并进一步强化所提算法对尺度变化运动目标跟踪的鲁棒性。在粒子滤波的基础上,结合均值漂移跟踪算法,利用均值漂移对粒子滤波的跟踪结果进行验证和修正,在不影响算法实时性的同时,避免了均值漂移对快速运动的目标跟踪效果差的弱点,保留了其对边缘遮挡、目标旋转、变形和背景运动的不敏感性。实验结果表明,所提算法与对比算法相比获得了更好的跟踪效果。

参 考 文 献

[1] Wang N, D. Y. Yeung. Learning a Deep Compact Image Representation for Visual Tracking[C]. Proceedings of Advances in Neural Information Processing Systems. 2013:809-817.

[2] P. Vincent, H. Larochelle, I. Lajoie, et al. Stacked Denoising Autoencoders: Learning Useful Representations in a Deep Network with a Local Denoising Criterion[J]. The Journal of Machine Learning Research, 2010, 11:3371-3408.

[3] A. Torralba, R. Fergus, W. T. Freeman. 80 Million Tiny Images: a Large Data Set for Nonparametric Object and Scene Recognition [J]. IEEE Transactions on Pattern Analysis and Machine Intelligence, 2008, 30(11):1958-1970.

[4] M. S. Arulampalam, S. Maskell, N. Gordon, et al. A Tutorial on Particle Filters for Online Nonlinear/Non-Gaussian Bayesian Tracking[J]. IEEE Transactions on Signal Processing, 2002, 50(2):174-188.

[5] D. Comaniciu, V. Ramesh, P. Meer. Kernel-Based Object Tracking [J]. IEEE Transactions on Pattern Analysis and Machine Intelligence, 2003, 25(5):564-577.

[6] Wu Y, J. Lim, Yang M H. Online Object Tracking: A Benchmark[C]. Proceedings of the IEEE Conference on Computer Vision and Pattern Recognition. 2013:2411-2418.

[7] Wu Y, J. Lim, Yang M H. Object Tracking Benchmark[J]. IEEE Transactions on Pattern Analysis and Machine Intelligence, 2015, 37(9):1834-1848.

[8] Ma C, Huang J B, Yang X, et al. Hierarchical Convolutional Features for Visual Tracking[C]. Proceedings of the IEEE International Conference on Computer Vision. 2015:3074-3082.

[9] Gao J, Ling H, Hu W, et al. Transfer Learning Based Visual Tracking with Gaussian Processes Regression[C]. Proceedings of European Conference on Computer Vision. 2014, 8 691:188-203.

[10] J. F. Henriques, R. Caseiro, P. Martins, et al. High-Speed Tracking with Kernelized Correlation Filters [J]. IEEE Transactions on Pattern Analysis and Machine Intelligence, 2015, 37(3):583-596.

[11] Zhang J, Ma S, S. Sclaroff. MEEM: Robust Tracking via Multiple Experts Using Entropy Minimization[C]. Proceedings of European Conference on Computer Vision. 2014. Springer International Publishing, 2014:188-203.

[12] He S, Yang Q, R. Lau, et al. Visual Tracking via Locality Sensitive Histograms[C]. Proceedings of the IEEE Conference on Computer Vision and Pattern Recognition. 2013:2427-2434.

[13] S. Hare, A. Saffari, Torr P H S. STRUCK: Structured Output Tracking with Kernels [C]. Proceedings of the IEEE International Conference on Computer Vision, 2011: 263-270.

[14] Zhong W,Lu H,Yang M H. Robust Object Tracking via Sparsity-Based Collaborative Model[C]. Proceedings of Computer Vision and Pattern Recognition,2012:1838-1845.

[15] Jia X,Lu H,Yang M H. Visual Tracking via Adaptive Structural Local Sparse Appearance Model[C]. Proceedings of Computer Vision and Pattern Recognition, 2012:1822-1829.

[16] J. F. Henriques,R. Caseiro,P. Martins,et al. Exploiting the Circulant Structure of Tracking-by-Detection with Kernels[C]. Proceedings of European Conference on Computer Vision,Springer Berlin Heidelberg,2012:702-715.

[17] Li H,Li Y,F. Porikli. DeepTrack:Learning Discriminative Feature Representations by Convolutional Neural Networks for Visual Tracking[C]. Proceedings of British Machine Vision Conference. 2014,1(2):1-12.

[18] Ross D A,Lim J,R. S. Lin,et al. Incremental Learning for Robust Visual Tracking [J]. International Journal of Computer Vision,2008,77(1-3):125-141.

[19] Zhang K,Zhang L,Yang M H. Real-Time Compressive Tracking[C]. Proceedings of European Conference on Computer Vision,Springer Berlin Heidelberg,2012:864-877.

[20] L. Sevilla-Lara,E. Learned-Miller. Distribution Fields for Tracking[C]. Proceedings of Computer Vision and Pattern Recognition,2012:1910-1917.

[21] T. B. Dinh,Vo N,G. Medioni. Context Tracker:Exploring Supporters and Distracters in Unconstrained Environments[C]. Proceedings of Computer Vision and Pattern Recognition,2011:1177-1184.

第12章 跨尺度运动图像的目标跟踪方法研究

12.1 引 言

在空间图像处理和空间飞行器控制领域,运动目标跟踪技术可以用来监测空间飞行器并协助地面控制。因为空间图像大多使用低速视频序列展示,通过飞行器的传感器捕捉得到的视频序列大部分通过机载光谱成像,其分辨率(Resolution)和时空集中度(Spatial-Temporal Coverage)往往不甚理想,这都给空间运动目标跟踪带来了影响。汤义等人提出可以在复杂运动场景中加入跨尺度分析方法[1],根据不同类型的场景完成跨尺度分解建模,结合运动目标在不同坐标系中的立体三维信息和运动场景信息,建立有效的运动目标跟踪体系,但这种方法对空间图像的预处理要求较高,如果空间图像中的噪声信息干扰较大,最后的跟踪结果不甚理想。

Bebis 和 Miller 等人开展了基于监控视频的运动目标跟踪研究[2],研究内容包括实时的运动目标行为估计与运动目标跟踪,提出可以将先验知识模型与跨尺度分析模型结合,利用广义的三维模型、立体模型、平面模型等来表示运动目标,这种方法在遮挡和环境信息干扰比较强的条件下可以提供很高的跟踪鲁棒性,但缺点是多个模型的计算量比较大,协同计算的平衡性也有待提高。

Chalidabhongse 等人提出运动密度概率分布的思想[3],从贝叶斯理论出发,利用概率分布的方法预测运动目标状态在连续时间状态下的运动概率分布,这种方法可以有效地运用在非高斯和非线性的运动概率分布问题上。缺点是贝叶斯理论的后验概率没有得到验证,在相关帧之间,运动密度概率会出现偏差。Hansen 和 Hammoud 提出使用蒙特卡罗模拟方法实现多重贝叶斯滤波[4],这种方法适用于状态空间表示模型,并且可以应用在相关的非线性系统上,该方法解决了传统的卡尔曼滤波无法解决的非相等协方差矩阵估值问题,其运动估计的准确度可以逼进目前最优的多维偏导微分算法,但这种方法的普适性较差,在多目标跟踪环境下会出现明显的跟踪偏移和目标丢失现象。

本章研究跨尺度空间运动图像的目标跟踪,提出 Monte Carlo 边缘演化算法(Monte Carlo Contour Evolution,MCCE)和加强奇异点均值偏移算法(Enhanced Singularity Mean Shift,ESMS)。Monte Carlo 边缘演化算法(MCCE)利用原型金字塔感知变换和 Monte Carlo 边缘检测,对空间运动目标进行最优表示,在最大程度上排除空间移动背景干扰,实现精准的空间运动目标特征提取。加强奇异点均值偏移算法(Enhanced Singularity Mean Shift,ESMS)利用仿射箱形参数估计完善跟踪过程,排除空间运动目标跟踪中存在的信息干扰,跨尺度空间运动目标跟踪的流程如图 12.1 所示。

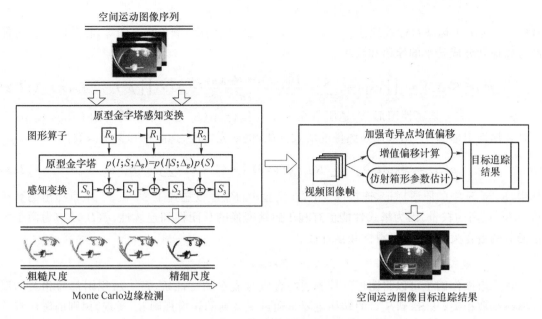

图 12.1　跨尺度空间运动目标跟踪的流程

12.2　Monte Carlo 边缘演化算法（MCCE）的提出

12.2.1　MCCE 算法研究动机

在空间运动目标处理中,许多图像的数据结构是高数据量的,限于空间采像条件的不足,空间运动目标的处理也不会严格服从现有的图像处理假设,利用现有方法获得的空间图像处理结果可能会导致空间图像的"闪烁",例如图像特征的反复重现和模糊、运动目标的丢失等。

本章提出了一种 Monte Carlo 边缘演化算法（Monte Carlo Contour Evolution,MCCE）,MCCE 算法利用原型金字塔感知变换和 Monte Carlo 边缘检测,通过一系列基本和复合图形算子完成空间运动感知变换,对空间运动目标进行最优方式表示,在不同的空间运动目标分层上对空间目标进行逼近,在不同尺度间进行空间目标的特征检测和提取。

12.2.2　MCCE 算法描述

Monte Carlo 边缘演化算法（MCCE）由两部分组成:原型金字塔感知变换及 Monte Carlo 边缘检测。原型金字塔标记为 $S[0,n]=(S_0,\cdots,S_n)$,原型金字塔感知变换标记为 $R[0,n-1]=(R_0,R_1,\cdots,R_{n-1})$,其中,$I[0,n]$ 为运动目标的高斯变换金字塔。原型金字塔及其感知变换的目标是能够定义一个共同变量 $p(I[0,n],S[0,n],R[0,n-1])$,以便最优的原型金字塔和其感知变换能够通过最大化的后验公共概率 $p(S[0,n],R[0,n-1]|I[0,n])$ 来计算。Monte Carlo 边缘检测方法分别计算每一层的运动目标最优化参数,在最大程度上排除空间移动背景干扰,实现精准的空间运动目标特征提取。

（1）原型金字塔感知变换

原型金字塔是一个有关原型 S 和图像 I 的共同概率函数,具体表示为:

$$p(I;S;\Delta_R) = p(I \mid S;\Delta_R)p(S) \tag{12.1}$$

其中,Δ_R 是关于运动目标纹理信息的词典度,包括边缘、轮廓、颜色直方图等,相关的分割可能性可以被划分成若干的原语和纹理。

$$p(I \mid S;\Delta_R) = \prod_{k=1}^{N_R} \exp(-\sum_{(u,v)\in R}(\frac{I(u,v)-R_k(u,v)^2}{2\sigma_o^2})) \cdot \prod_{j=1}^{N_R} p(I_{R,j} \mid I_R;\sigma_j) \tag{12.2}$$

$S = <V,E>$ 是属性图形,V 是原语在 S 中的集合,$p(S)$ 是一个不均匀的 Gibbs 模型,它定义在属性图形 S 上,用来加强图像的塔式性能,例如光滑度、连续性和典型函数。

$$p(S) = \exp\{\varepsilon\sum_{d=0}^{4}\sum_{(u,v)\in R}R_d \mid \varphi(u,v) \mid + (1-\varepsilon)\sum_{(u,v)\in R}\varphi(B_u,B_v)\} \tag{12.3}$$

其中,R_d 是 S 中的原语标记,连接度为 d,在实验中,R_d 可以选择 $1.8\sim4.3$。本章提出的算法给予 R_d 很高的权重,因为塔式性能更有利于感性变换的封闭性和连续性,$\varphi(B_i,B_j)$ 为两个关系函数的潜在关联,例如平滑性和接近性。

$$R_k = (r_{k,1},r_{k,2},\cdots,r_{k,m(k)}),r_{k,i} \in \sum_{\mathrm{gram}} \tag{12.4}$$

这一组操作因子可以将图形的检测边缘合成为成对的特征桥,每一组规则都与相关的属性概率函数相关,从 S_k 到 S_{k+1} 的转换主要是通过一系列的转换规则 R_k 实现,规则的顺序直接关系到转换的效率,规则组成了图形从 S_k 到 S_{k+1} 的运动路径,从 S_k 到 S_{k+1} 转换的步骤为:

$$p(R_k) = p(S_{k+1} \mid S_k) = \prod_{i=1}^{m(k)}[p(r_{k,i}) + \frac{1}{m_k^i}\sum_{j=1}^{m_k^i}(w_k^{i,j} - \mid d_j - d_k^i \mid)] \tag{12.5}$$

$$p(I[0,n],S[0,n],R[0,n-1]) = \prod_{k=0}^{n}p(I_k \mid S_k;\Delta_{sk}) \cdot p(S_0) \cdot \prod_{k=0}^{n-1}\prod_{j=1}^{m(k)}p(r_{k,i}) \tag{12.6}$$

计算原型金字塔的一个核心问题,是决定通过感知变换得到的每一层金字塔数据出现在图像的哪一层尺度,MCCE 算法研究的是感知变换体系。假设 S 是从 I 计算得到的最优原型,在逐层的金字塔结构中,图像 I_{sm} 会逐渐减少分辨率,所以 S_{sm} 也会有相关的复杂度减少。在感知模型的准确度不损失的前提下,假设 S_{sm} 会通过单一的操作因子从 S 开始衰减,通过计算得到的后验概率为:

$$P(\mathrm{sm}) = \log\frac{p(I_{\mathrm{sm}}\mid S_{\mathrm{sm}})}{p(I_{\mathrm{sm}}\mid S)} + \lambda_{\mathrm{sm}}\log\frac{p(S_{\mathrm{sm}})}{p(S)} = \log\frac{p(S_{\mathrm{sm}}\mid I_{\mathrm{sm}})}{p(S\mid I_{\mathrm{sm}})} \tag{12.7}$$

原型金字塔感知变换的目标是确定最优化的转换路径,最大化贝叶斯后验概率,通过自上而下逐层扫描原型金字塔,根据每一个原语规则进行学习判定,算法可以分为三个步骤:

步骤 1:独立运算原型金字塔,首先应用主要的金字塔算法在图像 I 的底层,计算高斯金字塔 S_0,根据 I_k 使用 S_{k-1} 计算 S_k,因为每一层的原型都是通过 MAP 估计单独计算的,原型金字塔的连续性会存在一定的损失,具体的计算如式(12.8)所示:

$$(S[0,n],R[0,n-1]) = \mathrm{argmax}\prod_{k=0}^{n}p(I_k \mid S_k;\Delta_k) \cdot p(S_0)\prod_{k=1}^{n}\prod_{j=1}^{m(k)}p(\lambda_{k,j}) \tag{12.8}$$

步骤 2:从底往上的图形匹配,这一步主要给出了从 S_k 到 S_{k+1} 的初步图形匹配方案,通过图像配准算法,逐层匹配图像的原型属性。使用 x、y、z、e 作为功能函数,处理结点 i,每一次返回相关的图像特征。在第 k 层尺度上的第 i 个结点和在第 $k+1$ 尺度上的第 j 个结点,它们之间的匹配度可以表示为:

$$\mathrm{Match}(i,j) = \frac{1}{Z}\exp\{-\frac{(x(i)-x(j))^2}{2\sigma_x^2} - \frac{(y(i)-y(j))^2}{2\sigma_y^2} - \frac{(z(i)-z(j))^2}{2\sigma_z^2} - \frac{(e(i)-e(j))^2}{2\sigma_e^2}\}$$

$$\tag{12.9}$$

其中,σ 是相关特征的方差,这种相似性计算同样用在下面的图像系统能量的计算。对 S_k 和 S_{k+1} 进行相似度匹配时,允许在 S_k 中出现空变量原型,或者在计算 S_k 时乘以变量得到同源的 S_{k+1},同时得到相关的附属值,在 S_k 和 S_{k+1} 之间的相似度可以通过概率表示:

$$P(S_k,S_{k+1})=\{(x;y;z;e)\leftarrow S^2:(k'_{\min}<k<k'_{\min})\times(\overline{(x;z)\in\text{Match}[v_i(k),v_i(k+1)]})\}$$

$$(12.10)$$

因为部分原型图像在结合层有很高的相似性和对齐度,所以图形匹配的结果会用来作为下一步马尔科夫链匹配处理的初始参数。

步骤 3:马尔科夫链匹配,马尔科夫链由 25 对可逆跳转组成,基于在步骤 2 中的初始匹配结果,在原型金字塔中调节联通图形的匹配结果,目标是实现高的后验概率,这些可逆跳转都有相关的语法规则与之对应,每一对规则都是根据概率进行选择,依从的是细节平衡方程,在马尔科夫链中的每个设计都是两个状态 X_1 和 X_2 的之间可逆跳转:

$$(S[0,n],\text{Markov}[0,n-1])=\arg/\max\prod_{k=0}^{n}p(I_k\mid S_k;\Delta R)\cdot\prod_i^n\prod_j^m g(r_{i,j})\quad(12.11)$$

(2) Monte Carlo 边缘检测

Monte Carlo 边缘检测的基本思路是使用权重集合 $\{x_{i,t},w_{i,t}\}$,估计后验概率密度 $p(x_{i,t},w_{i,t})$,具体使用的是正则化权重。根据重采样理论,从正则密度分布 X_t^i 中产生合适权重的样例标本 $Q(x,w)$ 是可行的:

$$w_t^{i\cdot n}=\frac{p(z_t^i\mid x_t^i,z_t^{N(i)},x_{0:t-1}^i,z_{1:t-1}^i,Z_{1:t-1}^{N(i)})}{p(z_t^i,Z_{1:t}^{N(i)}\mid z_{1:t}^i)\cdot Q(x,w)}\quad(12.12)$$

对于序列样例,重要概率 $Q(x,w)$ 可以通过以下方式选择:

$$Q(x,w)=q(x_t^i\mid x_{0:t-1}^i,z_{1:t}^i,Z_{1:t}^{N(i)})q(x_{0:t-1}^i\mid x_{1:t-1}^i,z_{1:t}^i,Z_{1:t}^{N(i)})\quad(12.13)$$

根据式(12.12)和式(12.13),可以得到:

$$w_t^{i\cdot n}=\frac{p(x_t^i\mid z_t^i)p(x_t^{i\cdot n}\mid z_{t-1}^{i\cdot n})}{q(x_t^i\mid x_{0:t-1}^i,z_{1:t}^i,Z_{1:t}^{N(i)})}\times\prod_{j\in N(i)}\left\{\sum_{t=1}^N p(z_t^i\mid \mathbf{x}_t^{i\cdot n})p(x_t^{j\cdot n}\mid z_t^{j\cdot n})\right\}\quad(12.14)$$

以上处理中,整体概率通过一个简约化设计进行逼近,样例的数量也只采用了一部分,$p(x_t^{i\cdot n}\mid z_{t-1}^{i\cdot n})$ 模拟了彼此相邻的两个区域 $x_t^{i\cdot n}$ 和 $x_t^{j\cdot l}$ 的交互值,本地可能性 $p(z_t^i\mid x_t^{i\cdot l})$ 是交互区域的权重,它们共同运作,对邻接区域进行限制,阻止连接区域在不同的部分互相干扰。动态估计 $p(x_t^i)$ 可以通过随机游走模型、二阶常量加速模型等来确定。本章使用常阶贝叶斯模型进行运动估算,交互部分 $p(x_t^j\mid x_t^i)$ 的估计和其重要性的估算是至关重要的。

运用序列 Monte Carlo 模拟对条件密度函数进行逼近,在这个模拟过程中,密度重要性函数可以定义为:

$$q(x_{0:t}^i\mid x_t^i,z_{1:t}^i,Z_{1:t}^{N(i)},Z_{1:t}^{R(I)})=q(x_t^i\mid x_{0:t-1}^i,z_{1:t}^i,Z_{1:t}^{N(i)},Z_{1:t}^{R(I)})$$
$$\times q(x_{0:t-1}^i\mid x_{1:t}^i,z_{1:t}^i,Z_{1:t-1}^{N(i)},Z_{1:t-1}^{R(I)})$$

$$(12.15)$$

根据重采样理论,采样的权重可以更新为:

$$w_t^{i\cdot n}=\frac{p(x_{0:t}^i\mid z_{1:t}^i,Z_{1:t}^{N(i)},Z_{1:t}^{R(I)})}{Q(x,w)}\quad(12.16)$$

根据式(12.15)和式(12.16),可以把运动目标的逼近过程改进为:

$$w_t^{i\cdot n}=w_{t-1}^{i\cdot n}\frac{p(x_t^i\mid z_t^i)p(x_t^{i\cdot n}\mid z_{t-1}^{i\cdot n})}{q(x_t^i\mid x_{0:t-1}^i,z_{1:t}^i,Z_{1:t}^{N(i)},Z_{1:t}^{R(I)})}\times\prod_{j\in N(i)}\left\{\sum_{t=1}^N p(z_t^i\mid x_t^{j\cdot n})p(x_t^{j\cdot n}\mid z_t^{j\cdot n})\right\}$$
$$\times\prod_{j\in N(i)}\left\{\sum_{L=1}^{N^L}p(z_t^L\mid x_t^{k,L})p(x_t^{k,L}\mid z_t^{L,n})\right\}$$

$$(12.17)$$

其中,N 是第 i 部分的样本检索,L 是 j 部分的样本长度,z_t^L 是 j 部分所有的样本集合。通过使用马尔科夫属性,密度函数 $p(z_t^l \mid x_t^{k,L})$ 可以通过局部观察相似性单元 K 的单位乘积做更进一步的逼近:

$$
\begin{aligned}
p(z_t^k \mid x_t^{k,L}) &= p(z_t^{N(k)}, z_t^{R(L)} \mid x_t^k, x_{0:t-1}^L) \\
&= \frac{p(z_t^k \mid x_t^k) \cdot p(x_t^k, Z_t^{N(k)}, Z_t^{R(L)} \mid x_{0:t-1}^k)}{p(z_t^k, Z_{1:t-1}^{N(k)} \mid Z_{1:t-1}^k, Z_{1:t-1}^{N(t)}, Z_{1:t}^{R(L)})}
\end{aligned}
\tag{12.18}
$$

在本章提出的 Monte Carlo 边缘演化算法(MCCE)中,检测目标的所有部分都被同时跟踪,首先计算所有部分的局部观察可能性,不需要单独计算全部单元的可能性 $p(z_t^k \mid x_t^{k,l})$,可以使用已经得到的局部可能性直接估计全部单元的权重信息。这样处理节省了很多的计算,使算法能够更快地执行。Monte Carlo 边缘演化算法(MCCE)的描述如表 12.1 所示。

表 12.1 MCCE 算法描述

算法:Monte Carlo 边缘演化算法(MCCE)
输入:$m \times n$ 分辨率空间运动目标序列
输出:$m \times n$ 分辨率空间运动目标边缘检测结果
(1) 使用原型金字塔实现空间运动目标表示
(a)通过原型 S 和图像 I 的共同概率函数独立运算原型金字塔
(b)应用金字塔算法在图像 I 的底层计算高斯金字塔 S_0,然后根据 I_k,使用 S_{k-1} 计算 S_k
(c)给出从 S_k 到 S_{k+1} 的初步图形匹配方案,通过图像配准算法,逐层匹配图像的原型属性
(d)实现马尔夫链匹配,基于步骤(c)中的初始匹配结果,在原型金字塔中调节联通图形的匹配结果,估算后验概率,根据可逆跳转的相关语法规则,依从细节平衡方程,对每一对规则都根据后验概率进行选择
(2) Monte Carlo 边缘检测
(a)使用正则化权重,根据重采样理论,从正则密度分布 X_t^i 中产生合适权重的样例标本 $Q(x,w)$
(b)运用序列 Monte Carlo 模拟对条件密度函数进行逼近

12.2.3 MCCE 算法实验结果及分析

为了验证 Monte Carlo 边缘演化算法(MCCE)的有效性,本节实验在四组不同的空间运动目标序列上进行实验,分别为(1)Satellite-1,(2)Satellite-2,(3)Satellite-3,(4)Aircraft-1,空间运动目标序列来自数据库 BUAA-SID,运动目标主要是空间卫星、空间飞行器,这些空间运动目标序列中含有丰富的空间背景信息,如云层、阳光、地球背景等。实验将空间运动目标的尺寸统一为相同的空间分辨率(Spatial Resolution),每帧 320×256,每帧运动目标大约位移30 个像素。实验选用已有的 Canny 算子边缘演化算法(Canny 算法)和 Laplacian 算子边缘演化算法(Laplacian 算法)作为对比算法。空间运动目标边缘演化实验结果如图 12.2 所示,其中,(a)为源图像,(b)为 Canny 算子边缘演化实验结果,(c)为 Laplacian 算子边缘演化实验结果,(d)为 MCCE 算法结果。

实验结果表明,Canny 算子边缘演化算法(Canny 算法)的实验结果较为粗糙,很多连续特征点没有得到贯通,这主要是因为 Canny 算子使用数学的形式推导出最优边缘检测算子,并在此基础之上归结出最佳的边缘检测结果,在 Satellite-1 空间图像序列上,运动目标的轮廓较为模糊,无法适用于后续的目标检测和目标跟踪操作。Laplacian 算子边缘演化算法(Laplacian 算法)的实验结果存在一定的模糊现象,这主要是因为 Laplace 算子是根据图像在

x 和 y 方向上的二阶偏导数来定义的,运动目标的部分细节特征直接根据线性方法计算提取,在一定程度上会混入空间背景信息,不利于提高目标跟踪的准确度。

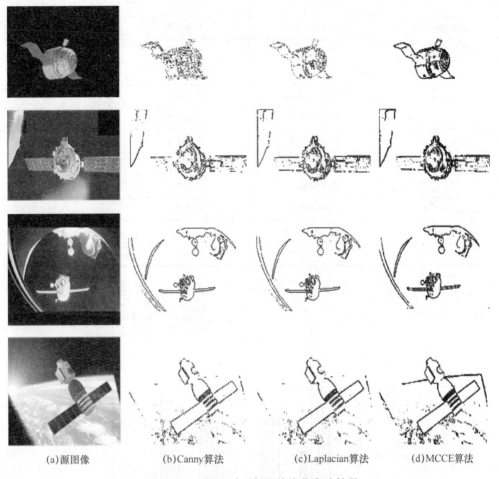

(a)源图像　　　　(b)Canny算法　　　　(c)Laplacian算法　　　　(d)MCCE算法

图 12.2　空间运动目标边缘演化实验结果

　　MCCE 算法在每一层金字塔的计算都是通过独立计算完成,在原型金字塔中,运动目标边缘轮廓演化存在较好的连续性,在较小的邻域范围内,MCCE 算法的实验结果比较理想,随着空间图像邻域范围的增大,MCCE 算法的计算量也会增大,抗噪声特征提取能力也会有相应地增强,从原型金字塔推导出的感知尺度空间逼近效果更加接近真实的运动目标特征。

　　本节实验使用均方误差(MSE)和峰值信噪比(PSNR)评价不同算法的边缘演化实验结果,均方误差(MSE)的定义如下:

$$\mathrm{MSE} = \frac{1}{N} \sum_{i=1}^{N} \sqrt{(x_i - x_i^C)^2 + (y_i - y_i^C)^2} \tag{12.19}$$

其中,(x_i, y_i)、(x_i^C, y_i^C) 分别是边缘演化实验得到的运动目标区域中心点以及人工标注的运动目标区域中心点,N 是视频序列的帧总数。评价结果如表 12.2、图 12.3 和图 12.4 所示。

表 12.2　边缘演化实验评价结果

空间运动图像序列	算法	MSE	PSNR
Satellite-1	Canny 算法	0.365 4	9.587 4
	Laplacian 算法	0.445 8	9.687 4
	MCCE 算法	0.254 7	10.321 1
Satellite-2	Canny 算法	0.315 6	8.549 8
	Laplacian 算法	0.302 5	9.214 5
	MCCE 算法	0.219 9	9.669 7
Satellite-3	Canny 算法	0.357 8	8.647 1
	Laplacian 算法	0.331 4	9.974 1
	MCCE 算法	0.302 5	9.998 7
Aircraft-1	Canny 算法	0.258 7	9.124 5
	Laplacian 算法	0.341 5	9.678 4
	MCCE 算法	0.224 7	10.125 8

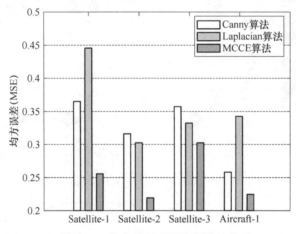

图 12.3　均方误差（MSE）评价结果

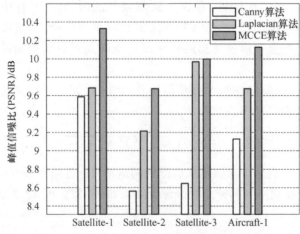

图 12.4　峰值信噪比（PSNR）评价结果

与 Canny 算子边缘演化算法(Canny 算法)的实验结果相比,MCCE 算法可以降低 MSE 15.46%,提高 PSNR 15.63%;与 Laplacian 算子边缘演化算法(Laplacian 算法)的实验结果相比,MCCE 算法可以降低 MSE 8.72%,提高 PSNR 4.62%。本章提出的 MCCE 算法利用原型金字塔及其感知变换规则对运动目标区域进行初步分割,在此基础上完成的边缘演化分割能够更好地清除空间背景信息干扰,逼近空间运动目标的真实运动区域。

12.3　加强奇异点均值偏移算法(ESMS)的提出

12.3.1　ESMS 算法研究动机

现有的均值偏移目标跟踪算法主要通过运动目标特征信息与目标模型的匹配完成目标跟踪,这样处理可以识别不同环境下的运动目标,但在空间环境下,现有的均值偏移目标跟踪算法很难获得准确的运动目标特征信息,因为空间光照变化的敏感性,基于特征的均值偏移算法容易通过目标模型的计算,引入目标跟踪误差,当跟踪过程中出现运动目标速率突变或者运动目标遮挡的情况,算法的计算量也会上升,最终的跟踪结果不甚理想。

本章提出了一种加强奇异点均值偏移算法(Enhanced Singularity Mean Shift,ESMS),使用仿射箱形参数估计确定运动目标边界,对视觉敏感关注区域实现视觉增强,同时排除空间运动目标跟踪存在的移动背景干扰,实现高鲁棒性的空间运动目标跟踪。

12.3.2　ESMS 算法描述

加强奇异点均值偏移算法(Enhanced Singularity Mean Shift,ESMS)包括两部分:均值偏移计算、仿射箱形参数估计。

(1) 均值偏移计算

ESMS 算法的均值偏移计算使用的是数学遍历的方法,概率估计函数 $p(y)$ 和 $q(x_0)$ 用来表示图像 $I(y)$ 和 $I(x_0)$ 的潜在运动目标概率,运动目标是以核权重为评价指标的空间直方图,相关的直方图变量可以表示为:

$$p(y) = \frac{c}{\left|\sum\right|^2} \sum_i k\left(y_i \sum y_i^{\mathrm{T}}\right) \delta\left[b_u(I(y_i)) - u\right] + \frac{c}{2\left|\sum\right|^{1/2}} \sum w_{j,k}\left(y_j^{\mathrm{T}} \sum{}^{-1} y_j\right)$$

$$(12.20)$$

$$q(x_0) = \frac{c}{\left|\sum\right|^2} \sum_j k\left(x_j \sum x_j^{\mathrm{T}}\right) \delta\left[b_u(I(x_j)) - u\right] + \frac{c}{2\left|\sum\right|^{1/2}} \sum w_{j,k}\left(y_j^{\mathrm{T}} \sum{}^{-1} y_j\right)$$

$$(12.21)$$

其中 $y_i = (y_{Ti} - y)$,$x_j = (x_{Tj} - x)$,$\sum$ 代表的是核宽函数,$b_u(I(y_i))$ 和 $b_u(I(y_j))$ 是颜色直方图在位置 y_i 和 y_j 的相关运动区域,y_i 和 y_j 是与运动目标有关的全部像素点,c 是用于归一化的常数,$u = 1, 2, \cdots, m$,m 是所有的二进制像素点,y 和 x 是相关核函数的中心点,Bhattacharyya 系数 ρ 可以用来探测运动目标区域和潜在的背景区域之间的相似度:

$$\rho(p,q) = \frac{\sum\limits_u \sqrt{p_y(x, y, \sum) q_x}}{\|L_x(i)\| \times \|L_y(j)\|} \min\left(\frac{\|L_y(j)\|}{\|L_x(i)\|}, \frac{\|L_x(i)\|}{\|L_y(j)\|}\right)$$

$$(12.22)$$

应用第一顺序的泰勒序列扩展式到以上公式,其中的(x,y)是运动目标前一帧的核函数与中心位置的坐标,可以得到以下的扩展式:

$$\rho = \sum_u \frac{1}{2}\sqrt{p_y q_x(x,y,\sum)} + \frac{c}{2\left|\sum\right|^2}\sum_j \omega_j k\left(y_j^{\mathrm{T}}\sum x_i^{\mathrm{T}}\right) \tag{12.23}$$

$$\omega_j = \sum_u \sqrt{\frac{p_y}{q_x}}\delta\left[b_u(I(y_j)) - u\right] \tag{12.24}$$

核函数的中心可以通过设定和估计$\rho(x,y)=0$来设定,可以进一步改进为:

$$\delta = \alpha_1 \sum_{i=1}^n \rho(x_p^i, x^i) + \alpha_2 \sum_{i=2}^n \left| \rho(x_p^i, x_p^l) - \rho(x^i, x^l) \right| \tag{12.25}$$

为了估计阴影函数,归一化正态核函数带宽处理会被应用到ρ的相似性判断上,上述公式估计的核函数带宽可以通过设置$\left|\sum\right|\rho(x,y)$来获得:

$$\sum\rho(x,y) = \frac{2}{1-r}\frac{\sum_{j=1}^n \omega_j x_j\left(y_j^{\mathrm{T}}\sum^{-1} x_i^{\mathrm{T}}\right)g}{\sum_{j=1}^n \omega_j k\left(y_j^{\mathrm{T}}\sum^{-1} x_i^{\mathrm{T}}\right)} + \frac{1}{N_{\mathrm{pre}}}\sum_{i=1}^{N_{\mathrm{pre}}}\max_j < D_{\mathrm{pre}}^i, D_{\mathrm{cur}}^j > \tag{12.26}$$

归一化正态核函数可以被精确地确定,$y_j^{\mathrm{T}} = (y_j - y)$,式(12.25)和式(12.26)在每次迭代中交替决定,迭代过程会一直持续下去,直到估计参数覆盖全部的变量信息,迭代完成的标志就是运动估计最大参数的决定。

(2)仿射箱形参数估计

ESMS算法使用仿射箱形参数估计确定边界参数$V_T^{(2)}$,仿射箱形参数包含五个自由参数,这五个自由参数包括边界框中心的位置、宽度、高度、长度和取向。一种方法用于从内核带宽矩阵的内部估计和计算这些参数,图像运动块的方向被定义为水平轴和宽度矩阵的坐标系之间的夹角,定义高度h和宽度w为椭圆区域长坐标系和短坐标系之间的边界箱,h,w和θ与核带宽矩阵$\sum$之间的关系可以被表示为:

$$\sum = R^{\mathrm{T}}(\theta)\begin{pmatrix}\left(\frac{h}{2}\right)^2 & 0 \\ 0 & \left(\frac{\omega}{2}\right)^2\end{pmatrix}R(\theta), \text{where } \boldsymbol{R} = \begin{pmatrix}\cos\theta & -\sin\theta \\ \sin\theta & \cos\theta\end{pmatrix} \tag{12.27}$$

计算具体参数使用八度分解计算方法,f_t^{pre}和f_t^{cur}是最大八度分解的前一帧率和当前帧率,具体的计算方法如下:

$$P(f_t^{\mathrm{pre}}|f_t^{\mathrm{cur}}) = \begin{cases}N(f_t^{\mathrm{pre}}:f_t^{\mathrm{cur}}, \mathrm{diag}[\sigma_w^2, \sigma_h^2, \sigma_l^2, \sigma_o^2, \sigma_c^2]), \text{if } f_t^{\mathrm{cur}} \text{ is not null} \\ P_{vl}, \text{if } f_t^{\mathrm{cur}} \text{ is null}\end{cases} \tag{12.28}$$

ESMS算法从基于特征点的运动目标跟踪器中获得均值偏移内核,实现运动目标的跟踪,这种设计是为了纠正跟踪中可能出现的跟踪偏差,例如相似的颜色分布和背景模糊,后者是局部的对象封闭。为了限制在跟踪目标中出现背景像素的可能性,ESMS算法使用了一个很小的椭圆区域,它的缩减域是通过因子K来决定的,在实验中,$K=0.7$,矩形区域的定义为:

$$\mathrm{EA} = \sqrt{1 - \sum_{i=1}^M \sum_u p_u^{i,(j)}\left(y,\sum\right)q_u^{i,(j)}} + \frac{1}{2}\sum_{i=1}^M \frac{C_M}{\left|\sum_i\right|^{1/2}}\sum_{j=1}^N w_j^v k\left(y_j^{\mathrm{T}}\sum_v^{-1} y_j\right)$$

$$\tag{12.29}$$

矩形区域主要用来加强运动目标的均值平移,以便在矩形窗中区分运动目标和背景信息,在椭圆区域中的内容更接近运动目标,同时也排除了很多背景像素。为了决定前一帧的运动目标(Object A)是否用来指导下一帧的运动目标(Object B)跟踪,使用以下的方法:如果连续特征像素点的数量和 Bhattacharyya 系数对于运动目标 A 都很高,那么针对运动目标 B 的初始矩形跟踪区域就要根据运动目标 A 进行设定,否则跟踪区域会根据前一帧的均值平移确定:

$$
V_t^{(2)} = \begin{cases} V_t^{(1)}, \text{if } \mathrm{dist}_t = \sum_{k=1}^4 \| x_{t,k} - x_{t-1,k} \|^2 < T_1^{(2)} \\ V_{t-1}^{(2)}, \text{if } \mathrm{dist}_t = \sum_{k=1}^4 \| x_{t+1,k} - x_{t,k} \|^2 < T_2^{(2)} \end{cases} \tag{12.30}
$$

$T_1^{(2)}$ 和 $T_2^{(2)}$ 是判断取舍的阈值,为了解决漂移或误差传播的速度,ESMS 算法在重采样过程中加入增强的均值偏移,下面的标准用来进行加强均值偏移区域的重采样操作,目标区域的重采样操作可以概述为:

$$
\rho \approx \sum_{i=1}^M \sum_u \frac{1}{2} \sqrt{p_u^i q_u^i} \| x_{t,i}^{(2)} - x_{t-1,i}^{(2)} \| + \sum_{i=1}^M \sum_{y_t \in R_t} \frac{R_{t-1}^{(\mathrm{obj})}}{2 \mid \sum_i \mid^{1/2}} \sqrt{w_t^i V_{t-1}^{(\mathrm{obj})} (y_j^{\mathrm{T}} \sum_i^{-1} y_j)}
$$
$$
\text{where } R_t \leftarrow R_{t-1}^{(\mathrm{obj})}, V_t \leftarrow V_{t-1}^{(\mathrm{obj})}, \rho_t \leftarrow 0
$$
$$
\tag{12.31}
$$

其中 $x_{t,i}^{(2)}$ 和 $x_{t-1,i}^{(2)}$ 是图像帧 t 和 $t-1$ 的四维运动目标区域,$T_3^{(2)}$ 和 $T_4^{(2)}$ 是分别根据图形距离和非相似性形状确定的阈值。加强奇异点均值偏移算法(ESMS)描述如表 12.3 所示。

表 12.3　ESMS 算法描述

算法:加强奇异点均值偏移算法(ESMS)

输入:$m \times n$ 分辨率空间运动目标序列

输出:$m \times n$ 分辨率空间运动目标目标跟踪结果

(1) 使用数学遍历的方法估计概率函数 $p(y)$ 和 $q(x_0)$,用来表示图像 $I(y)$ 和 $I(x_0)$ 的潜在运动目标概率

(2) 应用第一顺序的泰勒序列扩展式(12.22),得到巴氏系数扩展式

(3) 通过设定和估计 $\rho(x,y)=0$ 来设定核函数的中心

(4) 估计仿射箱形参数,包括边界框中心的位置、宽度、高度、长度和取向估计,确定边界参数

(5) 使用八度分解计算方法计算均值偏移内核

(6) 从基于特征点的运动目标跟踪器中获得均值偏移内核

(7) 计算获得矩形区域

(8) 通过特征像素点数量和 Bhattacharyya 系数判断跟踪区域是否完整

(9) 通过图形距离和非相似性形状确定阈值

(10) 获得运动目标跟踪结果

12.3.3　ESMS 算法实验

将本章提出的加强奇异点均值偏移算法(ESMS)在十组不同的运动目标序列上进行实验,十组运动目标序列中的运动目标包括空间飞行器、空间卫星、汽车、行人、空间交会目标等,根据其中运动目标的不同,十组不同的运动目标序列标记为:Satellite-1,Satellite-2,Satellite-3,Automobile-1,Running,Automobile-2,Highway,Walking-1,Automobile-3 和 Walking-2。采用 ESMS 的目标跟踪实验结果如图 12.5 所示。

本节的目标跟踪实验中，将 ESMS 算法与其他两种已有的运动跟踪算法进行比较，包括 Anisotropic Mean Shift and Particle Filters 算法（MAMS）[5] 和 Online Distance Metric Learning 算法（ODML）[6]。其中，红色矩形区域代表 ESMS 算法的目标跟踪结果，蓝色矩形区域代表 MAMS 算法的目标跟踪结果，绿色矩形区域代表 ODML 算法的目标跟踪结果。

Satellite-1、2、3：对于空间运动目标跟踪，本章提出的 ESMS 算法能够准确地跟踪运动目标，对于相似的颜色分布和背景颤动，运动卫星能够完全地包含在矩形窗口中，边缘偏离方差能够很好控制运动目标检测，不会出现偏移和模糊现象；MAMS 算法使用的粒子滤波器对跟踪目标在水平方向上会产生影响，部分运动目标区域出现偏移，运动估计窗口出现非连续点；ODML 算法的 Distance Metric Learning 会影响到运动区域的确定，矩形窗口对运动目标的跟踪会产生部分偏离，通过 Distance Metric 得到的局部特征点和全局模拟，在运动目标和背景区域的识别中出现偏差。

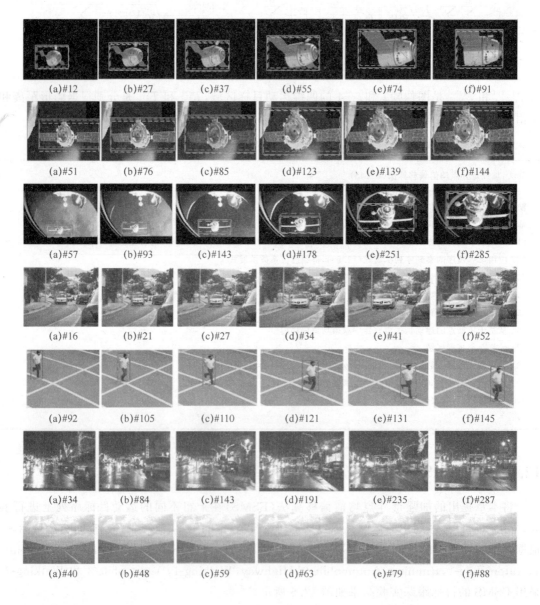

(a)#12　　(b)#27　　(c)#37　　(d)#55　　(e)#74　　(f)#91

(a)#51　　(b)#76　　(c)#85　　(d)#123　　(e)#139　　(f)#144

(a)#57　　(b)#93　　(c)#143　　(d)#178　　(e)#251　　(f)#285

(a)#16　　(b)#21　　(c)#27　　(d)#34　　(e)#41　　(f)#52

(a)#92　　(b)#105　　(c)#110　　(d)#121　　(e)#131　　(f)#145

(a)#34　　(b)#84　　(c)#143　　(d)#191　　(e)#235　　(f)#287

(a)#40　　(b)#48　　(c)#59　　(d)#63　　(e)#79　　(f)#88

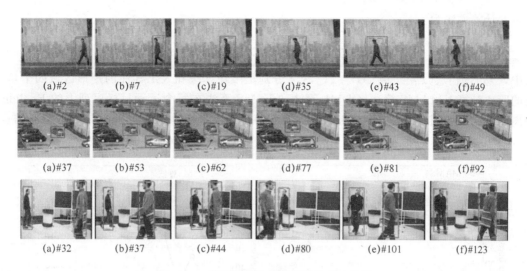

<table>
<tr><td>(a)#2</td><td>(b)#7</td><td>(c)#19</td><td>(d)#35</td><td>(e)#43</td><td>(f)#49</td></tr>
</table>

(a)#2　　　(b)#7　　　(c)#19　　　(d)#35　　　(e)#43　　　(f)#49

(a)#37　　(b)#53　　(c)#62　　(d)#77　　(e)#81　　(f)#92

(a)#32　　(b)#37　　(c)#44　　(d)#80　　(e)#101　　(f)#123

图 12.5　采用 ESMS 的目标跟踪实验结果

Automobile-1、Automobile-2：在这两组 Automobile 运动目标序列中，运动目标主要是运动目标序列中的运动汽车，对于在白昼环境下的运动汽车，三种检测算法的实验结果基本相同，运动目标的跟踪较为准确；在夜晚环境下，因为光照和亮度的原因，目标跟踪的区域较为模糊，因为矩形窗口的确定主要依赖于特征点的选择，背景和运动目标的混淆使估计区域扩大。与本章提出的 ESMS 算法相比，MAMS 算法和 ODML 算法的偏移更为严重，尤其在 Automobile-2 运动目标序列中，因为其他汽车前景灯的光照原因，MAMS 算法的偏离尤其严重，本章提出的加强奇异点均值偏移跟踪（ESMS）算法，能够很好地区分运动目标和背景的特征点，运动目标跟踪不会出现大的偏离。

Running、Walking-1：对运动行人的识别三种算法的差别不大。对于慢速运动（Walking）的运动目标 ODML 算法出现了部分偏移，本章提出的 ESMS 算法能够较好地识别运动目标，并对运动目标的跟踪实现自适应地调节。

Highway：在高速公路上的运动目标较小，只有当前景汽车运动到近景后，目标跟踪算法的准确度才会提高。与 MAMS 算法和 ODML 算法相比，本章提出的 ESMS 算法对运动目标所在区域的估计能够保持较为一致的结果，近景和远景的跟踪效果差别不大；MAMS 算法在远景帧部分会失去检测中心，近景远景出现交叉，矩形窗口估计存在形状错误；ODML 算法的检测效果在远景部分也存在偏离，近景部分与 ESMS 算法基本保持一致。

Automobile-3、Walking-2：这两组实验主要是验证 ESMS 算法在运动场景中包括两个或更多个运动目标时的算法鲁棒性。实验结果表明，ODML 算法的跟踪性能较差，主要表现在同一运动场景中不同运动目标的运动中心区域估计不准确；MAMS 算法的表现较好，但对跟踪结果也有部分偏移；本章提出的 ESMS 算法可以在同一场景中检测和跟踪不同的运动目标，并且能够保证很好的跟踪准确性。

本节实验将加强奇异点均值偏算法（ESMS）的目标跟踪结果与 Multi-Mode Anisotropic Mean Shift and Particle Filters（MAMS）算法和 Online Distance Metric Learning（ODML）算法的目标跟踪结果进行比较，使用三种不同的评价指标在不同的运动目标跟踪算法间进行量化比较。

（1）Euclidian 距离

Euclidian 距离是跟踪算法得到的跟踪矩形窗口与人工标注的跟踪标准结果之间的距离，

具体的计算方法为:

$$D = \frac{1}{4} \sum_{i=1}^{4} \sqrt{(x_{A,i} - x_{GT,i})^2 + (y_{A,i} - y_{GT,i})^2} \tag{12.32}$$

其中,$(x_{A,i}, y_{A,i})$、$(x_{GT,i}, y_{GT,i})$,$i=1,2,3,4$ 分别是跟踪算法和人工标注的矩形区域四个角之间的距离计算。MAMS 算法、ODML 算法和 ESMS 算法在每个运动目标序列上的 Euclidian 距离测算结果如图 12.6 所示,实验展示选择了每个运动目标序列的前 150 帧中的 10 个结点。

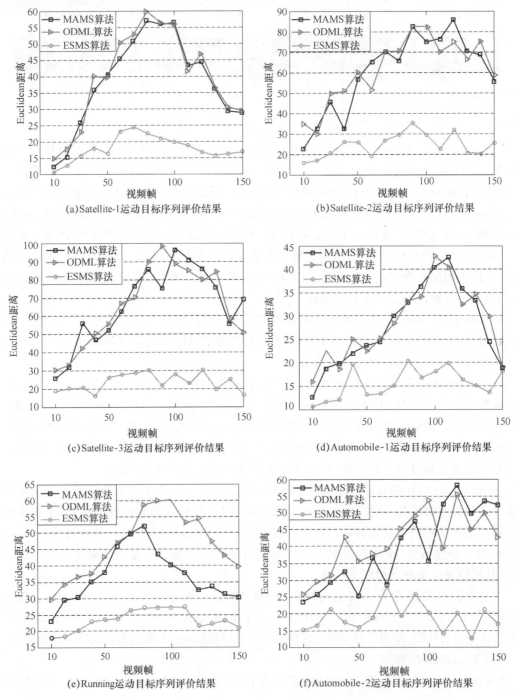

(a)Satellite-1运动目标序列评价结果

(b)Satellite-2运动目标序列评价结果

(c)Satellite-3运动目标序列评价结果

(d)Automobile-1运动目标序列评价结果

(e)Running运动目标序列评价结果

(f)Automobile-2运动目标序列评价结果

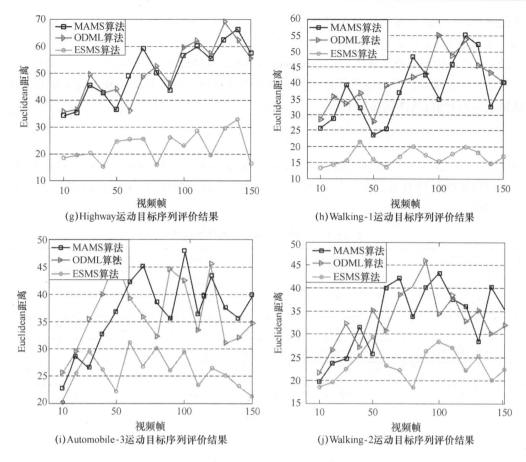

图 12.6　Euclidian 距离评价结果

Euclidian 距离运动目标跟踪评价结果如表 12.4 所示。

表 12.4　Euclidian 距离运动目标跟踪评价结果

运动目标序列	MAMS	ODML	EAMS
Satellite-1	38.41	39.60	17.82
Satellite-2	60.97	60.44	23.45
Satellite-3	65.41	56.37	23.32
Automobile-1	27.64	28.22	14.23
Running	24.53	25.76	16.44
Automobile-2	52.67	59.21	32.87
Highway	22.16	21.06	10.54
Walking-1	25.29	23.19	12.73
Automobile-3	36.53	36.47	25.71
Walking-2	33.46	33.43	23.42

　　实验结果表明,MAMS 算法在快速移动的运动目标跟踪过程中部分跟踪结果会出现偏差。在多运动目标跟踪中,当运动目标经过遮挡区域或者多运动目标轨迹出现交叉时,ODML算法的跟踪结果会出现突变现象。本章提出的 ESMS 算法虽然也会受到遮挡物和运动目标

交叉的影响,但在多目标跟踪中 ESMS 算法可以保持良好的跟踪性能。与 MAMS 算法和 ODML 算法相比,本章提出的 ESMS 算法可以提高跟踪准确度分别为 16.9% 和 17.8%。

（2）运动目标跟踪均值平方差（Mean Square Errors,MSE）

运动目标跟踪均值平方差主要评估算法检测得到的运动目标活动区域与真实运动目标活动区域之间的差值,具体定义如下:

$$\text{MSE} = \frac{1}{N}\sum_{i=1}^{N}\sqrt{(x_i^{\text{A}} - x_i^{\text{GT}})^2 + (y_i^{\text{A}} - y_i^{\text{GT}})^2} \tag{12.33}$$

其中,$(x_i^{\text{A}}, y_i^{\text{A}})$、$(x_i^{\text{GT}}, y_i^{\text{GT}})$ 分别是跟踪算法运算得到的和人工标注的运动目标区域中心点,N 是运动目标序列的帧总数,MSE 的计算结果取用平均值。MSE 运动目标跟踪评价结果如表 12.5 所示。

表 12.5　MSE 运动目标跟踪评价结果

运动目标序列	MAMS	ODML	EAMS
Satellite-1	2.786 5	6.285 3	1.586 6
Satellite-2	5.236 8	13.457 2	3.291 4
Satellite-3	15.732 6	12.357 4	5.123 3
Automobile-1	6.235 7	7.821 1	2.567 1
Running	8.459 6	7.732 4	1.963 5
Automobile-2	14.368 7	18.596 4	4.215 8
Highway	4.236 5	3.215 1	1.162 3
Walking-1	7.564 2	9.253 4	3.148 6
Automobile-3	9.774 9	10.103 7	4.335 7
Walking-2	8.968 1	9.661 4	4.065 4

通过在不同运动目标序列上计算得到的 MSE 平均值可以看出,本章提出的 ESMS 算法具有普遍的最小 MSE,与 MAMS 算法相比,ESMS 算法可以缩减 MSE 23.06%,与 ODML 算法相比,ESMS 算法可以缩减 MSE 25.24%。本章提出的加强奇异点均值偏移算法（ESMS）,使用仿射箱形参数估计确定边界参数,从基于特征点的运动目标跟踪器中获得均值偏移内核,实现运动目标的跟踪,这种处理方式可以在最大程度上加强运动目标的均值平移,同时也排除了很多背景像素干扰,最终获得的跟踪结果优于 EAMS 算法和 ODML 算法。

（3）Bhattacharyya 距离

Bhattacharyya 距离主要用来评价运动目标跟踪区域和实际运动区域的跟踪分离度,具体的计算方法如下:

$$\text{BD} = \frac{1}{8}(\text{mean}_{\text{A}} - \text{mean}_{\text{GT}})^{\text{T}}\left[\frac{\text{cov}_{\text{A}} - \text{cov}_{\text{GT}}}{2}\right]^{-1}(\text{mean}_{\text{A}} - \text{mean}_{\text{GT}}) + \frac{1}{2}\ln\frac{|(\text{cov}_{\text{A}} + \text{cov}_{\text{GT}})/2|}{|\text{cov}_{\text{A}}|^{1/2}|\text{cov}_{\text{GT}}|^{1/2}}$$

$$\tag{12.34}$$

其中,mean_{A} 和 mean_{GT} 是算法计算区域与人工标注区域的均值向量,cov_{A} 和 cov_{GT} 是算法计算区域与人工标注区域的协方差矩阵。在所有运动目标序列上的 Bhattacharyya 距离评价结果如图 12.7 所示。

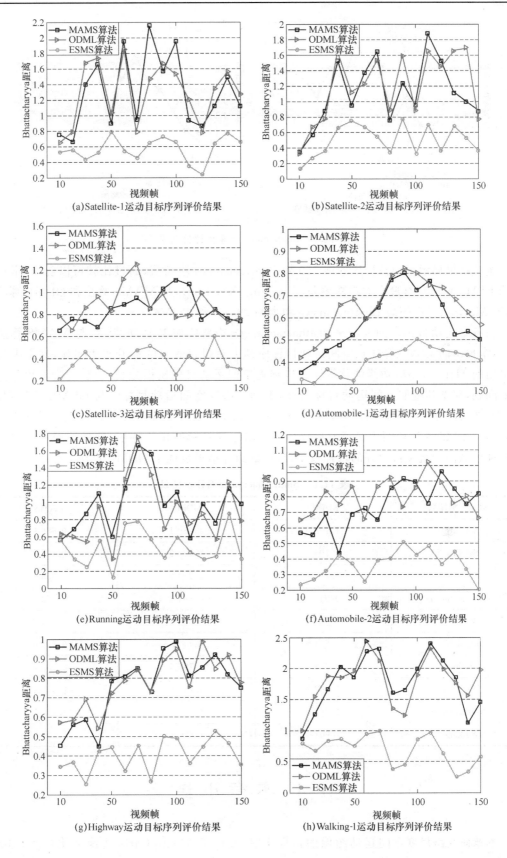

(a)Satellite-1运动目标序列评价结果

(b)Satellite-2运动目标序列评价结果

(c)Satellite-3运动目标序列评价结果

(d)Automobile-1运动目标序列评价结果

(e)Running运动目标序列评价结果

(f)Automobile-2运动目标序列评价结果

(g)Highway运动目标序列评价结果

(h)Walking-1运动目标序列评价结果

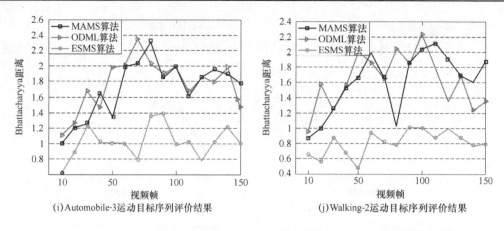

(i)Automobile-3运动目标序列评价结果　　　　(j)Walking-2运动目标序列评价结果

图 12.7　Bhattacharyya 距离评价结果

　　实验结果显示运动目标序列前 150 帧 Bhattacharyya 距离值,通过比较可以看出,本章提出的 ESMS 算法具有最小的跟踪偏差(Tracking Deviation),与 MAMS 算法和 ODML 算法相比,ESMS 算法可以缩短 Bhattacharyya 距离约 29.7％和 22.5％。

　　在各个运动目标序列上的平均 Bhattacharyya 距离值如表 12.6 所示,与 MAMS 算法相比,本章提出的 ESMS 算法在空间运动目标序列上对跟踪效果的提升较为明显,这是因为本章提出的 Monte Carlo 边缘演化算法可以逼近空间运动目标模糊分割区域,解决长短分割混淆的问题,完整地提取空间运动目标特征,准确地跟踪空间运动目标。与 ODML 算法相比,ESMS 算法也有较为明显的优势,与 Online Distance Metric Learning 算法的在线学习机制相比,本章 ESMS 算法使用仿射箱形参数估计突出运动目标的显著特征,这样处理可以在图像的特征区域内一直保持很好的跟踪效果,最终的跟踪结果也优于 ODML 算法。

表 12.6　Bhattacharyya 距离评价结果

运动目标序列	MAMS	ODML	EAMS
Satellite-1	1.296 5	1.289 1	0.566 9
Satellite-2	1.105 1	1.190 2	0.497 8
Satellite-3	1.223 9	1.253 6	0.556 4
Automobile-1	0.856 7	0.894 4	0.452 3
Running	0.981 2	0.884 5	0.480 8
Automobile-2	1.874 9	1.9861	0.712 6
Highway	0.774 6	0.798 3	0.453 3
Walking-1	1.762 2	1.790 6	0.685 4
Automobile-3	1.717 0	1.769 9	1.024 7
Walking-2	1.601 2	1.620 4	0.804 0

12.4　本 章 小 结

　　本章研究跨尺度空间运动图像的目标跟踪,提出了 Monte Carlo 边缘演化算法(Monte

Carlo Contour Evolution，MCCE)和加强奇异点均值偏移算法(Enhanced Singularity Mean Shift，ESMS)。MCCE 算法利用原型金字塔感知变换和 Monte Carlo 边缘检测，对空间运动目标进行最优方式表示，MCCE 算法可以在不同的图像分层上对运动目标进行逼近，在不同尺度间进行运动目标的特征检测和提取，在最大程度上排除空间移动背景干扰，实现精准的空间运动目标边缘检测。提出了加强奇异点均值偏移算法(Enhanced Singularity Mean Shift，ESMS)，利用加强奇异点均值偏移计算实现视觉敏感关注区域的视觉增强，利用仿射箱形参数估计完善跟踪过程，实现空间运动目标区域检测的自适应调节，排除空间运动目标跟踪过程中存在的信息干扰。

参 考 文 献

[1] 汤义. 智能交通系统中基于视频的行人检测与跟踪方法的研究[D]. 广州：华南理工大学，2010.

[2] Sun Z H，G. Bebis，R. Miller. On-Road Vehicle Detection：A Review [J]. IEEE Transactions on Pattern Analysis and Machine Intelligence，2006，28(5)：694-711.

[3] K. N. Kim，T. H. Chalidabhongse，D. Harwood，L. Davis. Real-Time ForeGround-Background Segmentation Using Codebook Model[J]. Real-time Imaging，2005，11(3)：167-256.

[4] D. W. Hansen，R. I. Hammoud. An Improved Likelihood Model for Eye Tracking[J]. Computer Vision and Image Understanding，2007，106(2-3)：220-230.

[5] Z. H. Khan，Gu Y H，G. B. Andrew. Robust Visual Object Tracking Using Multi-Mode Anisotropic Mean Shift and Particle Filters[J]. IEEE Transactions on Circuits and Systems for Video Technology，2011，21(1)：74-87.

[6] T. Grigorios，S. Andreas. Online Distance Metric Learning for Object Tracking[J]. IEEE Transactions on Circuits and Systems for Video Technology，2011，21(12)：1810-1821.

第13章 跨尺度运动图像的目标检测与跟踪系统

13.1 引 言

为了更加方便地对本书提出的运动目标检测与跟踪的相关方法进行验证和评价,本章结合本书第 2 章至第 12 章的内容,设计并实现了四个系统对提出的方法进行验证与评价,分别为跨尺度运动图像的目标检测与跟踪系统、运动目标自适应检测与持续跟踪系统、运动目标局部优先自适应跟踪系统和运动目标识别与跟踪系统。

13.2 跨尺度运动图像的目标检测与跟踪系统

13.2.1 跨尺度运动图像的目标检测与跟踪系统框架

综合本书提出的相关算法,设计并实现了跨尺度运动图像的目标检测与跟踪系统,对本书提出的算法的可行性、准确性、实时性等性能进行分析评价。跨尺度运动图像的目标检测与跟踪系统的总体框架如图 13.1 所示。

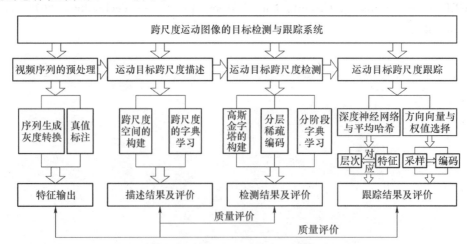

图 13.1 跨尺度运动图像的目标检测与跟踪系统框架

使用的工具包括 Microsoft Visual Studio 2010 和 Matlab R2014,计算机主板 Intel Core

3.2 GHz,内存 4 GB MEMORY,使用的语言是 C++语言和 M 语言,使用的库有 OpenCV 视觉库、VFeat-0.9.16 视觉库和 SPAMS 稀疏编码库等开源视觉库。

　　跨尺度运动图像的目标检测与跟踪系统共分为四个功能模块:视频序列的预处理模块、运动图像跨尺度描述模块、跨尺度运动目标检测模块和跨尺度运动目标跟踪模块,其中跨尺度运动目标跟踪模块包含基于方向向量与权值选择的跨尺度运动目标跟踪和基于深度神经网络与平均哈希的跨尺度运动目标跟踪两个子模块。

　　视频序列的预处理模块实现了视频序列的生成、灰度图像序列的转换以及对真值的标注等功能。运动图像跨尺度描述模块实现了跨尺度空间的构建、跨尺度的字典学习以及对描述结果的评价等功能。跨尺度运动目标检测模块实现了高斯金字塔的构建、分层稀疏编码、分阶段字典学习以及检测结果的评价等功能。跨尺度运动目标跟踪模块实现了基于深度神经网络与平均哈希的跨尺度运动目标跟踪和基于方向向量与权值选择的跨尺度运动目标跟踪以及对不同跟踪结果的评价等功能。

　　将算法的效率和准确性与当前主流算法进行对比,其中,针对运动图像跨尺度描述和跨尺度运动目标检测,通过以下几个评价指标进行评价:峰值信噪比、结构相似性度量、多尺度结构相似性度量、算法迭代误差、分类准确率等;针对跨尺度运动目标跟踪,评价指标主要有:中心点误差、平均中心点误差、覆盖率、平均覆盖率、成功率等。跨尺度运动图像的目标检测与跟踪系统界面如图 13.2 所示。

图 13.2　跨尺度运动图像的目标检测与跟踪系统界面

13.2.2　视频序列的预处理模块

　　视频序列的预处理模块完成跨尺度运动图像的目标检测与跟踪的前期处理工作,包括视频序列的生成、灰度图的转换、真值的标注以及通过线性插值方法调整视频序列的大小等。图 13.3 为利用视频序列的预处理模块对视频序列进行灰度化处理,并调整视频帧的大小;图 13.4 为利用视频序列的预处理模块对视频序列的真值进行标定。

图 13.3　视频序列的预处理模块对视频序列进行灰度化并调整大小

图 13.4　视频序列的预处理模块对视频序列的真值进行标定

13.2.3　运动图像跨尺度描述模块

运动图像跨尺度描述模块实现了基于高斯金字塔和小波变换的跨尺度描述算法（GWSP）。构建了基于高斯金字塔和小波变换的跨尺度空间（GWTS），并在此空间上，利用训练数据集学习得到具有不同尺度特性的字典，并对测试数据集进行分类。该模块功能评价指标为：分类准确率、字典训练过程中的迭代误差、峰值信噪比 PSNR，结构相似性度量 SSIM，多尺度结构相似性度量方法 MSSSIM。在对提出的 GWSP 算法进行评价时，分别利用大小分别为 32×32 和 16×16 的采样片评价提出的算法的性能。提出的 GWSP 算法在数据集 Caltech-101 和 Caltech-256 上的分类结果以及与不同对比算法的分类准确率如图 13.5 所示，采样片大小设置为 16×16。

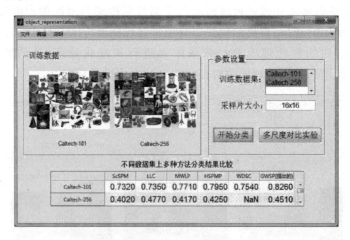

图 13.5　在不同数据集上提出的 GWSP 算法与对比算法的分类界面

当采样片大小为 32×32 和 16×16 时，对提出的 GWSP 算法的评价界面如图 13.6 和图 13.7 所示。在图 13.6 中，显示了当采样片大小为 32×32 时，提出的 GWSP 算法重构后在不同评价指标上与对比算法的对比结果；在图 13.7 中，显示了当采样片大小为 16×16 时提出的 GWSP 算法重构后在不同评价指标上与对比算法的对比结果。

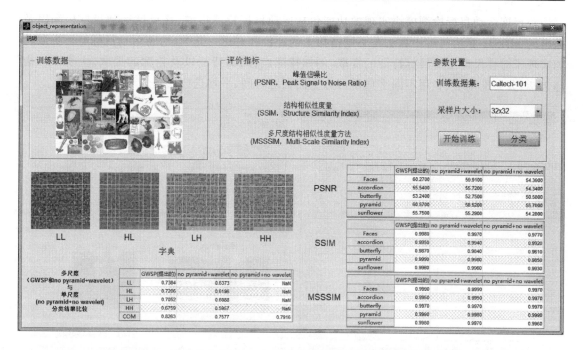

图 13.6　采样片大小为 32×32 时对提出的 GWSP 算法的评价界面

图 13.7　采样片大小为 16×16 时对提出的 GWSP 算法的评价界面

13.2.4　跨尺度运动目标检测模块

在跨尺度运动目标检测模块中,利用跨尺度检测模块对运动目标的点特征进行提取的过程如图 13.8 所示。跨尺度检测模块对运动目标进行检测的结果如图 13.9 所示。

跨尺度运动目标检测模块实现的功能包括运动目标特征提取、跨尺度运动目标检测以及提出的 MDSH 算法与对比算法在不同指标上的评价和对比。其中,对于运动目标特征提取功能实现了对各尺度下的目标特征的提取,例如特征点、局部特征以及轮廓的提取,主要评价指标包括:分类准确率、利用不同字典学习方法的训练时间、平均迭代误差。

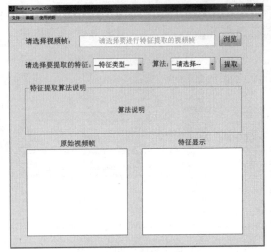

(a)特征提取初始化窗口   (b)利用SURF特征提取特征点

图 13.8   利用跨尺度检测模块对运动目标的点特征进行提取

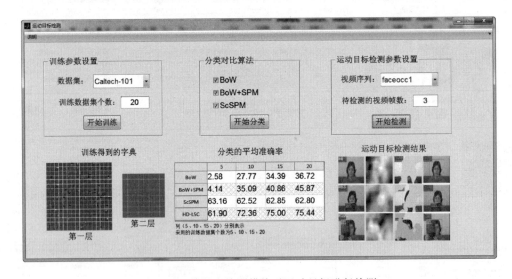

图 13.9   跨尺度检测模块对运动目标进行检测

13.2.5   跨尺度运动目标跟踪模块

在跨尺度运动目标跟踪模块中,提出的 DNHT 算法与对比算法在中心点及平均中心点上的对比界面、提出的 DNHT 算法与对比算法在平均覆盖率上的对比界面、提出的 DPF-WT 算法与对比算法在中心点误差和平均中心点误差上的对比界面以及提出的 DPF-WT 算法与对比算法在平均覆盖率上的对比界面如图 13.10 至图 13.13 所示。

图 13.10　DNHT 算法与对比算法在中心点及平均中心点上的对比界面

图 13.11　DNHT 算法与对比算法在平均覆盖率上的对比界面

在跨尺度运动目标跟踪模块中,实现了基于方向向量与最大平均尺度的特征提取、基于权值选择的运动目标跟踪等功能;对于 DNHT 算法,实现了深度神经网络的构建、基于平均哈希的神经网络偏置项的修正(AHB)以及基于 AHB 和粒子滤波的运动目标跟踪等功能。该功能模块评价指标:代表目标整体大小和位置的矩形框、中心点误差、平均中心点误差、覆盖率、平均覆盖率以及成功率。

通过本节设计的跨尺度运动目标检测与跟踪系统,实现了本书提出的基于高斯金字塔和小波变换的跨尺度描述算法(GWSP)、基于分阶段字典学习与分层稀疏编码的跨尺度运动目标检测算法(MDSH)、基于方向向量与权值选择的跨尺度运动目标跟踪算法(DPF-WT)以及基于深度网络与平均哈希的跨尺度运动目标跟踪算法(DNHT),并在不同的评价指标上与对比算法进行了对比评价和验证,系统能够很好地运行。

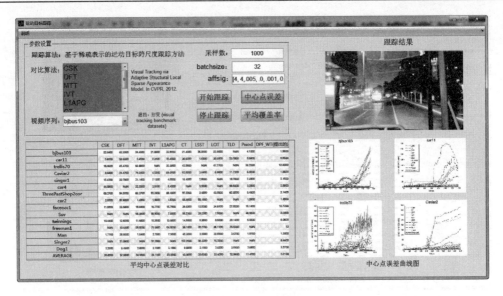

图 13.12 DPF-WT 算法与对比算法在中心点误差和平均中心点误差上的对比界面

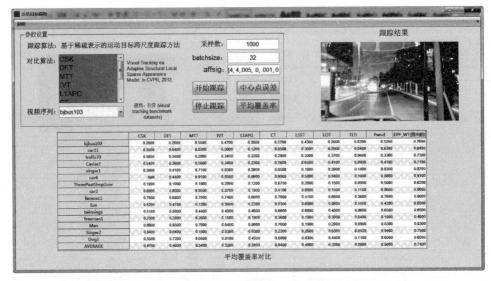

图 13.13 DPF-WT 算法与对比算法在平均覆盖率上的对比界面

13.3 运动目标自适应检测与持续跟踪系统

13.3.1 运动目标自适应检测与持续跟踪系统框架

运动目标自适应检测与持续跟踪分为三个模块,其中前后帧配准模块包括了光照补偿、特征点提取和图像调整三个主要功能;自适应目标跟踪模块包括了高斯建模参数提取、高斯背景模型计算、目标模板参数计算、目标初始位置计算以及均值漂移目标提取;持续目标跟踪模块包含了主线监控、卡尔曼滤波跟踪和 CPNC 模板匹配算法。运动目标自适应检测与持续跟踪系统框架如图 13.14 所示。

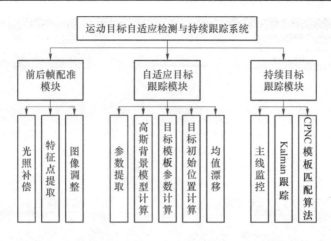

图 13.14　运动目标自适应检测与持续跟踪系统框架

13.3.2　系统的实现结果

（1）系统主界面

主界面是使用本系统的主控界面，用户可以通过该界面选择需要调用的模块。系统主界面如图 13.15 所示。

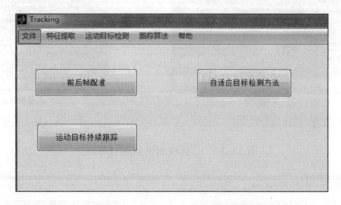

图 13.15　系统主界面

（2）前后帧配准模块

用户通过点击按钮选择帧序列所在的文件夹，导入需要配准的运动目标序列，系统将此数据输入进行前后帧配准操作。主控模块是调用各子模块的平台，也是结果展示模块。配准模块主界面如图 13.16 所示。

（3）自适应目标检测方法验证模块

目标检测模块运行界面如图 13.17 所示。通过单击算法按钮可以选定需要进行目标检测的算法，单击均值漂移算法即可调用基于目标模板匹配的均值漂移算法，单击高斯背景模型即可调用对应的算法模块进行计算，而在选取算法以前必须通过文件选取菜单选取原始数据。

（4）目标持续跟踪算法验证模块

持续跟踪模块运行界面如图 13.18 所示。单击数据选取按钮可以进入文件选择界面，选择需要进行计算的视频序列点击确定即可。系统在选择完数据之后会自动运行，运行结果分别在原始视频、CPNC 结果输出、卡尔曼滤波跟踪结果输出、持续跟踪结果输出中展示。

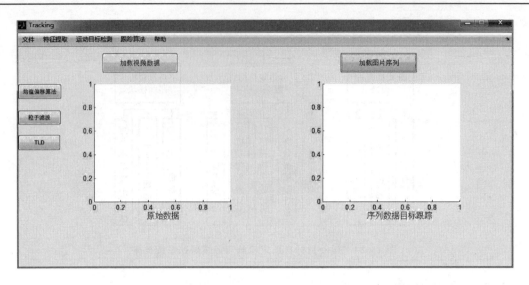

图 13.16　配准模块主界面

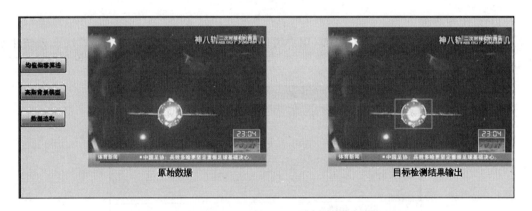

图 13.17　目标检测模块运行界面

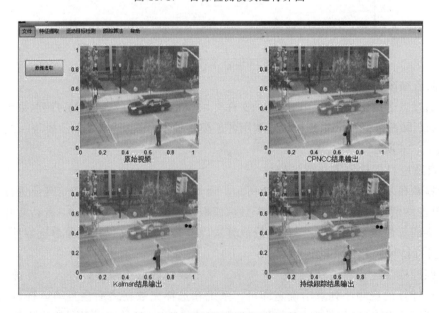

图 13.18　持续跟踪模块运行界面

13.4　运动目标局部优先自适应跟踪系统

13.4.1　开发环境

本章使用 MFC 作为开发目标跟踪系统的工具,通过结合 Matlab 对数值计算强大处理的优势,采用 OpenCV 和 C++作为开发库和工具。

13.4.2　系统设计

运动目标局部优先自适应跟踪系统如图 13.19 所示。

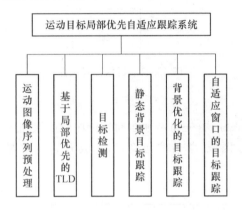

图 13.19　运动目标局部优先自适应跟踪系统框架

按照类型分为图像预处理、目标检测、目标跟踪三大模块。目标检测又分为边缘检测、光流法、Harris 角点检测;目标跟踪分为传统 Mean Shift 跟踪算法、基于局部优先的 TLD 跟踪算法、基于背景优化的 Mean Shift 跟踪算法、基于自适应窗口的 Mean Shift 跟踪算法。

(1)图像预处理模块

该模块实现低对比度运动目标序列增强,实现将本地运动目标序列读取到工具包系统中,工具自动识别出图像序列为高亮度或低亮度图像序列,根据情况自动选择不同的增强算法。图像预处理模块流程如图 13.20 所示。

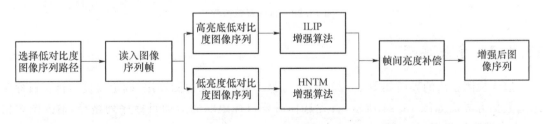

图 13.20　图像预处理模块流程

(2)目标检测模块

该模块实现目标检测,实现将本地运动目标序列读取到工具包系统中,然后选择不同的检测算法,单击按钮确定,即可得到目标检测效果。目标检测流程如图 13.21 所示。

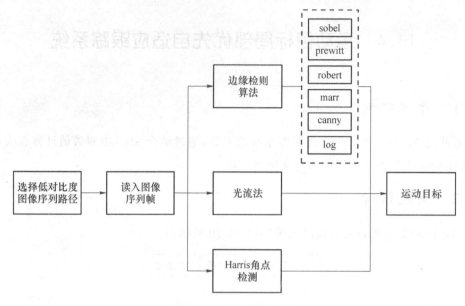

图 13.21　目标检测流程

（3）目标跟踪模块

该模块实现运动目标跟踪,首先将本地运动目标序列读取到工具包系统中,选择不同的目标跟踪算法,选择初始目标区域,单击按钮确定,工具开始自动跟踪目标。目标跟踪流程如图 13.22所示。

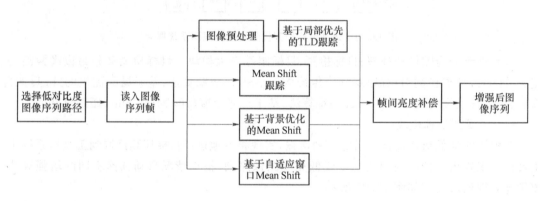

图 13.22　目标跟踪流程

13.4.3　系统实现

边缘检测算法的界面如图 13.23 所示,选择不同的边缘检测算法,确定直接运行。目标跟踪选数据源界面如图 13.24 所示,首先选择需要目标跟踪的运动目标序列路径,输入图像格式,点击确定运行即可。

低对比度图像序列增强结果、边缘检测运行结果、光流畅运动估计运行结果、运动目标检测运行结果以及基于局部优先的 TLD 跟踪结果如图 13.25 至图 13.29 所示。

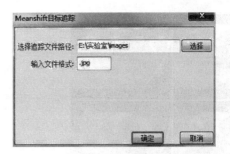

图 13.23　边缘检测算法界面　　　　图 13.24　目标跟踪选数据源界面

图 13.25　低对比度图像序列增强运行结果(左图为原始帧,右图为处理帧)

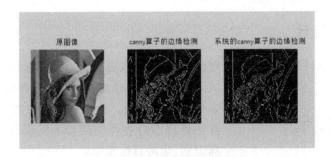

图 13.26　边缘检测运行结果

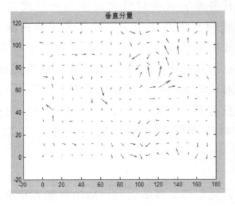

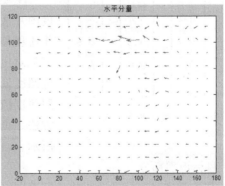

图 13.27　光流畅运动估计运行结果

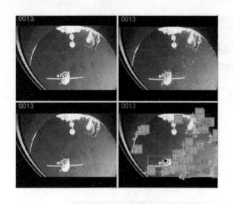

图 13.28　运动目标检测运行结果

图 13.29　基于局部优先的 TLD 跟踪结果

13.5　运动目标识别与跟踪系统

13.5.1　开发环境

本章采用 Matlab 与 OpenCV,在 Visual Studio 2011 上完成了空间运动目标识别与跟踪系统的开发。

13.5.2　系统设计

本系统包括运动目标光照均衡处理模块、基于背景更新的差分目标识别模块、帧间差分与 Mean Shift 相结合的自适应目标跟踪模块、基于 TLD 的多尺度跟踪模块。验证平台框架如图 13.30 所示,依照算法处理的内容可得到如下三部分:图片光照均衡、目标识别、运动目标跟踪。

（1）图片光照均衡部分

主要任务是完成针对低对比度过低照度与过高照度图片区域的光照照度均衡。图片光照均衡部分的操作流程是先把待处理的运动目标图片输入至本系统,依据低对比度图片的光照照度高低划分为两类图片,得到低照度低对比度类图片和高照度低对比类图片;最后按照照度信息有针对性地选取相应的图片照度均衡处理方法。低对比度图片光照照度均衡框架如图 13.31 所示。

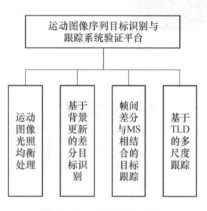

图 13.30　验证平台框架

（2）目标识别部分

主要任务是完成空间运动图片目标识别。首先把待处理的运动目标图片输入至本系统当中,其次在工具栏确定目标识别算法,调用目标识别程序,之后便会把待识别的目标圈画出来,达到识别的效果。目标识别流程如图 13.32 所示。

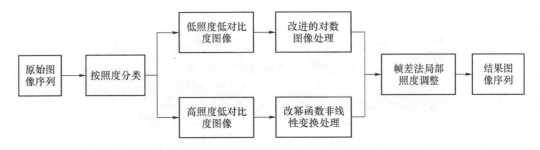

图 13.31　低对比度图片光照度均衡框架

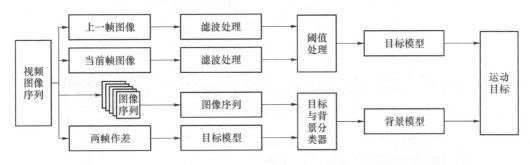

图 13.32　目标识别流程

（3）目标跟踪部分

首先把待处理的运动目标图片输入至本系统当中,在工具栏选取所需的运动目标跟踪算法,调用指定的运动目标跟踪算法,在输入框和输出框便会自动显示原视频帧图片和跟踪结果图片,完成目标跟踪任务。目标跟踪流程如图 13.33 所示。

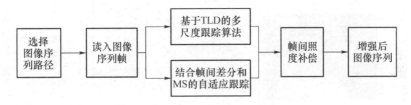

图 13.33　目标跟踪流程

13.5.3　系统实现

系统初始界面如图 13.34 所示,分为四个模块:低对比度下运动目标序列光照均衡算法模块、基于背景更新的差分目标识别算法模块、帧间差分与 MS 方法相结合目标跟踪模块、基于 TLD 多尺度跟踪模块。

图像光照均衡处理模块界面如图 13.35 所示,首先需要单击文件选择待处理图片,然后在参数设定部分设定分类所需的阈值,单击照度分类程序便可自动提示图片类型和对应的处理算法,并显示处理后的图像。

目标识别选择数据源界面如图 13.36 所示。首先选择需要目标识别的运动目标序列路径,输入图像格式,单击确定运行即可。

基于 TLD 的多尺度目标跟踪算法运行界面如图 13.37 所示,首先需要单击运动目标跟踪选择该算法,然后在弹出框中选择目标跟踪的运动目标序列路径和图像格式,程序便可自动运行。

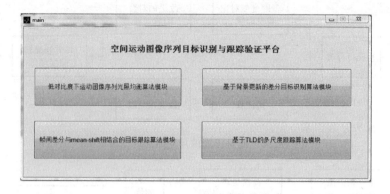

图 13.34　系统初始界面

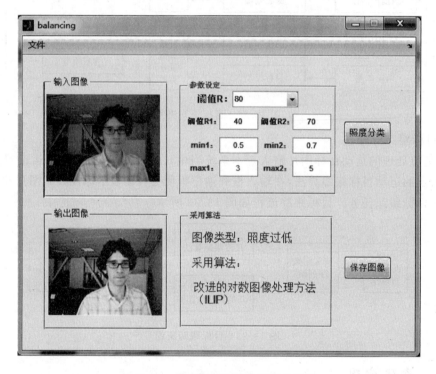

图 13.35　图像光照均衡处理模块界面

图 13.36　目标识别选择数据源界面

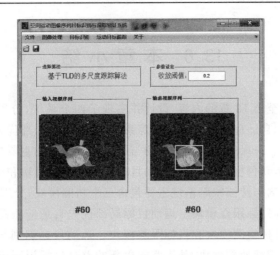

图 13.37　目标跟踪界面

为了体现验证平台的功能，相应地展示出低对比度图片光照均衡、目标识别、以及基于 TLD 的多尺度跟踪三个模块的算法结果，如图 13.38 至图 13.40 所示。

(a)原始图像

(b)处理后图像

图 13.38　低对比度图片光照照度均衡结果

(a)原始图像

(b)中间处理图

(c)识别结果

图 13.39　空间目标识别算法处理结果

(a)#12

(b)#77

图 13.40　目标跟踪测试结果

13.6 本 章 小 结

本章综合了第 2 章至第 12 章的内容，设计并实现了四个系统，分别为跨尺度运动目标检测与跟踪系统、运动目标自适应检测与持续跟踪系统、运动目标局部优先自适应跟踪系统和运动目标识别与跟踪系统。跨尺度运动目标检测与跟踪系统完成的主要功能模块包括视频序列的预处理模块、跨尺度运动目标描述模块、运动目标跨尺度检测模块和运动目标跨尺度跟踪模块。运动目标自适应检测与持续跟踪系统主要包含三个功能模块，分别为前后帧配准模块、自适应目标跟踪模块、持续目标跟踪模块。运动目标局部优先自适应跟踪系统的主要功能模块包括图像预处理模块、目标检测模块和目标跟踪模块。运动目标识别与跟踪系统的主要功能模块包括运动目标光照均衡处理模块、基于背景更新的差分目标识别模块、帧间差分与 Mean Shift 相结合的自适应目标跟踪模块、基于 TLD 的多尺度跟踪模块。